煉金術的祕密

The Secrets of Alchemy

從煉金術史窺視
歐洲文化思想史

by

LawrenceM. Principe

勞倫斯・普林西比

楓樹林

目錄

導言：什麼是煉金術？ 006

第一章　起源：希臘—埃及時期的煉金術（Chemeia） 014

第二章　發展：阿拉伯煉金術（al-Kímíyá'） 043

第三章　成熟：拉丁中世紀的煉金術（Alchemia） 086

第四章　重新定義、復興和重新詮釋：十八世紀至今的煉金術 138

第五章　黃金時代：現代早期的「化學（煉金術）」（Chymistry）實踐 179

第六章　揭開祕密 228

第七章　更廣闊的「化學（煉金術）」世界 279

結語 333

參考文獻 338

導言：

什麼是煉金術？

雖然煉金術的輝煌歲月在大約三個世紀以前就結束了，但這門高貴技藝（Noble Art）仍然以許多方式存在著。「煉金術」（alchemy）一詞會讓人聯想起神祕莫測之物，光線陰暗的實驗室以及蜷著身子盯著熊熊火焰和沸騰大鍋的巫師形象。今天，大多數人都聽說過賢者之石（Philosophers' Stone），這種物質能把鉛變成煉金術士們極力尋求的黃金。的確，羅琳（J.K. Rowling）的暢銷書《哈利波特—神祕的魔法石》（*Harry Potter and the Philosopher's Stone*）使整整一代人熟悉了賢者之石和傳說中的一位先驅——中世紀的巴黎抄寫員尼古拉・弗拉梅爾（Nicolas Flamel）。（遺憾的是，美國出版商們將這種物質的古老名稱篡改為無意義的「魔法石」〔Sorcerer's Stone〕。煉金術並不總能得到應有的尊重。）十六世紀的瑞士煉金術士特奧弗拉斯特・馮・霍恩海姆（Theophrastus von Hohenheim），或通常所說的帕拉塞爾蘇斯（Paracelsus），最近在日本動漫作品《鋼之煉金術師》（*Fullmetal Alchemist*）中作為「光之霍恩海姆」而獲得新生，這些作品以聳人聽聞的方式大量利用了煉金術概念。利用煉金術與轉化之間的關聯，許多現代書籍的標題中都包含有「煉金術」，從而年復一年地維繫著煉金術的現代存在。這類書籍從保羅・科埃略（Paul Coelho）一九八八年的暢銷小說《煉金術士》（*The Alchemist*，又譯《牧羊少年奇幻之旅》，到更加平淡無奇地借用這個術語的《愛的煉金術》（*The Alchemy of Love*）和《金融煉金術》（*The Alchemy of Finance*），再到更富於想像的《美國煉金術：美國固體廢物管理的歷史》（*American Alchemy: The History of Solid Waste Management in the United States*），不一而足。「轉化」這一煉金術主題也是「煉金術」一詞頻繁出現在各種自助計畫中的原因之一。

除了煉金術的各種轉化版本的這些表現，世界上可能有許多人仍然在試圖實現金屬轉變，其實現方式往往與數個世紀以前別無二致，儘管現代化學已經做出了令人灰心的預言。據我所知，甚至大學高校中也有這樣一批現代追求者。就這樣，煉金術繼續以各種樣貌和偽裝存在著。

但現代世界對煉金術的熟悉更多是表面的，而不是真正了解。雖然這一主題因其神祕性而自然會引起興趣，但其固有的困難和複雜性很容易使人產生誤解。要想得出關於煉金術的令人滿意的可靠結論，其難度似乎不亞於找到賢者之石本身。煉金術的原始文獻中充斥著故意的保密、古怪的語言、晦澀的想法和奇特的圖像。煉金術士們並不想讓別人輕易知曉他們在做什麼。關於煉金術的研究文獻往往更成問題，因為無論是書籍還是網站，很快就使讀者陷入了一個充斥著衝突說法和矛盾斷言的迷宮。今天富含歷史訊息的作品已經隨處可見，無論是優秀的學術著作（當然預先假定讀者具備相當的專業知識），還是入門的但現已過時的概述，①但各種通俗作家、神祕學家、熱衷者

---

①用英文撰寫的對煉金術的一般歷史概述包括John Read, *Prelude to Chemistry: An Outline of Alchemy, Its Literature and Relationships* (originally published 1936)、E. J. Holmyard, *Alchemy* (originally published 1957) 和 Frank Sherwood Taylor, *The Alchemists: Founders of Modern Chemistry* (originally published 1949)，最後一本是其中最出色的。這些讀物在當時都是有用的介紹，但其內容已經被後來的學術成果所超越。

和少數推銷商的作品數量遠超歷史學家的作品數量，他們重述了各種陳腔濫調、誤解、歷史錯誤和毫無根據的意見，而沒有展現這一主題當前的認識狀態。這些書大都以各種方式——這有利有弊——把煉金術與宗教、心理學、魔法、神智學（theosophy）、瑜伽、新時代運動，特別是與未經嚴格定義的「神祕學」（occult）概念連繫在一起。事實證明，如果沒有嚮導，即使是最勇敢的探索者也很難從這樣一個迷宮中走出來，得出關於煉金術真正本質的任何明確可靠的結論。

那麼，什麼是煉金術？煉金術士是誰？他們相信什麼，又做了什麼？其目標是什麼？完成了什麼？他們是如何理解自己的世界和工作的？其同時代人是如何看待他們的？這些都是本書所要探討的主要問題。

我的目標是為煉金術的各種祕密提供一個可靠的嚮導。關於這一主題的全面歷史不僅會長得無法想像，而且也會很不成熟，因為學者們仍然有很多內容不太清楚。我所提供的只是一個導引和介紹，可以充當進一步研究的堅實基礎。於是，我寫這本書的主要動機是使更多讀者了解近年來關於煉金術的一些重大發現。過去，煉金術一直被視為祕密的特權知識，我們今天保守得最好的煉金術祕密也許就是我們對這個主題的理解，在過去四十年裡已經發生了徹底改變。煉金術現已成為科學史家研究的一個熱門話題。已經塵封了數個世紀的書籍和手稿正在被重新解讀，其內容被置於歷史語境中，得到了更準確的理解。我們對煉金術的了解日新月異。然而，這些新的訊息在很大程度上仍然不為大多數讀者所知，因為它們以多種語言——往往是以英語以外的語言——發表於專業文獻。結果是，關於煉金術的最流行的著作一再重複同樣的錯誤觀念，延續著幾乎在八十年前的學術文獻中就已得到徹底糾正的種種錯誤。我認為有興趣的讀者理應讀到更好的作品。

我希望《煉金術的祕密》能在兩個層面上發揮作用。該書的主體面對的是非專業人士、一般讀者和學生，無須事先具備關於煉金術或科學史的專門知識就能理解它。如果對化學比較熟悉，將會有助於理解第六章的內容，但並非絕對必需。不過，若有讀者想深入探究這一主題的某些方面，有大量腳注可把他們引向更高級的討論。這些注釋旨在為這一主題當前最為可靠的學術成果和原始文獻版本提供一個分門別類的（但並非全面的）指南。我當然不可能為每一個話題都事無巨細地列出所有資料，而是只選擇了最優秀和最相關的成果。若有學者的相關作品我尚未看到，我要表示歉意。歡迎惠賜資料或單行本。

我一直極力避免使本書成為煉金術名人傳記的簡明匯編。該學科的許多從業者，包括一些重要人物，我只能順便提及或根本沒有提到，這可能會讓一些讀者感到失望。我決定集中於幾位重要人物，每個人都代表煉金術的一個主要趨勢或特徵。這樣一來，讀者可以更熟悉漫長的煉金術傳統中幾位奠基者的思想，而不是對許多人只有表面的概覽。

煉金術的分期與本書的結構

科學史家們通常按時間順序把西方煉金術史分成三個主要時期：希臘—埃及時期、阿拉伯時期和拉丁歐洲時期。從公元三世紀到九世紀的希臘—埃及時期（以及後來的拜占庭時期）奠定了煉金術的基礎，並且確立了它後來的許多典型特徵。從八世紀到十五世紀的阿拉伯或伊斯蘭時期尋求這份希臘遺產，然後用基本的理論框架以及豐富的實踐知識和技巧大大充實了它。於是，煉金術到達中世紀歐洲時是以一門阿拉伯科學而出現的，附於這個詞（alchemy）本身之上的阿拉伯語定冠詞al-便是其出身的標誌。此後，煉金術在歐洲得到了最大的繁榮和最多的擁護者。煉金術在中世紀盛期（十二世紀到十五世紀）得以確立，並於通常被稱為「科學革命」的現代早期（十六世紀到十八世紀初）迎來了它的黃金時代。這一時期的煉金術不僅最為發達和多樣，而且與之前的時期相比，我們擁有的這一時期的資料要多得多。

除了標準分期的這三個時期，還應加上第四個時期，即從十八世紀至今。對早期煉金術傳統的強大「復興」和徹底重新詮釋正是由於這個（正在進行的）時期，其中一些復興和詮釋還產生了自己活躍的文化思想運動。這一時期應被視為煉金術完整歷史的重要組成部分。我們對十八世紀之前煉金術的仍然流傳甚廣的誤解也大都源於這一時期。因此，最好是考察這些對煉金術的描述是如何起源的，並把它們置於應有的歷史語境中，使之不會妨礙我們對十八世紀之前煉金術做出更準確的歷史描述。而為了揭示我們今天廣泛秉持的許多煉金術想法令人驚訝的（而且很晚的）起源，就有必要打破時間順序。因此，第一章至第三章分別討論希臘—埃及時期、阿拉伯時期和拉丁中世紀的煉金術，而第四章則跳過煉金術在十六、十七世紀的黃金時代，討論煉金術在十八世紀的「終結」和隨後進行重新詮釋和復興的時代。第五章則繼續按照時間順序討論了現代早期的煉金術。

印度和中國等東方地區早期也探究過與西方煉金術類似的主題。然而，本書並未包含印度和中國的資料。主要原因僅僅在於我們尚不能足夠全面或準確地理解它們。不僅如此，當以前對煉金術的討論試圖將東西方的煉金（丹）術融為一爐時，結果總是更加混亂，而不是更加清晰。例如，將中西方煉金（丹）術非歷史地合並在一起催生出一種錯誤的流行看法，認為歐洲煉金術士在尋求一種「長生不老藥」。雖然西方實踐者的確在尋找能夠延壽的藥物，但透過煉金（丹）術來尋求永生僅僅是中國人的目標。東西方的追求和作法的確有某些相似之處，但它們所處的文化和哲學背景極為不同，試圖將其納入單一的敘事損害了各自的獨特性。事實上，用「煉金術」這個西方的標籤來表述東方所謂的「外丹」和「內丹」活動，甚至會產生誤導。無論如何，東方煉丹術與西方煉金術之間有意義的歷史聯繫仍然有待確認（雖然在伊斯蘭世界無疑可能有過接觸），因此，在缺乏令人信服的明確歷史證據的情況下，假設或斷言這些聯繫是不明智的。至少在目前，最好是對東西方的兩種「煉金術」進行分別處理和對待。①

① 參見 Nathan Sivin, *Chinese Alchemy: Preliminary Studies* (Cambridge, MA: Harvard University Press, 1968)，其中既有出色的論文，也有編輯的文本、翻譯和一些化學解釋，包括對過程的若干複製。亦參見 "Research on the History of Chinese

本書的最後三章講述的是煉金術在十六、十七世紀歐洲的蓬勃發展。第五章概述了現代早期煉金術的理論和實踐，它在製備金屬、藥物等方面的術語和目標，以及其他祕密。第六章討論的是一個困難的問題：煉金術士在實驗室中究竟在做什麼。我沿文本和實驗這兩條互補的路線來處理這個問題。文本路線更為傳統，涉及破譯現代早期的煉金術士常常用來掩飾自己知識和活動的古怪語言和圖像。實驗路線則更加新穎，涉及在現代實驗室中對得到破解的煉金術過程的複製，像現代早期的煉金術士一樣去觀察和操作，並對文本解釋的正確性加以檢驗。第六章既逐步解釋了據稱是講解賢者之石製備過程的神祕文本和圖像，又揭示了這些祕密過程的實際化學基礎。結果往往令人大為驚訝。

Alchemy," in *Alchemy Revisited*, ed. Z. R. W. M. von Martels (Leiden: Brill, 1990), pp. 3-20、Joseph Needham, *Science and Civilisation in China*, vol.5, *Chemistry and Chemical Technology*, esp. parts 2-5 (Cambridge: Cambridge University Press, 1974-1983) 和 Hong Ge, *Alchemy, Medicine, Religion in the China of AD 320* (Cambridge, MA: MIT Press, 1967)。閱讀李約瑟的開拓性著作時應當謹慎，因為他有時會作一些隨意的定義，並且就中國對西方的影響作一些宏大的斷言，比如在"The Elixir Concept and Chemical Medicine in East and West," Organon 11 (1975): 167-192一文中。印度煉金術仍然研究得不足；參見Praphulla Chandra Ray, *A History of Hindu Chemistry*, 2 vols. (London: Williams and Norgate, 1907-1909; reissued and expanded as *History of Chemistry in Ancient and Medieval India* [Calcutta: Indian Chemical Society, 1956])，以及Dominik Wujastyk, "An Alchemical Ghost: The Rasaratnakara by Nagarjuna," *Ambix* 31 (1984): 70-84。這兩個主題都需要認真研究和重新評價。

在現代早期歐洲，施行煉金術的場地遠不只是煙霧瀰漫的實驗室；它本身已經滲透到當時文化的各個角落。藝術家、詩人、人文主義者、劇作家、虔誠的作家、神學家等很多人都借鑑和評論過煉金術。他們的作品為我們理解這門高貴技藝提供了其他視角。此外，在煉金術士看來自然而然的一些思維方式顯示了現代早期的人與我們現代人（或至少是其中大多數人）看待和思考世界的方式之間的深刻差異。因此，煉金術研究打開了一扇窗戶，讓我們看到了今天基本上已經失去的一種異乎尋常的意義豐富的世界觀。這種世界觀絕非專屬於煉金術士，它在當時的整個歐洲文化中都是司空見慣的。如果不理解這種世界觀，就不僅不能理解煉金術，而且也不能理解所有前人；事實上，這意味著使西方遺產的一個關鍵部分遭到遺忘，從而貶低了我們自己。最後的第七章展現了這些更廣闊的煉金術世界。

對煉金術——和一般意義上的過去——的研究使我們接觸到了其他時代和文化的思想家構想世界的不同方式，他們是如何回答世界所提出的問題的，以及是如何利用那個世界的權力和財富的。這就是為什麼我們要學習歷史的原因：至少在一段時間裡，嘗試用他人的眼光，用他們看待哪怕最常見和最不起眼的事物的全新（但古老的）方式去看世界，從而變得開明而充實。在這方面，煉金術仍然可以給我們很多教益。

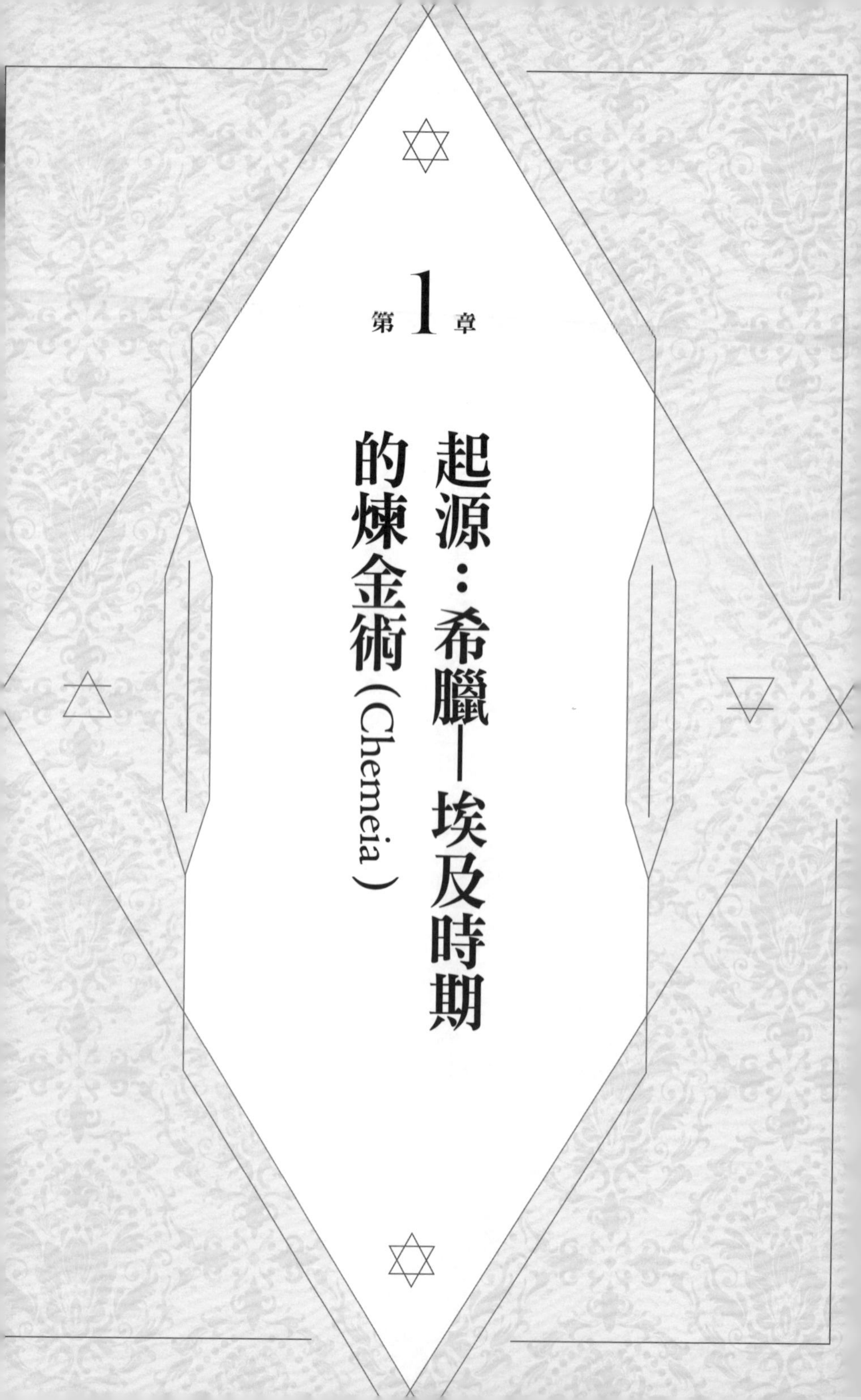

第1章

起源：希臘—埃及時期的煉金術（Chemeia）

要想確定煉金術（Chemia）起源於何時，就必須回到公元最初幾個世紀的埃及。這個地方不再是古代法老和金字塔建造者的埃及，而是一種世界性的希臘化文明。公元前三三四年至前三二三年，亞歷山大大帝（Alexander the Great）在大舉征伐期間征服了埃及，此後埃及受到了希臘文化的影響。即使在公元前一世紀併入羅馬帝國的版圖之後，埃及占主導地位的文化和語言仍然是希臘的。到了公元一世紀，其主要城市亞歷山卓（建於公元前三三一年，以亞歷山大本人的名字命名）已經成為各種文化、民族和思想的一個充滿活力的交匯之地。現存最早的化學文本，乃至「化學」（chemistry）一詞的起源，都可以追溯到這個地中海東部的大熔爐。

在煉金術出現之前，許多基本的技術操作已經發展起來。將銀、錫、銅和鉛等金屬從礦石中冶煉出來已經實踐了四千年。合金（比如青銅和黃銅，兩者都是銅合金）的製備以及各種冶金和金屬加工技術已經發展到相當的高度。在埃及，工匠們設計出一系列流程來製造和加工玻璃，生產人造寶石，合成化妝品，製造或可稱為古代化學工業的其他許多商品。① 一代代作坊工人設計和完善著這些技術，生意訣竅也父子相傳，師徒相傳。

---

① Alfred Luca and John R.Harris, *Ancient Egyptian Materials and Industries* (London: Arnold, 1962); Martin Levey, *Chemistry and Chemical Technologies in Ancient Mesopotamia* (Amsterdam: Elsevir, 1959); Marco Beretta, *The Alchemy of Glass: Counterfeit, Imitation, and Transmutation in Ancient Glassmaking* (Sagamore Beach, MA: Science History Publications, 2009), 1-22; Peter van Minnen, "Urban Craftsmen in Roman Egypt," *Münstersche Beiträge zur antiken Handelsgeschichte* 6 (1987): 31-87; Paul T. Nicholson and Ian Shaw, eds., *Ancient Egyptian Materials and Technology* (Cambridge: Cambridge University Press, 2000); Fabienne Burkhalter, "La production des objets en métal (or, argent, bronze) en. Égypte Hellénistique et Romaine à travers les sources papyrologiques," in

技術文獻：紙草和偽德謨克利特（Pseudo-Democritus）

通常被視為煉金術史的最早文獻，證明了這種技術和商業上的背景。這些珍貴而獨特的文本可以追溯到公元三世紀，是在紙草上書寫的希臘文。它們在十九世紀初發現於埃及，現藏萊頓和斯德哥爾摩的博物館，因此被稱為萊頓紙草和斯德哥爾摩紙草。①它們大約包含有二百五十個實用的作坊配方。這些配方可以分為四大類：與金、銀、寶石和紡織染料有關的工序，所有這些都是貴重的奢侈品和商品。值得注意的是，大多數配方都討論了如何仿製這些貴重的東西：對銀染色使之看起來像金，或者對銅染色使之看起來像銀；製作人造珍珠和翡翠；廉價仿製由骨螺製成的極為昂貴的深紫色染料，將布料染成紫色。由於紙草中也包含一些用來確定各種金屬（既有貴的也有普通的）純度的檢測手段，最初使用這些方案的人顯然知道真品與仿品之間的區別。

我們可以嘗試追隨這些工匠的步驟來更好地了解他們在做什麼。萊頓紙草的第87配方描述了「硫水（water of sulfur）的發現」。這份古代文本給出的說明是：「石灰，1打蘭②硫，事先磨成粉，

Commerce et artisanat dans l'Alexandrie hellénistique et romaine, ed. Jean-Yves Empereur (Athens: EFA, 1998), pp. 125-133; and Robert Halleux, *Le problème des métaux dans la science antique* (Paris: Les Belles Lettres, 1974)。

① 這些紙草種最新也最可靠的版本（附法文翻譯）是Robert Halleux, *Les alchimistes grecs I: Papyrus de Leyde, Papyrus de Stockholm, Recettes* (Paris: Les Belles Lettres, 1981)。此前曾有英譯本Earle Radcliffe Caley, "The Leiden Papyrus X: An English Translation with Brief Notes," *Journal of Chemical Education* 3 (1926): 1149-1166, 和 "The Stockholm Papyrus: An English Translation with Brief Notes," *Journal of Chemical Education* 4 (1927): 979-1002。

等量。將它們共同放入容器。加入氣味刺鼻的醋或一個年輕人的尿；加熱底部，直到液體看起來像血。將它從沉渣中濾出，純淨使用。」③此配方的成分很簡單，一目了然，且容易獲得，所以我們今天可以複製這個過程。將各種成分混合（順便說一句，我發現尿比醋效果更好），輕微煮沸約一小時，產生氣味難聞的橙紅色液體。雖然萊頓紙草沒有說如何使用這種液體，但我們可以做出猜測。將拋光的銀片浸入其中，金屬迅速變成黃褐色，然後是金色，然後是銅色，然後是青銅色、紫色，最後是棕色。引人注目的是，金屬的閃亮光澤始終沒有因為顏色變化而黯淡，顏色和光澤長時間保持穩定。略加操作，小心控制溫度，並且留意金屬浸在溶液中的時間，我成功地使銀看起來非常像金（見插圖1）。④

顏色變化緣於金屬表面形成了硫化物薄層，因為存在於這種「硫水」中的多硫化鈣起了作用。當然，今天仍然偶爾會用類似的成分使金屬物品產生光澤，亦即使其表面顏色發生改變。

---

②打蘭，dram的音譯，英制重量計量單位，為1盎司的1／16。——譯者

③Halleux, *Les alchimistes grecs*, pp. 104-105。這種物質的希臘名稱是模糊不清的；在許多語境下可以將它譯為「硫水」或「聖水」；見下。

④如果有讀者想親自嘗試一下，可以取氫氧化鈣（5克）和硫（5克），並與100毫升新鮮尿液混合（如果對此感到噁心，可代之以100毫升的蒸餾白醋）。在通風良好的空間中輕微煮沸一小時，並趁熱過濾溶液。要想有效地使用這種液體需要經過一些摸索，但所產生的表面顏色可能驚人地穩定和持久。

諸如此類的配方為煉金術的出現提供了必要的背景，但嚴格說來，它們本身並不是煉金術的。和其他科學追求一樣，煉金術並不僅僅是一組配方。還需要有某種理論提供一個思想框架，支持和解釋實際的工作，並為發現新知識提供指導。此外，煉金術也不只是製造看似貴重的東西。

要知道，這些紙草是目前已知從希臘—埃及時期留存下來的僅有的原始文獻。儘管我們知道當時寫了很多關於煉金術的書，但從那個遙遠的時代唯一倖存下來的證據是有錯誤的選集（anthologies），即根據現已失傳的原始文本編成的摘錄。這些選集——它們統稱為《希臘煉金術文獻》（*Corpus alchemicum graecum*）——由拜占庭的抄寫員匯編而成，其中最早的也要追溯到希臘羅馬時代的埃及幾乎被人遺忘之後很久。倖存的最早抄本現存威尼斯，缺失了許多書頁，大約出自公元11世紀初，其中包含著二世紀到八世紀大約二十多本書的摘錄。現藏巴黎等地的幾份後來的手稿為這份名為 *Marcianus graecus* 299 的手稿做了補充，其中包含著附加的或可替代的文本。雖然這些選集對於學者來說是無價之寶，但它們只代表著煉金術奠基時代的極小一部分殘餘罷了。①同樣成問題的是，拜占庭的匯編者們選擇抄寫的是他們認為重要的東西，而這些東西也許既不能代表原始文本，也不是原先的作者認為至關重要的。因此，關於希臘埃及時期煉金術士所思所行的整體圖像被數個世紀以後對其作品的摘錄方式所扭曲。

《希臘煉金術文獻》中最早的文本可以追溯到公元一世紀末或公元二世紀，其標題為《自然事物與祕密事物》（*Physika kai mystika*），我們所擁有的只是其殘篇。其作者被稱為「德謨克利特」，但他肯定不像有時聲稱的那樣是公元前五世紀以原子論而聞名的那位古代哲學家。②此標題可能是

① 化學家 Marcellin Berthelot 和 C. E. Ruelle 曾將這些希臘文本（附法文翻譯）編入了 *Collections des alchimistes grecs*, 3 vols. (Paris, 1887-1888)。他們的先驅性工作經常受到批評，因為翻譯往往不夠可靠，希臘文本也往往不夠準確。但它仍然是許多文本唯一可用的來源，因為自那以後只有其中一些文本得到過更好的關注。關於手稿，參見 Michèle Mertens, *Les alchimistes grecs IV, i: Zosime de Panopolis, Mémoires authentiques* (Paris: Les Belles Lettres, 2002), pp. xx-xlii; Henri Dominique Saffrey, "Historique et description du manuscrit alchimique de Venise Marcianus graecus 299," in *Alchemie: Art, histoire, et mythes*, ed. Didier Kahn and Sylvain Matton, Textes et Travaux de Chrysopoeia 1 (Paris: SÉHA; Milan: Archè, 1995), pp. 1-10; 以及 A. J. Festugière, "Alchymia," in *Hermétisme et mystique païenne*, ed. A. J. Festugière (Paris: Les Belles Lettres, 1967), pp. 205-229。關於希臘煉金術手稿更詳細的清單，參見 Joseph Bidez et al., eds., *Catalogue des manuscrits alchimiques grecs*, 8 vols. (Brussels: Lamertin, 1924-1932)。

② Matteo Martelli, "L'opera alchemica dello Pseudo-Democrito: Un riesame del testo," *Eikasmos* 14 (2003): 161-184; "Chymica Graeco-Syriaca: Osservationi sugli scritti alchemici pseudo-Democritei nelle tradizioni greca e sirica," in *'Uyūn al-Akhbār: Studi sul mondo Islamico; Incontro con l'altro e incroci di culture*, ed. D. Cevenini and S.D'Onofrio (Bologna: Il Ponte, 2008), pp. 219-249; and Christoph Lüthy, "The Fourfold Democritus on the Stage of Early Modern Europe," *Isis* 91 (2000): 442-479. 一八九〇年出版過 the *Physika kai mystika* 的一個英譯本，但它內容不全，而且往往產生誤導：Robert B. Steele, "The Treatise of Democritus on Things Natural and Mystical," *Chemical News* 61 (1890): 88-125。最近出版了一個迫切需要的考訂版，並附有義大利文翻譯：Matteo Martelli, ed., *Pseudo-Democrito: Scritti alchemici, con il commentario di Sinesio; Edizione critica del testo greco, traduzione e commento*, Textes et Travaux de Chrysopoeia 12 (Paris: SÉHA; Milan: Archè, 2011)；這位學者目前正在準備一個包含了敘利亞文版中新材料的英文版。Martelli (pp. 99-114) 還捨棄了文獻中經常提及的一個早先的看法，即《自然事物與祕密事物》出自公元前二、三世紀的一個希臘埃及作者 Bolos of Mende 之手。

很晚以後賦予它的，經常被譯成《自然事物與神祕事物》（*Physical and Mystical Things*）。雖然這看起來像是對希臘文的一種合理翻譯，但卻是誤導的。更好的譯法是《自然事物與祕密事物》（*Natural and Secret Things*）。希臘詞在古代並非指我們今天所說的神祕事物，亦即某種具有特殊宗教含義或精神含義的東西，也不表達一種無法言說的個人體驗。相反，它僅僅意指需要保守祕密的事物。①如果稱該文本為《自然事物與神祕事物》，則立刻暗示作者正在描述物質的和精神的事物，而這並非事實。*Physika kai mystika* 記錄的乃是與萊頓紙草和斯德哥爾摩紙草類似的作坊配方。事實上，它同樣把各種工序分為與金、銀、寶石和染料有關的四種。這種形式上的相似性，暗示曾經存在著一個完整的實用配方書傳統，它以這種劃分為標準。對於偽德謨克利特來說，這些工序是祕密的（*mystika*），因為它們有利可圖——如果你願意，也可稱之為商業祕密。

然而，該文本還描述了這位因為老師在傳授其必要的技藝之前就撒手人寰的沮喪作者如何曾試圖聯繫死者。這種努力只成功了一半。老師的鬼魂只是說，他無法自由地將訊息從冥界傳到陽界，「書在聖殿中」。稍後，聖殿中的一根柱子突然裂開，一個隱藏的壁龕顯露出來，其中包含有對老師祕密知識的簡潔表達：「自然喜好自然，自然勝過自然，自然掌控自然。」

---

①起初這個詞的用法與宗教儀式的物質細節有關，但是到了基督教時代之初，它漸漸開始指任何需要艱苦的行動來揭示的東西。Louis Bouyer, "Mysticism: An Essay on the History of a Word," in *Understanding Mysticism* (Garden City, NY: Image Books, 1980), pp. 42-55。

②這個晦澀難解的疊句被用於《自然事物與祕密事物》的各個配方中。無論我們認為這個發現故事有什麼意義，這些配方本身仍然是直接的和實用的，不帶有什麼（現代意義上）神祕的或超自然的痕跡。

煉金術的誕生

紙草和《自然事物與祕密事物》等配方文獻旨在仿製或加工貴重材料。但也許是在公元三世紀，煉金術的出現才到了一個關鍵時刻。在某一點上——從現存文本無法看出這究竟是如何發生或何時發生的——實際製造真金白銀的想法出現了。從當時工人的角度來看，這種發展似乎是非常合理的。如果硫水可以對銀的表面進行染色，使其看起來像金，那麼為什麼不能有某種方法來徹底給它染色——甚至不僅賦予銀以金色，而且賦予它以金的所有屬性？製金的工序被稱為 *chrysopoeia*，它源自希臘詞 *chryson poiein*（製金），與之相伴隨的是不那麼常見（且不那麼有利可圖）的 *argyropoeia*（製銀）。將一種金屬轉化成另一種金屬的一般工序被稱為「轉變」（transmutation）。

② Martelli, *Scritti alchemici*, pp. 184-187。

從這時起，煉金術士們終於可以全身心地致力於一個清晰的目標。除了製金，他們還追求很多東西，但製金和製銀始終是這門漸漸被稱為「高貴技藝」的行當的核心目標之一。最早的煉金術著作的作者們從當時形形色色的工匠那裡借鑑了技藝、工序和工具，但卻自認為是一個與那些工匠迥然不同的群體。①就這樣，無論是煉金術還是煉金術士，都在公元三世紀獲得了獨立身分。

煉金術的誕生需要兩種傳統的融合：由配方文獻所例證的實用工匠知識，以及希臘自然哲學中關於物質和變化之本性的理論思辨：什麼是物質？一個事物如何變成了另一個事物？以這些問題為中心的希臘思辨傳統可以追溯到煉金術出現之前大約七百年。最早的希臘哲學家，或統稱為前蘇格拉底哲學家，致力於思考這些問題。該傳統中通常引述的第一位思想家是米利都的泰利斯（Thales of Miletus，公元前六世紀），他聲稱，我們周圍的種種東西實際上是同一種原始物質的改變，他認為這種原始物質是水。繼泰利斯之後，又有幾位思想家提出了自己的想法。德謨克利特和留基伯（Leucippus，公元前五世紀）提出，萬物是由小得看不見的原子（*atomoi*）構成的。恩培多克勒（Empedocles，約前四九五—前四三五）將自然物的起源及其轉

---

①參見 Matteo Martelli in "Greek Alchemists at Work: 'Alchemical Laboratory' in the Greco-Roman Egypt," *Nuncius* 26 (2011): 271-311, esp. 282-284 中的語言分析。

變歸因於他所謂的事物的四「根」，即火、氣、土和水。在他所謂的「愛」與「爭鬥」這兩種力量的影響下，這四者以各種方式結合和分離。在所有這些人當中，也許最重要的是亞里斯多德（Aristotle，前三八四—前三二二），他非常關注物質和變化的本性，事實證明，他所提出的各種理論和思路對於後來的研究極具影響和富有成果。

所有這些希臘哲學家都在努力解釋物質的隱祕本性及其無休止地轉變為新的形式。他們當中的大多數人都認為，在不斷變化的現象背後存在著某種穩定不變的基底。認為有一種最終的實體存在於所有物體背後，這種觀念被稱為一元論。對泰利斯來說，這種最終的實體是水；對德謨克利特來說是原子；對亞里斯多德來說是他所謂的「原初質料」（*prōton hylē*）。嚴格說來，恩培多克勒的四根代表一種多元論立場，因為他暗示有不止一種最終物質存在，但他仍然堅持認為變化背後有一種恆常性。不過據我們所知，這些自然哲學家對於實際的工匠知識只有間接了解。

在希臘—羅馬時期的世界性大熔爐埃及，工匠傳統和哲學傳統並存。可能在公元三世紀左右，由此產生了煉金術這門獨立的學科。這兩種傳統的緊密結合顯見於現存最早的重要製金文本。這些著作出自希臘—埃及時期的一位煉金術士，他將被奉為整個煉金術史上的一個權威，也正是從他這裡開始，我們才掌握有較多可靠的歷史細節，他就是帕諾波利斯的佐西莫斯（Zosimos of Panopolis）。

帕諾波利斯的佐西莫斯

佐西莫斯活躍於公元三百年左右。[①] 他生於上埃及的帕諾波利斯城，現稱阿赫米姆（Akhmim）。我們知道，他並不是第一位製金者，因為他的著作中提到了更早的權威，甚至提到了當時已經發展起來的相互競爭的煉金術思想「學派」（除了他所寫的批評，我們對這些學派一無所知）。據說佐西莫斯寫了二十八本煉金術著作，可惜大都已經失傳，如今只剩下少量殘篇：一本名為《論儀器和熔爐》（*On Apparatus and Furnaces*，有時被稱為《字母歐米茄》〔*Letter Omega*〕，因為它曾被歸在這個字母之下）的書的序言，[②] 其他作品的幾個章節，還有一些零散的摘錄。佐西莫斯的一些著作是寫給一個名叫特奧塞拜婭（Theosebeia）的女人的，後者似乎一直是他在煉金術方面的學生，不過我們不知道她究竟確有其人還是文學上的杜撰。儘管現存的

① 對佐西莫斯的希臘文本最為可靠和詳細的討論是 Mertens, *Les Alchimistes grecs IV, i: Zosime*。Mertens 未作討論但發表於 Berthelot, *Collections*, 117-242 中的一些佐西莫斯文本還有待出版考訂版。

② 最近的一些學術研究表明，佐西莫斯直到晚年仍在整理自己的著作，將它們按照24個希臘語字母進行分類，並分別加入了序言（要麼作為導引，要麼作為對批評的回應）。然後他又補充了最後4卷，這樣便湊夠了公元十世紀的拜占庭百科全書所提及的總數28。我們目前擁有的殘篇被列在字母 omega 下面，參考資料被列在字母 sigma 和 kappa 下面。參見 Mertens, *Les Alchimistes grecs IV, i: Zosime*, pp. ci-cv。

著作殘缺不全，而且難於理解，但這些作品為我們了解希臘煉金術提供了最佳窗口。令人驚訝的是，這些早期文本確立了後來煉金術的許多基本概念和風格。

佐西莫斯的核心目標（金屬轉變）導向，他在實現目標過程中對於實際問題的深刻洞見，為克服這些問題而採取的手段，對理論原則的表述和應用，所有這些都明確表明，他的作品是新穎而重要的。更早的文本是一組不同的配方，而佐西莫斯的文本則包含著清晰的研究綱領，既利用了物質資源，又利用了思想資源。他詳細描述了各種有用的儀器，用於蒸餾、昇華、過濾、固定，等等。③ 其中許多儀器都是由在香料製造等技藝中使用的烹飪用具改裝而成的。所有這些儀器並非都由佐西莫斯親自設計，這表明到了公元四世紀初，實際的製金術必定已經非常發達。前人的著作成了他的關鍵資源，他頻繁地引用這些作品。瑪麗亞（Maria）是最突出的權威之一，她有時被稱為猶太人瑪麗亞（Maria Judaea），佐西莫斯說她研製出大量儀器，發展出各種技術。瑪麗亞的技術包括一種用熱水浴而不是明火來加熱的方法。這種簡單而有用的發明使瑪麗亞作為古代煉金術士的遺產得以保存，這份遺產不僅對於其餘的煉金術史有意義，而且時至今日，她的名字仍然與法國和義大利烹飪用的隔水燉鍋（bain-marie 或 bagno maria）相連繫。

---

③ 對佐西莫斯儀器認真而富有洞見的分析，包括清晰的說明，可見於 Mertens, *Les Alchimistes grecs IV, i: Zosime*, pp. cxiii-clxix；另見 Martelli, "Greek Alchemists"。

佐西莫斯描述的一些儀器，例如所謂的蒸餾皿（kerotakis），旨在將一種材料暴露於另一種材料的蒸氣中。事實上，他似乎特別感興趣蒸氣對固體的作用。這種興趣部分建立在實際觀察的基礎上。古代工匠知道，由加熱的爐甘石（一種含鋅的土）所釋放的蒸氣可以把銅變成黃銅（鋅和銅的合金），從而將銅變成金色。汞和砷的蒸氣則可以使銅變白呈銀色。也許正是出於對這些顏色變化的了解，佐西莫斯才尋求類似的工序以產生真正的轉變。指導性的理論在其著作中清晰可辨。這是需要強調的一個關鍵點。今天有一種常見的誤解，認為煉金術士或多或少在盲目地工作：他們試探性地將兩種東西混合起來，隨機地尋求黃金。這種想法遠非事實；在佐西莫斯那裡，我們不僅可以看到支持或修改其理論的實際觀察，而且可以確認指導其實際工作的理論原則。煉金術的許多理論框架將在不同時間和地點發展出來，這些框架既支持轉變的可能性，又能給出實際研究它的途徑。

憑借留存至今的佐西莫斯作品，我們不足以完全理解他的思想。但可以肯定的是，他認為金屬由兩個部分組成：一個是不可揮發的部分，他稱之為「身體」（*sōma*）；另一個是可以揮發的部分，他稱之為「精神」（*pneuma*）。精神似乎承載著金屬的顏色和其他特殊屬性。在所有金屬中，身體似乎都是相同的；在一份殘篇中，佐西莫斯似乎將其等同於液態金屬汞。於是，金屬的身分取決於其精神，而不是其身體。因此，佐西莫斯用火——透過蒸餾、昇華、揮發等——將精神與身體分離開來。讓分離的精神與其他身體相結合，將使其轉變成一種新的金屬。

佐西莫斯敏銳、活躍和善於質疑的心靈顯然超越了時代的界限。他曾注意到硫蒸氣對不同物質的不同作用，並且驚訝地發現：雖然硫蒸氣是白色的並且能使大多數物質變白，但是當它被白色的汞吸收時，所得到的複合物卻是黃色的。總愛批評其同時代人的佐西莫斯責備道：「他們應當首先研究這個奧祕。」① 他還驚訝地說：當硫蒸氣將汞變成固體時，汞不僅失去了揮發性，成為固定的（即不可揮發的），而且硫也成為固定的並且始終與汞相結合。② 佐西莫斯觀察到的現象如今被視為化學的一條基本原則：當物質相互起反應時，它們的性質並不像在純粹的混合物中那樣被「平均」，而是被徹底改變。顯然，佐西莫斯是細緻的觀察者，他深入思考了他在實驗中看到的東西。

佐西莫斯將轉變稱為金屬的「染色」（tingeing），他使用的詞是*baphē*，源自動詞*baphein*，意為「浸」或「染色」；類似地，他將轉化劑（transmuting agent）稱為「染色劑」（tincture），即某種能夠染色的東西。這些詞的選擇表明了他的想法與配方文獻之間的連繫，後者主要涉及為金屬、石頭和布料染色，以產生貴重的（或貌似貴重的）東西。相應地，「硫水」也引人注目地重

---

① Mertens, *Les Alchimistes grecs IV, i: Zosime*, p. 12。硫蒸氣使物質變白也許是指二氧化硫（由硫的燃燒所產生）的漂白能力：直到今天，報紙仍然是透過這種方法來漂白的。

② 這裡是指產生硫化汞，它是一種固體（不同於液態汞），遠沒有硫易揮發。

現於佐西莫斯的作品中，不過現在有了全新的含義。它不再是一種用來產生表面變化的簡單複合物，而是某種據說能夠帶來真正轉變的物質——因此被極力尋求和隱藏。

這裡出現了煉金術的一種幾乎無所不在的特徵：保密和匿名。佐西莫斯喜歡擺弄這種物質的名稱。由於希臘語中的歧義，在某些語境下，這個名稱既可以指「硫水」，也可以指「聖水」。在某些地方，他打算用這個名稱來指一種轉化劑，而在另一些地方，他顯然是在談論配方文獻中石灰與硫的簡單複合物。①還有一處，他稱其為「銀色的水，雌雄同體，不停地消散……它既不是金屬，也不是總在運動的水，亦不是堅固的東西，因為我們抓不住它。」②在這種情況下，他關於「聖水」的謎語似乎是在描述作為所有金屬基底的汞。而在另一些地方，這個術語似乎還有其他含義。事實上，在新近確認的一部佐西莫斯文本中，這個埃及人坦承，煉金術作者們「用許多名字來稱呼一件事物，又用一個名字來稱呼許多事物」。③他指出，製造起轉化作用的「水」是「有意隱藏起來的明顯祕密」。④於是在佐西莫斯這裡，先前配方文獻中那種適度的保密意識變得更加強烈和自覺。這種保密性雖然在程度上會有所起伏，但在接下來的煉金術史中從未消失。

為了提升這種保密性，佐西莫斯運用了後來煉金術作者的一種典型技巧：使用「假名」（Decknamen），這個德文詞的意思是「掩蓋名稱」。這些「假名」充當著一種密碼。煉金術作者不是使用物質的常用名稱，而是代之以另一個詞——通常與所指的物質有某種字面上或隱喻性的關聯。這種技巧在偽德謨克利特那裡已經有跡可循，他用「我們的」這個形容詞來指一種不同於通常所指的物質；例如，他用「我們的鉛」來指礦物銻（輝銻礦），這種物質與鉛有某些共同的屬性。「假名」服務於雙重目的：既可以保密，又可以使有能力破譯的人謹慎地交流。它們既隱藏又揭示。因此，「假名」必須合乎邏輯，而不是任意的，以便可以被破譯。如果讀者無法破譯「假名」，那麼結果將是完全保密；如果煉金術士旨在完全隱藏訊息，那麼一個字也不寫要簡單得多。

訊息的加密並不止於對物質的名稱進行簡單替換，甚至在佐西莫斯那裡也不是。這個帕諾波利斯人也許最著名的殘篇有時被（誤導地）稱為他的「異象」（Visions）。三份殘篇描述了他

---

① 參見 Matteo Martelli, " 'Divine Water' in the Alchemical Writings of Pseudo-Democritus," *Ambix* 56 (2009): 5-22 和 Cristina Viano, "Gli alchimisti greci e l'acqua divina," *Rendiconti della Accademia Nazionale delle Scienze.Parte II: Memorie di scienze fisiche e naturali* 21 (1997): 61-70。

② Mertens, *Les Alchimistes grecs IV, i: Zosime*, p. 21。

③ 最近有了一項令人振奮的進展，佐西莫斯的幾部丟失了很長時間的文本在阿拉伯文譯本中得到了確認。這些文獻連同其他許多被虛假地歸於佐西莫斯的文獻已經為人所知（Manfred Ullmann, *Die Natur-und Geheimwissenschaften im Islam* [Leiden: Brill, 1972], pp. 160-164），但其真實性直到最近才被 Benjamin Hallum ("Zosimus Arabus," PhD diss., Warburg Institute, 2008) 確立。這些文獻會在合適的時候編輯出版。這裡我引自 "*Twenty-Sixth* Epistle," p. 366。

④ Mertens, *Les Alchimistes grecs IV, i: Zosime*, p. 17。

的一連五個「夢」，由清醒的時間段分隔開來。這些夢涉及一個形狀像化學容器的祭壇，各種銅人、銀人和鉛人，它們的暴力肢解和死亡，還有佐西莫斯與它們的談話。他用了很多筆墨來試圖解釋這些文本究竟是什麼意思。不論過去一個多世紀以來有過什麼樣的不同回答，佐西莫斯本人告訴我們，它們乃是對實際轉變過程的寓意描述。換句話說，他所描述的演員、地點和行動是人格化的「假名」，它們被編織成一套連貫的擴展敘事。這種寓意語言將始終是煉金術寫作的一個常見特徵，在十四世紀以後的歐洲實踐者的作品中尤為突出。

佐西莫斯把他的一系列夢稱為「序言」，旨在幫助讀者揭開隨後「言語之花」（*anthē logōn*）的面紗。在我們今天所看到的文本中，隨後只有一個實際過程，但似乎原本有更多的內容，現已失傳。①在另一處，佐西莫斯清楚地寫道，從夢中「醒來」之後，他「清楚地知道，那些忙於這些事情（夢中的事情）的人是這門金屬技藝的液體」。②在《論硫》（*On Sulphurs*）一書中，佐西莫斯將鉛轉變成銀比喻成一個受折磨的人變成了國王；這個比喻——該文本明確將它與一個實際過程連繫起來——非常類似於佐西莫斯的第二個「夢」中所表達的內容。③

① Mertens, *Les Alchimistes grecs IV, i: Zosime*, pp. 40-41。

② Mertens, *Les Alchimistes grecs IV, i: Zosime*, p. 47。

③ Hallum, "*Zosimus Arabus*," pp. 130-147，引自 pp. 142-143；試與 Mertens, *Les Alchimistes grecs IV, i: Zosime*, p. 45, note 19 給出的解釋相比較。《論硫》也許是佐西莫斯倖存下來的唯一完整或近乎完整的著作，而且已經表明是兩部已知的希臘文殘篇的共同來源。

一些現代作者誤以為佐西莫斯的寓意敘述中有各種神祕的或心理的含義，但此時他們在很大程度上忽視了這些敘述的語境——無論是其作品本身，還是他的文化環境。佐西莫斯明確指出，他的「夢」在金屬轉變的語境下有一種技術含義，這是其文本的主要論題。一些學者甚至透過佐西莫斯的煉金術理論和實驗室操作，對這些「夢」做出了貌似合理的解釋。④誠然，佐西莫斯的夢（或白日夢）的確可能與他全身心投入的工作有關；許多讀者可能都有過類似的體驗，與工作有關的事情在奇特的夢中重新表現出來。但更有可能的是，佐西莫斯像小說家一樣將這些「夢」明確編寫出來，從而為他的一部實際論著造就一篇有意帶有寓意性的「序言」。這種做法很符合他對保密的慣常使用，事實上，就在敘述了其中一個「夢」之後，他立刻宣稱「沉默是金」，彷彿是在對自己的保持緘默做出解釋，並建議讀者們也類似地默不作聲。⑤在佐西莫斯的時代，把夢作為文學手段來使用是一種既定的常見做法，將訊息以夢的形式傳達出來可以賦予它一定的威信——一種權威的氣氛和啟示的意味。

④ Mertens, *Les Alchimistes grecs IV, i: Zosime*, pp. 207-231。

⑤ Mertens, *Les Alchimistes grecs IV, i: Zosime*, p. 41。

但表明佐西莫斯之「夢」的核心含義在於實際的煉金術操作，並不意味著我們可以忽視其更廣的文化背景。為了在這個寓意序列中使用比喻，佐西莫斯肯定利用了他自己的經驗和對同時代宗教儀式的了解。他關於祭壇、肢解和犧牲的語言，肯定反映了希臘—埃及時期的神殿活動。這一認識為整個科學史提出了一個重大問題：實踐者在哲學、神學、宗教等方面的信念如何表現於自然研究中，無論是煉金術還是其他地方？這些研究，無論是煉金術的還是現代科學的，都不是在文化真空中出現的，實踐者也不會與其特定時間地點的觀念、興趣和思維相隔絕。第七章更一般地討論了這些事物與煉金術乃至一切科學追求的不可分性。現在我們只需對佐西莫斯再做一次說明性的考察。

佐西莫斯無疑與諾斯底主義（Gnosticism）有一種聯繫。諾斯底主義是公元二、三世紀的一組宗教運動，強調需要啟示的知識（*gnōsis*，靈知）才能獲得拯救。① 這種拯救性的知識包括意識到人的內在本質有著神聖的起源，但被囚禁在一個物質身體當中。必須用知識來克服人對其起源的無知（或遺忘），使他自己（即他的靈魂）能夠漸漸地不再受制於身體及其激情，不再受制於物質世界和支配它的邪惡力量。在佐西莫斯所處的希臘—埃及時期流傳甚廣的諾斯底主義清楚地出現在其著作的兩個地方：一是他的《論儀器和熔爐》的序言，二是被稱為《最後論述》（*Final Accont*）的殘篇。② 問題在於，諾斯底主義觀念在佐西莫斯的煉金術思想中如何以及在多大程度上發揮著作用。

在前一文本中，佐西莫斯責備了一批與之競爭的煉金術士，他們批評《論儀器和熔爐》是不必要的。佐西莫斯反駁說，這些人這樣認為僅僅是因為他們正在使用假染色劑（轉化劑），其表面上的成功其實緣於被稱為「魔鬼」（daimons）的精神實體。③魔鬼用計誘使這些誤入歧途的煉金術士以為自己的製備過程是管用的，因此他們聲稱，佐西莫斯所規定的那些設備、材料和工序不是成功所必需的。就這樣，魔鬼使用這些假染色劑來操縱其無知的擁有者，從而使他們受制於魔鬼的影響，受命運（一種需要拒斥的邪惡力量）的擺布。佐西莫斯宣稱，真正的煉金術士所尋求的是純粹「自然和自行起作用的」染色劑，僅僅透過操縱其自然性質而引起轉變。④為了製備這些真正的自然的染色劑，正確的儀器、原料和工序是絕對必要的。

---

① 關於靈知主義，參見 Wouter J. Hanegraaff, Antoine Faivre, Roelof van den Broek, and Jean-Pierre Brach, eds., *The Dictionary of Gnosis and Western Esotericism* (Leiden: Brill, 2005), 1: 403-416 和其中的參考文獻。

② 這篇序言的一個優秀的英譯本是 Zosimos of Panopolis, *On the Letter Omega*, ed. and trans. Howard M. Jackson (Missoula, MT: Scholars Press, 1978)；帶有評註的更嚴格的考訂版見 Mertens, *Les Alchimistes grecs IV, i: Zosime*, pp. 1-10。《最後論述》（附法文翻譯）見 Festugière, *Révélation*, pp. 275-281, 363-368。進一步的分析參見 Daniel Stolzenberg, "Unpropitious Tinctures: Alchemy, Astrology, and Gnosis according to Zosimos of Panopolis," *Archives internationales d'histoire des sciences* 49 (1999): 3-31。

③ 在古典思想中，魔鬼（或譯「精靈」）是介於諸神與人之間的無形實體。其道德傾向可善可惡（蘇格拉底曾經提到一個精靈給了他有價值的建議），但在佐西莫斯的宇宙觀中，它們似乎總是想奴役人。他的觀點可能反映了猶太教和／或基督教思想的影響。

④ Zosimos, "*Final Account*," in Festugière, Revelation, p. 366。

接著，為了讓人理解他關於受魔鬼支配會導致惡果的觀點，佐西莫斯對人的墮落——最初的人如何被魔鬼欺騙，以致墮入肉身，成為亞當——做出了一種諾斯底主義解釋。透過講述耶穌基督如何為人提供拯救所需的知識，佐西莫斯揭示了諾斯底主義的一種基督教形式，即人需要拒斥自己的「亞當」（肉身），才能重新升至其固有的神聖領域。因此，人的囚禁以及伴隨著的罪惡起初源於魔鬼的欺騙，就像魔鬼現在也讓誤人歧途的煉金術士們拒絕接受佐西莫斯的書一樣。這些糟糕的煉金術士並未極力擺脫魔鬼的控制，而是繼續盲目地受騙，所以他們的情況肯定愈加惡化。佐西莫斯這篇批判性的序言必定為其（現已失傳的）關於製備一種真正起轉變作用的染色劑所需的儀器和熔爐的文本提供了一個恰當的導引。

諾斯底主義在佐西莫斯的煉金術理論或實踐中有清楚的表達嗎？也許如此。鑒於諾斯底主義者喜歡把他們的信條包裝成神話形式，我們可以猜想，佐西莫斯之所以會以一系列帶有寓意的夢來講述煉金術過程，也許正是源於用神話形式來講述——諾斯底主義的或煉金術的——學說的同一傾向。此外，關於金屬的二重性（身體和精神）以及實際需要將主動的、可揮發的靈魂從沉重的惰性身體中解放出來以實現轉變，佐西莫斯的指導理論似乎與諾斯底主義觀點（以及同時代的其他一些神學觀點）不無類似，即人的神聖靈魂被困在一個物質身體中，因此需要將它解放出來。對諾斯底主義者（或者就此而言對柏拉圖主義者，佐西莫斯也討論過柏拉圖）來說，人的個性和人格在於靈魂而不在於身體。同樣，金屬的特性和身分源於其精神而非身體。

倘若按照現代範疇進行劃分，我們就完全無法理解前現代思想的豐富性和複雜性。佐西莫斯沒有理由將他的哲學或神學信念納入一些使其思想失去平衡的特殊範疇。今天有一種傾向認為，這種「混合」（只是從我們的角度來看它才是混合的）阻礙了理性而清晰地處理實際事務，但這不僅是一種現代偏見，而且遠非實情。和其他人一樣，佐西莫斯思考、構想和解釋其工作的方法必定會受到其構想整個世界的整體方式的影響。因此，說煉金術對佐西莫斯而言是一種宗教是不正確的，說他的煉金術是諾斯底主義的乃是一種誇張。但想像佐西莫斯在研究實際的煉金術過程時可以（或應當）「關閉」他的思維方式，「關閉」他在同時代的諾斯底主義、柏拉圖主義等信念基礎上建立的心理狀態，同樣是錯誤的。即使現代科學家也做不到這一點，儘管其中一些人（也許是在一個名為「純粹客觀性」的惡魔的詭計之下）確信自己可以。

在離開佐西莫斯的時代和地點之前，還要補充一個背景。如果學者們把佐西莫斯的活躍時間定為公元三百年前左右是正確的，那麼他不僅見證了戴克里先（Diocletian）皇帝在公元二九七—二九八年對埃及叛亂的暴力鎮壓，而且也見證了這位皇帝試圖破壞煉金術的文獻遺產。據說戴克里先曾下令燒毀「埃及人在金銀煉金術（cheimeia）方面所寫的全部書籍」。據一份講述在戴克里先迫害期間的殉難基督徒的文獻所載，此舉是為了防止埃及人積累足夠的財富以再次反叛。①不過，如果這場焚書的確發生過，它可能與戴克里先在帝國全境的貨幣改革有關，

① *Acta sanctorum julii* (Antwerp, 17191731), 2: 557; John of Antioch, *Iohannes Antiocheni fragmenta ex Historia chronica*, ed. and trans. Umberto Roberto (Berlin: De Gruyter, 2005), fragment 248, pp. 428-429。

其中包括於二九五—二九六年用標準的羅馬貨幣取代（在亞歷山卓鑄造的）埃及地方硬幣。

公元三世紀見證了羅馬帝國貨幣的持續崩潰。鑄幣廠透過鑄造貴金屬含量愈來愈少的硬幣來使貨幣貶值，從而擴大了硬幣面值與其固有價值的差距。例如，被稱為安東尼銀幣的硬幣中的含銀量從52%下降到不足5%。發行的許多銅幣表面被塗上了一層銀（或只是銀色），使之看起來更值錢。戴克里先的解決辦法（最終證明不成功）是發行新的貨幣。①由於埃及書籍中常常會講述各種手段來仿造貴金屬、掩蓋合金的成色減少，或者——在理想情況下——生產新的金和銀，這類過程似乎是渴望貨幣穩定的統治者最不願意看到的，特別是由帝國的一個反叛省來負責。值得注意的是，最近確認了大量由仿製貴金屬製成的古代晚期硬幣，其中一些硬幣的成分與根據紙草和偽德謨克利特著作中的配方所產生的硬幣成分極為相似。②如果說戴克里先頒布命令的背後是擔心偽造貨幣和貨幣價值降低，那麼這將是對貨幣價值的一長串關切的第一個，這些關切最終導致煉金術被廢止。禁止煉金術書籍的帝王法令也許還可以為佐西莫斯的作品中為何有高級的保密措施提供一些背景。

---

① C. H. V. Sutherland, "Diocletian's Reform of the Coinage: A Chronological Note," *Journal of Roman Studies* 45 (1955): 116-118; Juan Carlos Martinez Oliva, "Monetary Integration in the Roman Empire," in *From the Athenian Tetradrachm to the Euro*, ed. P. L. Cottrell, Gérasimos Notaras, and Gabriel Tortella (Burlington, VT: Ashgate, 2007), pp. 7-23, esp. pp. 18-22。

② Paul T. Keyser, "Greco-Roman Alchemy and Coins of Imitation Silver," *American Journal of Numismatics* 7-8 (1995): 209-233。

無論最後這種說法是否正確，它都有一個特徵：它是我們對這個術語的最早用法之一，「煉金術」（*alchemy*）和「化學」（*chemistry*）這兩個詞便派生於它。現在我們可以談談這兩個詞了。和煉金術的情況大體一樣，關於它們的起源有許多不可靠的說法。這種情形可以追溯到煉金術士自己，他們喜歡使用一些臆想的詞源，以對其學科做出種種不同的斷言。古代的常見做法是把某個事物的名稱追溯到一個虛構的創建者——例如，「羅馬」（Rome）的名稱便出自傳說中的人物羅慕路斯（Romulus）。佐西莫斯提到了一個被稱為Chēmēs或Chymēs的早期煉金術士，他還在另一處聲稱，這門技藝最初是由一位天使在一本名為*Chēmeu*的書中啟示的。③佐西莫斯這個想法的發端無疑出自希伯來偽經《以諾書》（*Book of Enoch*或1 Enoch），書中說，墮落的天使們把生產性的技藝傳授給了人類。不過，即使是現代的煉金術史或化學史教科書給出的來源也常常不大可能為真。一個流行的觀點是，「化學」（chemistry）一詞源自科普特語詞*kheme*，意為「黑色」，暗指與尼羅河淤泥顏色有關的「黑土地」埃及。這種觀點不無根據，因為公元一世紀的作家普魯塔克（Plutarch）指出，*chēmia*乃是「埃及」的一個舊稱。④因此，根

③出自公元9世紀Georgos Synkellos, Chronographia, 1: 23-24所引用的一份佐西莫斯殘篇；對它的分析參見Mertens, *Les Alchimistes grecs IV, i: Zosime*, pp. xciii-xcvi。我們並不知道佐西莫斯最初是在何種語境下寫下這種思想的。

④Plutarch, *De Iside et Osiride*, 33: 364C。

據這一理論，*chemistry* 的字面意思將是「埃及技藝」。還有一些人將此詞源與實現轉變的關鍵步驟「黑化階段」(black stage)，或者與煉金術作為一門「黑技藝」(black art)的假想性質連繫在一起，這就更不可信了。

但這個詞更有可能源於希臘，因為希臘語既是最早的煉金術文本的語言，又是希臘—羅馬時期有文化的埃及的語言。*alchemy* 和 *chemistry* 中的「chem」很可能源於希臘詞 *cheō*，意指「熔化或熔合」。由 *cheō* 也派生出希臘詞 *chuma*，意指金屬鑄錠。由於大多數早期化學活動都涉及金屬的熔化或熔合，該詞源似乎肯定最為可信和合理。於是，用來指這門學科的希臘詞是 *chemeia* 或 *chumeia*，其字面意思是「熔化(金屬)的技藝」(不過，一個詞源以希臘語為主，並不排除有一種雙重含義也利用了科普特語詞根)。順便說一句，在談到希臘—埃及時期時若是使用 *alchemy* 一詞可以被視為一種時代誤置，因為這個詞是更早希臘詞的一種阿拉伯化形式——*alchemy* 中的「al」就是阿拉伯語中的定冠詞(所以佐西莫斯及其同時代人所從事的實踐也許可以被稱為「chemy」……)。不過術語問題我們還是留待以後再討論。①

---

① Robert Halleux, *Les textes alchimiques* (Turnhout, Belgium: Brepols, 1979), pp. 45-47。

後來亞歷山卓和拜占庭的作者

有幾部希臘煉金術（*chemeia*）文本的時間介於佐西莫斯時代到公元八世紀。②它們大多是關於以前資料的評註，而且和早期煉金術的許多情況一樣，有幾位作者仍然有待做進一步更仔細的研究。這些材料所體現的一項重要發展是實踐與理論和哲學在更大程度上融合在一起。在公元六世紀的作者奧林皮俄多洛斯（Olympiodorus）那裡，我們看到了對佐西莫斯的一部現已失傳的著作的評註殘篇。這位奧林皮俄多洛斯很可能就是那位為亞里斯多德著作撰寫評註的同名哲學家。他遵循泰利斯等早期希臘思想家的教導，試圖找出一種構成萬物的普遍原料。奧林皮俄多洛斯調整了這種關於共同原料基底的觀念，談到了一種共同的「金屬質料」，它接受各種不同的性質便可產生各種金屬。因此，只要將金屬還原為其「共同的金屬質料」，然後導入目標金屬的性質，便可實現轉變。這種關於共同金屬質料接受可互換性質的觀念似乎是對佐西莫斯將金屬分為「身體」和「精神」的延續。有趣的是，透過指出柏拉圖本人在講授一些最重要的觀點時如何使用同樣的文學手段，奧林皮俄多洛斯證明用寓意語言來代替直接的煉金術語言是正當的。③

---

② 對它們的概述參見 Michèle Mertens, "Graeco-Egyptian Alchemy in Byzantium," in *The Occult Sciences in Byzantium*, ed.Paul Magdalino and Maria Mavroudi (Geneva: La Pomme d'Or, 2006), pp. 205-230。

③ Cristina Viano, "Les alchimistes gréco-alexandrins et le *Timée* de Platon," in *L'Alchimie et ses racines philosophiques: La tradition grecque et la*

新柏拉圖主義哲學家、評註家、天文學家和學者亞歷山卓的斯蒂法諾斯（Stephanos of Alexandria）寫了一部題為《論偉大而神聖的製金術》（*On the Great and Sacred Art of Making Gold*）的煉金術著作，其時間最近被定為公元六一七年。在這部著作中，他明確將柏拉圖、亞里斯多德等著名希臘哲學家的思想應用於煉金術。①不過和佐西莫斯不同，奧林皮俄多洛斯和斯蒂法諾斯似乎都對實際工作不感興趣。煉金術並不構成他們的主要興趣，他們首先是哲學思想家。因此對他們來說，「製金」是一個哲學議題，也許我們可以——至少據我們目前所知——把他們看成安樂椅上的煉金術士。不過，他們把希臘哲學思想（尤其是關於質料的希臘哲學思想）應

---

tradition arabe, ed. Cristina Viano (Paris: Vrin, 2005), pp. 91-108; "Aristote et l'alchimie grecque," *Revue d'histoire des sciences* 49 (1996): 189-213; *La matière des choses: Le livre IV des Météorologiques d'Aristote et son interprétation par Olympiodore* (Paris: Vrin, 2006), esp. Appendix 1, pp. 199-208: "Olympiodore l'alchimiste"; "Olympiodore l'alchimiste et les Présocratiques," in *Alchemie: Art, histoire, et mythes*, ed. Didier Kahn and Sylvain Matton (Paris: SÉHA, 1995), pp. 95-150; and "Le commentaire d'Olympiodore au livre IV des *Météorologiques* d'Aristote," in *Aristoteles chemicus*, ed. Cristina Viano (Sankt Augustin, Germany: Academia Verlag, 2002), pp. 59-79。

①關於《希臘煉金術文獻》的斯蒂法諾斯是否就是這位新柏拉圖主義哲學家斯蒂法諾斯，一直存在著爭論。最新的證據所給出的結論是：他們的確是同一個人。參見Maria K. Papathanassiou, "L'Oeuvre alchimique de Stephanos d'Alexandrie," in Viano, *L'Alchimie et ses racines*, pp. 113-133; "Stephanus of Alexandria: On the Structure and Date of His Alchemical Work," *Medicina nei secoli* 8 (1996): 247-266; and "Stephanos of Alexandria: A Famous Byzantine Scholar, Alchemist and Astrologer," in Madgalino and Mavroudi, *Occult Sciences*, pp. 163-203. A rough English translation is available in Frank Sherwood Taylor, "Alchemical Works of Stephanus of Alexandria, Part I," *Ambix* 1 (1937): 116-139, and "Part II," *Ambix* 2 (1938): 39-49。

用於煉金術，這繼續為製金構建著日益複雜的理論框架。這些後來的煉金術發展不僅本身很重要，而且也將被阿拉伯世界所繼承。

Marcianus graecus 299中有一個常被複製的形象，也許是對希臘煉金術理論和實踐所主（*ouroboros*），即一條蛇正在吞食自己的尾巴（圖1.1）。對這一簡單但卻惹人注目的形象的解釋大相徑庭。但其內部的銘文——「一即一切」（*hen to pan*）——把我們再次引向了關於充當萬物背後基底的單一原料的古希臘哲學觀念。顯然，這一原理支持了煉金術轉變的觀念：一個事物之所以能夠轉化為另一個事物，是因為在最深層次上它們其實是同一個事物。因此，雖然有舊事物的消逝和新事物的產生，但在某種意義上它們始終是一樣的：一個事物即一切事物，一切事物即一個事物。因此，就像物質的總和一樣，銜尾蛇不斷消耗自身並由自身產生自身，即使在永久地破壞和再生自身時也保持恆常不變。

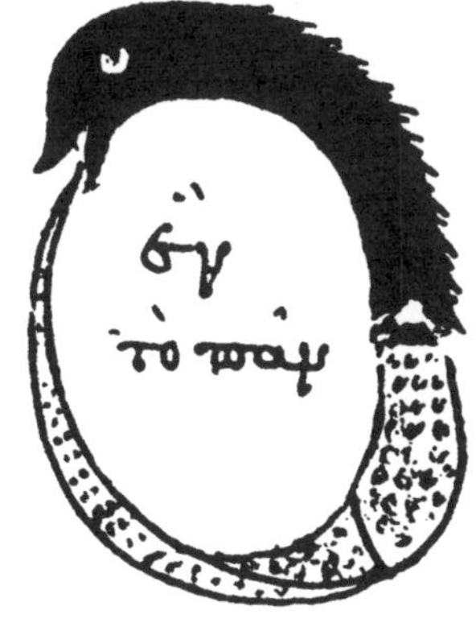

圖1.1

「銜尾蛇」，出自 *Marcianus graecus* 299, fol. 188v。重印於 Marcellin Berthelot, *Collection des alchimistes grecs* (Paris, 1888), 1: 132。

在從希臘世界轉到阿拉伯世界之前，還有一項發展值得提及：為引發轉變的一種特定物質賦予新的名稱。在佐西莫斯那裡，這種物質是他用「硫水」一詞所指的幾種東西之一。他使用的另一個詞是 *xērion*，這本來是指一種噴灑在傷口上的藥粉。之所以選擇這個詞，可能因為它與 *pharmakon* 一詞（藥物、藥膏、毒藥）相關，偽德謨克利特偶爾用 pharmakon 來指能為金屬染色的各種物質。但 *xērion* 一詞還暗示了另一種相似性：正如藥物能夠治癒和改善病人，chemeia 也能用自己的「藥物」即 *xērion* 或轉化劑來治癒和改善賤金屬。這種強大的轉化劑將在公元七世紀以後獲得一個更為持久的新名稱——賢者之石（*hōlithos tōn philosophōn*）。發現如何製備這種「非石之石」將成為煉金術士的首要目標。①

---

①「非石之石」見於佐西莫斯（Mertens, *Les alchimistes grecs IV, i: Zosime*, p. 49）。請注意，正確的術語是 Philosophers' Stone，而不是通常看到的 Philosopher's Stone。各種語言的所有原始文獻使用的都是複數所有格：*Stone of the Philosophers*。

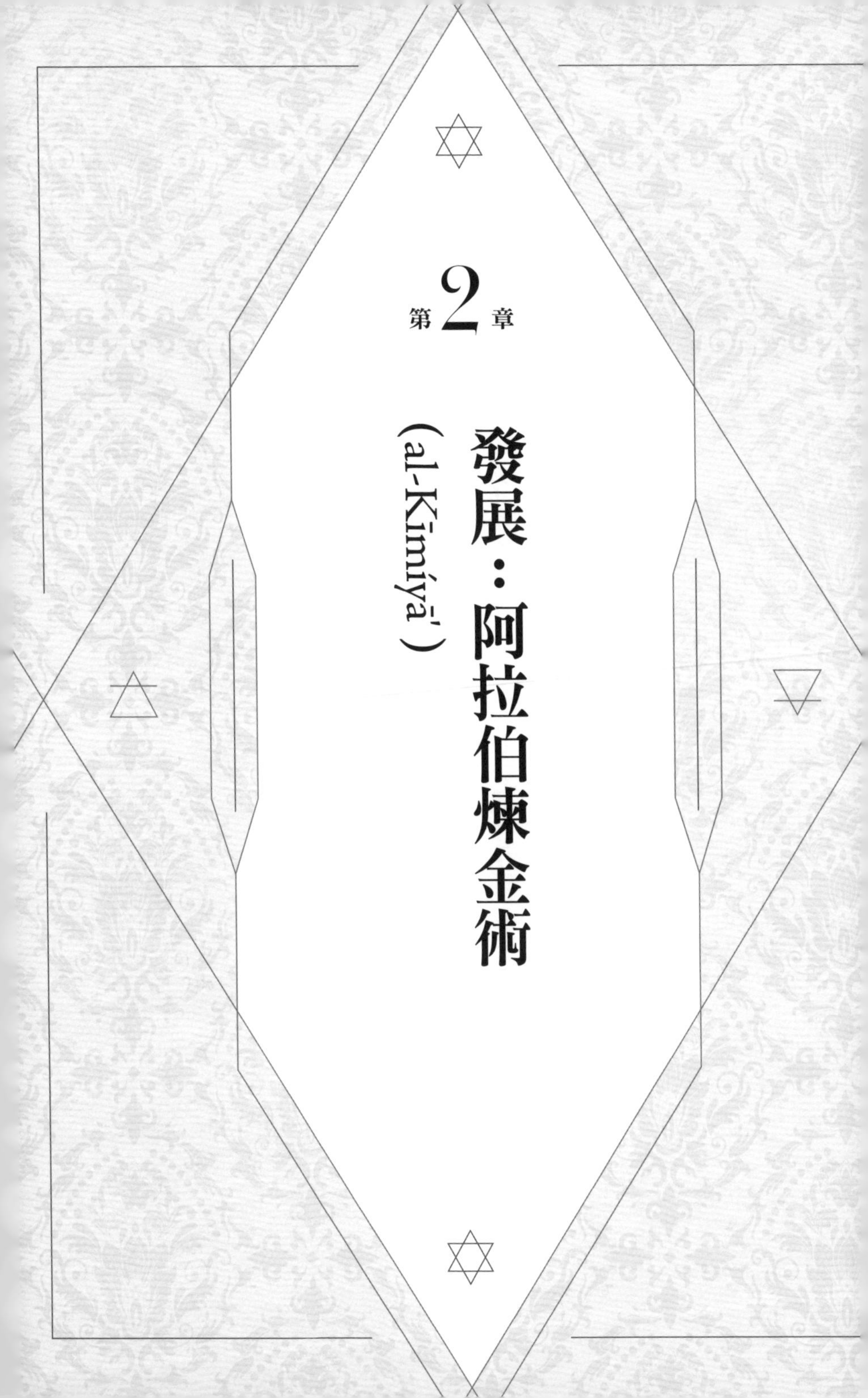

第2章

發展：阿拉伯煉金術

（al-Kīmíyā́）

大約從公元七五〇年到一四〇〇年，煉金術在其阿拉伯時期廣泛發展起來，各個方面都增加了新的理論、概念、實用技巧和材料。經過數個世紀的耕耘，伊斯蘭世界在科學、醫學和數學等方面創造出大量知識，中世紀的歐洲人在十二世紀初次邂逅這些知識時，不由得心生敬畏和欽佩。然而，中世紀的人雖然承認阿拉伯的學問豐富而重要，但這種尊重後來日漸喪失，以致重要的阿拉伯作者的貢獻乃至姓甚名誰最後都遭到混淆、遺忘甚至壓制。因此，儘管這一時期對於煉金術——以及整個科學史——來說非常重要，但我們對它的了解仍然很不完整。歷史學家們不得不去重新發現阿拉伯煉金術的原始文獻。直到十九世紀末，學者們才再次開始研究阿拉伯煉金術文本。引人注目的是，我們這種重新產生的興趣在部分程度上要歸功於化學家馬塞蘭・貝特洛（Marcellin Berthelot, 1827–1907），正是他負責出版了《希臘煉金術文獻》。①

自那以後，許多問題得到了解決，我們認識中的很多缺漏得到填補，許多奧祕得以揭開，但還有更多的東西有待關注。即使是最重要的阿拉伯作者，也只有少數文本得到編輯，翻譯過來的文本就更少了。當前急需的新學術成果之所以難以產生，不僅是因為相關地區的政治經濟形勢使檔案難以自由查閱，而且也因為手稿本身的複雜性，以及戰爭和粗心大意所導致的

① Marcellin Berthelot, Rubens Duval, and O.Houdas, *La chimie au moyen âge*, 3 vols. (Paris, 1893)。

手稿損失。但最棘手的問題也許是，很少有科學史家精通阿拉伯語，而這其中對煉金術感興趣的人就更少。

從希臘人到阿拉伯人的知識傳播

公元七世紀中葉，伊斯蘭教興起後不久，阿拉伯軍隊朝四面八方湧出阿拉伯半島——北入巴勒斯坦和敘利亞，東進波斯，西越北非，最終挺進西班牙甚至法國。對於煉金術的故事來言最重要的是，阿拉伯人征服了地中海東部拜占庭的土地。公元六四〇年，亞歷山卓被攻克，埃及被伊斯蘭帝國吞併。在那裡以及其他一些以前屬於拜占庭的中東領地，新生的穆斯林世界開始與希臘的思想和文化密切接觸。這種跨文化接觸在六六一年得到加強，當時倭瑪亞王朝的第二任哈里發（先知穆罕默德的繼承人，充當伊斯蘭世界的領導者）穆阿維亞（Mu'āwiyah）在大馬士革建都，這裡直到三〇年前還是拜占庭的土地。因此，雖然倭瑪亞王朝的哈里發們是阿拉伯穆斯林，但其臣民大多是拜占庭的基督徒。新的穆斯林統治者們武功卓著，但不善於管理帝國，因此需要雇用有經驗的拜占庭人進行管理、建設和規畫。這種社會政治形勢使得新來乍到的阿拉伯人有充分的機會學習希臘思想。就這樣，一場「翻譯運動」開始了，它在倭瑪亞王朝還比較緩慢和停滯，但隨後阿拔斯王朝的哈里發們則使之大大加速，他們將伊斯蘭的首都從大馬士革向東移至公元七六二年建立的新城巴格達。一批翻譯家在那裡將數百部希臘文書籍譯成了阿拉伯文，這其中不僅包括討論技術、機械學和煉金術的實用著作，還包括亞里斯多德和柏拉圖的著作、歐幾里得的數學、蓋倫和希波克拉底的醫學，等等。①

我們常常自以為已經清楚地知道，希臘煉金術最初是如何在阿拉伯文化中確立為 al-kīmíyā 的。這個故事始於大馬士革倭瑪亞宮廷的陰謀和謀殺。哈利德・伊本・亞茲德（Khālid ibn-Yazīd，七〇四年去世）是倭瑪亞王朝的一個年輕王子，哈里發穆阿維亞的孫子。公元６８３年，在一次內戰期間，哈利德的父親在圍攻麥加時去世，哈里發的職位由哈利德的哥哥繼任，但他次年便一命嗚呼，年僅二十二歲——可能不是自然死亡。由於哈利德年紀還小，哈里發一職被交予一個名叫馬爾萬（Marwan）的親戚，條件是哈利德要接替他。但接著馬爾萬娶了哈利德孀居的母親，承諾要把繼承權傳給他自己的兒子們，並宣布哈利德為私生子。哈利德的母親則在其新婚丈夫睡著時用枕頭悶死（一說毒死）了他。鑒於這個家庭如此有愛，哈利德逃到了埃及。在那裡，這位年輕的王子把失去了哈里發職位置於腦後，開始研究希臘學問，並發現自己對煉金術最感興趣。在這個故事的某些版本中，他遇到了「大斯蒂法諾斯」（Stephanos the

---

① Dimitri Gutas, *Greek Thought, Arabic Culture: The Graeco-Arabic Translation Movement in Baghdad and Early 'Abbasid Society* (London: Routledge, 1998) 對翻譯運動做了出色的討論。David C. Lindberg, *The Beginnings of Western Science*, 2nd ed. (Chicago: University of Chicago Press, 2007), pp. 166-176 是一個方便的介紹。

elder），可能就是第一章提到的那位作者——亞歷山卓的斯蒂法諾斯。斯蒂法諾斯給予了哈利德指導，並為他把煉金術著作譯成了阿拉伯文。在故事的另一些版本中，對哈利德的指導出自一位名叫馬里亞諾斯（Marianos）的基督教修士。關於這位修士是希臘人還是羅馬人，以及他是否隱居在耶路撒冷，則有各種不同的說法。無論如何，恐怕是在斯蒂法諾斯的指導下，馬里亞諾斯曾在亞歷山卓研究過煉金術，並把那些知識告訴了哈利德，包括如何製備賢者之石。接著，王子本人寫了幾部煉金術作品，以記錄他所受的教導。

和基督教修士馬里亞諾斯一樣，公元十世紀的一部阿拉伯文獻中已經記錄了哈利德的著作以及他作為「第一位〔穆斯林〕，醫學、天文學和化學著作是為其翻譯的」地位。② 馬里亞諾斯的書在今天既有拉丁文翻譯，又有阿拉伯文版本。③ 但不幸的是，這個條理清晰、引人入勝

---

② 這一訊息來自公元九八七年巴格達書商 Ibn al-Nadīm 編寫的 *Catalogue (al-Fihrist)*，這是關於阿拉伯文獻書目編制者的偉大資源。對煉金術一節的英譯見 J. W. Fück, "The Arabic Literature on Alchemy according to An-Nadīm," Ambix 4 (1951): 81-144；這一節包含著哈利德的故事及其著作的一個早期版本。

③ Morienus, *De compositione alchemiae, in Bibliotheca chemica curiosa*, ed. J. J. Manget (Geneva, 1702; reprint, Sala Bolognese: Arnoldo Forni, 1976), 1: 509-519; Ullmann, *Natur-und Geheimwissenschaften*, pp. 191-195; Ahmad Y. al-Hassan, "The notes to pages 24-29 217 Arabic Original of the *Liber de compositione alchemiae*," *Arabic Sciences and Philosophy* 14 (2004): 213-231。

的故事是純粹虛構的。①帶有馬里亞諾斯和哈利德・伊本・亞茲德名字的書其實寫於這些著名作者去世後一個多世紀。

但可以讓喜歡這個故事的人稍感寬慰的是，第一批煉金術文本仍然可能（雖然對此尚無明確證據）是從埃及等地傳播到阿拉伯世界的，即使這並不牽涉哈利德（傳播大概始於他七〇四年去世之後）。至於馬里亞諾斯，阿拉伯讀者最初可能的確是透過基督教教士而接觸到希臘知識的；這種傳播有幾個證據確鑿的例子。②但馬里亞諾斯在歷史上不大可能確有其人。不過，雖然這位虛構的七世紀修士並非第一個將希臘煉金術傳給阿拉伯讀者的人，但他將享有另一種榮名，即大約五百年後，他第一次把煉金術帶給了另一批心懷渴望的讀者。他很快就會以莫里埃努斯（Morienus）這個拉丁化的名字重新出現。

由於沒有關於哈利德和馬里亞諾斯的確鑿故事，公元八世紀阿拉伯世界對希臘煉金術的早期吸收仍然模糊不清。主要是透過那些被冠以希臘傑出人物名號的論著，我們對那個早期階段

---

① Julius Ruska, Arabische Alchemisten I: Chālid ibn-Jazid ibn-Mu'āwija, Heidelberger Akten von-Portheim-Stiftung 6 (1924; reprint, Vaduz, Liechtenstein: Sändig Reprint Verlag, 1977); Manfred Ullmann, "Hālid ibn-Yazīd und die Alchemie: Eine Legende," Der Islam 55 (1978): 181-218。

② 例如，宗主教提摩太一世（Timothy I）曾於公元782年左右為哈里發馬赫迪（al-Mahdī）準備了亞里斯多德著作《論題篇》（*Topics*）的第一個阿拉伯文譯本。Gutas, Greek Thought, pp. 61-69。

才略知一二。佐西莫斯的名字自然會被使用，但同時使用的還有蘇格拉底、柏拉圖、亞里斯多德和蓋倫等對煉金術未置一詞的更著名者的名字。目前我們尚不能斷定這些文本究竟是原始的阿拉伯文著作，還是對現已失傳的匿名希臘文著作的翻譯，抑或是兩者的結合。③

赫密士與《翠玉錄》

正是在這個充斥著偽題銘的阿拉伯著作的早期階段，《翠玉錄》（*Emerald Tablet*）出現了，它將會成為也許最受尊敬和最為著名的煉金術文本。據說它由傳說中的人物赫密士（Hermes）所作。這位赫密士被稱為「三重偉大的」（Trismegestus），是希臘與埃及神話英雄形象的複雜結合。與他的名字連繫在一起的著作被統稱為《赫密士祕文集》（*Hermetica*），包含了數十種源於希臘—埃及時期的文本。其中許多是公元一世紀至四世紀帶有新柏拉圖主義特徵的哲學—神學

③對這些早期產物的簡短描述，參見 Georges C. Anawati, "L'alchimie arabe," in *Histoire des sciences arabes*, ed. Roshdi Rashed and Régis Morelon, vol.3, *Technologie, alchimie et sciences de la vie* (Paris: Seuil, 1997), pp. 111-142 和 Ullmann, *Natur-und Geheimwissenschaften*, pp. 151-191。

作品。還有一些作品是占星術、技術或魔法的，其中某些可以追溯到公元前一世紀。所有這些赫密士文本在古代晚期都廣為人知，但其中沒有任何作品與煉金術有明顯關聯。①

但佐西莫斯卻把一位「赫密士」引作權威。更引人注目的是，到了十世紀的伊斯蘭世界，赫密士已成為煉金術的創始人、土生土長的巴比倫人，而且寫了十幾部帶有煉金術性質的著作。②此後他的聲譽和名望持續增長。在拉丁西方，他甚至曾被譽為摩西的同時代人甚至是摩西的前身，是一個受神啟示的異教先知，預言了基督的降臨。於是乎，赫密士成了十五世紀末義大利西恩納大教堂路面上描繪的第一個也是最為顯著的先知形象。在歐洲，赫密士同樣保持

①關於赫密士和赫密士主義，參見 Hanegraaff, Faivre, van den Broek, and Brach, *Dictionary of Gnosis and Western Esotericism*, 1: 474-570; Garth Fowden, *The Egyptian Hermes: A Historical Approach to the Late Pagan Mind* (Cambridge: Cambridge University Press, 1986)（對於赫密士來說是有用的，但關於佐西莫斯和煉金術的材料現已過時）；以及 Florian Ebeling, *The Secret History of Hermes Trismegestus: Hermeticism from Ancient to Modern Times* (Ithaca, NY: Cornell University Press, 2007), pp. 3-36；關於哲學神學文本，參見 Brian Copenhaver, *Hermetica: The Greek Corpus Hermeticum and the Latin Asclepius* (Cambridge: Cambridge University Press, 1992)。

②關於阿拉伯的赫密士以及被歸於他的文本，參見 Ullmann, *Natur-und Geheimwissenschaften*, pp. 165-172 and 368-378；Fück, "An-Nadim," pp. 89-91; and Martin Plessner, "Hermes Trismegistus and Arab Science," *Studia Islamica* 2 (1954): 45-59。關於阿拉伯的赫密士神話的發展（幾乎不涉及煉金術），參見 Kevin T. Van Bladel, *The Arabic Hermes: From Pagan Sage to Prophet of Science* (Oxford: Oxford University Press, 2009)。

著煉金術創始人的地位，以至於「赫密士技藝」（Hermetic Art）變得與煉金術／化學同義。隨著赫密士神話的不斷發展，《翠玉錄》——雖然只有一段話的長度——漸漸成為許多煉金術士（既有阿拉伯的也有拉丁的）的一個基礎文本。包括牛頓在內的數十位作者都曾對它做過無數冗長的分析。③

③關於三重偉大的赫密士作為古代煉金術之父的一個版本，參見 Michael Maier, *Symbola aureae mensae duodecim nationum* (Frankfurt, 1617), pp. 5-19；關於「赫密士技藝」（Hermetic Art）這一術語的用法，參見 Bernard Joly, "La rationalité de l'Hermétisme: La figure d'Hermès dans l'alchimie à l'âge classique," *Methodos* 3 (2003): 61-82，以及 Jean Beguin, *Tyrocinium chymicum* (Paris, 1612), pp. 1-2：「如果有人把它（煉金術）稱為赫密士技藝，他指的是其創始人和古代。」關於十七世紀對赫密士年代和先知地位的攻擊，參見 Anthony Grafton, "Protestant versus Prophet: Isaac Casaubon on Hermes Trismegistus," *Journal of the Warburg and Courtauld Institutes* 46 (1983): 78-93。關於一篇很長的現代早期煉金術評註，參見 Gerhard Dorn, *Physica Trismegesti*, in *Theatrum chemicum*, 1: 362-387；關於牛頓，參見 J. E. McGuire and P. M. Rattansi, "Newton and the Pipes of Pan," Notes *and Records of the Royal Society of London* 21 (1966): 108-143 以及 B. J. T. Dobbs, "Newton's Commentary on *The Emerald Tablet* of Hermes Trismegestus: Its Scientific and Theological Significance," in *Hermeticism and the Renaissance*, ed. Ingrid Merkel and Allen G. Debus (Washington, DC: Folger Shakespeare Library, 1988), pp. 182-191。

《翠玉錄》的確切起源仍然模糊不清。大多數證據表明，它是一部寫於公元八世紀的原創阿拉伯文作品，比哲學的或技術的《赫密士祕文集》晚了幾個世紀。儘管學者們做了詳盡的研究，但並未發現它有任何希臘雛形或者對它更早的希臘引用。①它起初問世時附在一部來源不明的複雜作品《創世祕密之書》（*Kitāb sirr al-khalīqa*）後面，《創世祕密之書》由公元九世紀初的一位「巴里努斯」（Balīnūs）所寫，他以更早的希臘作者提亞納的阿波羅尼烏斯（Apollonios of Tyana）之名用阿拉伯語寫作。②巴里努斯的這部作品本身是拼湊而成的，它將較新的資料與一個名為納布盧斯的薩基尤斯（Sajiyus of Nablus）的祭司所寫的一部更早的敘利亞文本相結合，而後者又包含著更早的希臘資料。③《翠玉錄》究竟能在多大程度上與這部拼湊而成的作品相配

---

① Julius Ruska, *Tabula Smaragdina: Ein Beitrag zur Geschichte der hermetischen Literatur* (Heidelberg: Winter, 1926); Martin Plessner, "Neue Materialien zur Geschichte der Tabula Smaragdina," *Der Islam* 16 (1928): 77-113；關於《翠玉錄》的歷史及其文本的幾個版本，參見 Didier Kahn, ed., La *table d'émeraude et sa tradition alchimique* (Paris: Belles Lettres, 1994)。

② 「巴里努斯」（Balīnūs）其實是「阿波羅尼烏斯」（Apollonios）的阿拉伯文寫法。阿拉伯語沒有p，所以那個字母變成了b，成為「Abollonios」，再根據譯成阿拉伯語典型的元音變化（阿拉伯語只有a、i、u三個元音，書寫時並不指示短元音），就成了「Balīnūs」。

③ 《創世祕密之書》的阿拉伯文本直到一九七九年才編輯出版：Ursula Weisser, ed., Sirr *al-khalīqah wa ṣan'āt alṭabi'ah* (Aleppo: Aleppo Institute for the History of Arabic Science, 1979)。其內容的概要現在可見於 Ursula Weisser, *Das "Buch über das Geheimnis der Schöpfung" von Pseudo-Apollonios von Tyana* (Berlin: Walter de Gruyter, 1980; reprint, 2010)。Françoise Hudry 編的一個中世紀拉丁文譯本是"Le *De secretis naturae* du pseudo-Apollonius de Tyane: Traduction latine par Hugues de Santalla du Kitāb *sirr al-ḫalīqa de Balīnūs," in "Cinq traités alchimique médiévaux," Chrysopoeia* 6 (1997-1999): 1-153。

合，我們現在還說不好。但似乎完全可以懷疑《創世祕密之書》中相關說法的真實性，即該文本被發現時是以敘利亞文寫在一塊綠色的石板上，而緊握該石板的乃是隱藏在三重偉大的赫密士雕像下方的一個地下墓穴中的古屍。④

可以肯定的是，《翠玉錄》此後從未長久地消失於世。它以各種措辭重新出現於各種不同的文本中。許多自稱的詮釋者都曾試圖解讀它，但都不能讓人滿意。由於文本很短，這裡可以給出一個完整的早期版本。

> 這是真理，最為確鑿，沒有疑問。
> 上者來自下界，下者來自上界，此乃「一」之奇蹟。
> 萬物皆生於一。
> 其父為太陽，其母為月亮。
> 地腹中孕育，風腹中滋養，土將變成火。
> 以精細之物盡力哺養大地。
> 從地升到天，統管上下。⑤

---

④到了伊斯蘭時期，在地下墓室或古埃及歷史遺跡中發現神祕文本已經成為一種文學手段；參見 Ruska, *Tabula*, pp.61-68。

⑤英譯文出自 E. J. Holmyard, "The Emerald Table," *Nature* 112 (1923): 525-526 中的阿拉伯文，引自 p. 526。不過請注意，Holmyard 在這篇文章中就《翠玉錄》的起源和時代所作的歷史主張已被證明是錯誤的。

我們可以看到，確信該文本源於古代並且至關重要的讀者們，必定花了無數個不眠之夜來努力辨析它的含義。天界（大宇宙，「上界」）與地界（小宇宙，「下界」）之間的關係似乎很清楚。其中似乎也提到了一元論（「萬物皆生於一」），這與銜尾蛇的含義類似。但「其父為太陽」中的「其」是什麼呢？一代又一代的煉金術士都相信，「其」就是引起金屬轉變的賢者之石，因此《翠玉錄》中包含著有關如何製備這種珍貴物質的祕密訊息。但太陽和月亮是什麼呢？也許是乾和溼這兩種本原？金和銀？地腹在哪裡？我們應以何種精細之物以及如何用它來哺養大地？我們完全不清楚這個未曾指定的「其」與賢者之石或實際的煉金術是否有關係。《翠玉錄》的奧祕——無論是它的起源還是含義——不大可能在短時間內得到解決。

從十世紀開始流傳一則奇特的軼事，涉及阿拉伯人對煉金術的早期興趣。歷史學家伊本・法齊赫・哈馬達尼（Ibn al-Faqīh al-Hamadhānī）描述了公元七五四年到七七五年間哈里發曼蘇爾（al-Mansūr）的大使奧馬拉・伊本—哈姆扎（'Umāra ibn-Hamza）對拜占庭皇帝（可能是君士坦丁五世）的一次訪問。[1] 根據他的敘述，拜占庭皇帝向奧馬拉展示了君士坦丁堡的幾個奇蹟，包括堆滿一袋袋白色和紅色粉末的儲藏室。這位穆斯林大使看到，皇帝命人將一磅鉛熔化，並往坩堝裡加入少量白色粉末，鉛立刻變成了銀。然後又將一磅銅熔化，加入一點紅色粉末，銅就變成了金。奧馬拉向曼蘇爾報告了這種奇妙的技藝，曼蘇爾隨後突然對煉金術產生了興趣，遂命人將希臘煉金術著作翻譯成阿拉伯文。無論這是否忠實記述了奧馬拉的報導或者後來對事件的改寫，至少時間上是正確的。因為的確是在曼蘇爾這位聰穎的巴格達創建者（七五四—七七五年在位）的領導下，將科學和醫學著作譯成阿拉伯文的翻譯運動才真正開始。這則軼事特別重要，因為它是對兩種轉化劑的早期描述，白的用來製銀，紅的用來製金。這兩種形式的賢者之石將成為煉金術轉變的標準內容。

賈比爾及其著作

關於煉金術在穆斯林世界的早期傳播，我們的模糊理解很快就會被混亂所取代。因為現在出現了一個人，他在阿拉伯煉金術中扮演的重要角色就如同佐西莫斯在希臘—埃及時期所扮演的角色，他就是賈比爾·伊本—哈揚（Jābir ibn-Ḥayyān）。或者更準確地說，是幾位賈比爾·伊本—哈揚。又或者根本沒有這個人。長期以來，煉金術史家們一直面臨一個棘手的問題，那就是弄清楚某位作者的身分是否真的如他所說，生活的時間地點是否真如他所聲稱的那樣。整個行當從頭到尾充斥著匿名、化名、保密、神祕、作假和詭計。在賈比爾有聲望的一生之後不

① Gotthard Strohmaier, "'Umāra ibn Hamza, Constantine V, and the Invention of the Elixir," *Graeco-Arabica* 4 (1991): 21-24; a fuller account is Strohmaier, "Al-Mansūr und die frühe Rezeption der griechischen Alchemie," *Zeitschrift für Geschichte der Arabisch-Islamischen Wissenschaften* 5 (1989): 167-177。

久，便出現了關於作者身分及其作品的不同看法，並且一直持續至今。和哈利德和馬里亞諾斯的情況一樣，煉金術中的事物往往並非它們看起來的樣子。

據傳統傳記記載，賈比爾於公元七二〇年左右出生在巴格達以南的古城庫費（Kufa）。他年輕時先是追隨希米葉爾人哈比（Harbī the Himyarite，七八六年以四六三歲高齡去世），而後跟從一個常被視為馬里亞諾斯弟子的基督教修士學習煉金術（心中起疑了嗎？）。不過，賈比爾最重要的老師是伊斯蘭宗教史上一個若隱若現的人物，即什葉派第六任伊瑪目（Imam）——賈法爾·薩迪克（Ja'far al-Ṣ-ādiq，七〇〇—七六五）。賈比爾將自己的知識直接歸功於賈法爾，自稱是其最親近的弟子。有些文獻稱，賈比爾本人成了一名伊瑪目和／或蘇菲。賈法爾去世後，賈比爾去了巴格達，與有錢有勢的巴爾馬克（Barmaki）家族過從甚密，後者把他引薦給了哈里發哈倫·拉希德（Hārūn al-Rashīd，《一千零一夜》中的著名角色，七八六—八〇九年在位）的宮廷，賈比爾為拉希德寫了一部煉金術著作。賈比爾的去世時間有八〇八年、八一二年或八一五年等不同說法。

對這種記述的懷疑早在十世紀便已在流傳。巴格達書商伊本·納迪姆（Ibn al-Nadīm）報告說，「書商中的許多學者和前輩都曾斷言，賈比爾這個人根本不存在」。[1]但納迪姆拒絕這種說

---

① Fück, "An-Nadim," p. 96。

法，其理由是：沒有人會寫這麼多卷書——他列了大約三千卷——還冠以別人的名字（創作三千卷書並不像聽起來那樣荒謬，因為這些「卷」（*kutub*）近似於篇幅只有幾頁的章節或短文，而不是整本書）。其他阿拉伯作家則表示懷疑：十四世紀的文學史家札馬魯丁・伊本・努巴塔・馬斯里（Jamāl al-Dīn Ibn Nubāta al-Miṣrī）斷言，他那個時代的共識是，賈比爾是幾位不同作者所使用的化名。

當科學史家在二十世紀初重新發現阿拉伯煉金術時，關於賈比爾的爭論再起。不過，撰寫了關於賈比爾的決定性著作的是保羅・克勞斯（Paul Kraus），一個極為博學和擁有非凡語言才能的學者。②克勞斯的結論是，傳統傳記將賈比爾的年代提早了一個多世紀。作為證據，他注意到，賈比爾所提到的某些希臘文獻在公元八世紀還看不到阿拉伯文版本，賈比爾的一些基本思想出自那部至關重要的百科全書著作《創世祕密之書》，而這部著作編寫於八一三年到八三三年之間，晚於通常為賈比爾指定的去世時間。此外，賈比爾的許多作品都顯示了公元九世紀

---

② Paul Kraus, *Jābir ibn Ḥayyān: Contribution à l'histoire des idées scientifiques dans l'Islam*, vol.1, *Le Corpus des écrits jābiriens*, *Mémoires de L'Institut d'Égypte* 44 (1943), and vol.2, *Jābir et la science grecque*, *Mémoires de L'Institut d'Égypte* 45 (1942)。第二卷已經重印：Les Belles Lettres (Paris, 1986)。一九四四年，當克勞斯正在完成第三本書，將賈比爾置於伊斯蘭宗教史的背景中時，他被發現在其開羅的公寓中上吊身亡。是自殺還是謀殺？目前仍然有疑問。更糟糕的是，他第三本書的大部分手稿在他去世後遺失了。就這樣，這位破解了過去眾多難解奧祕的無與倫比的學者以他自己的神祕方式悲慘離世；雖然他費盡心力復原了丟失了數個世紀的書籍，但他自己最後一本書的大部分內容卻不小心遺失了。

末什葉派運動的影響。

克勞斯還指出，賈比爾的三千卷書出自許多作者之手，而且它們是在一個多世紀的時間裡編寫而成的。其中年代最早的《慈悲之書》（*Kitāb al-raḥma*）寫於九世紀中葉。他推測，這本書激起了什葉派煉金術士的興趣，他們要麼為其編寫指南，要麼把自己的想法插入其他業已存在的文本中，從而在九世紀末產生了新的「賈比爾」著作。這一群體還杜撰了賈比爾與他們自己的歷史老師——什葉派的伊瑪目賈法爾·薩迪克（他並未出現在早先的《慈悲之書》中）之間的關聯。①還有一些作品被冠上了賈比爾的名字，直到十世紀下半葉。因此，賈比爾的著作是一「派」煉金術士不斷演化出來的產物。②在所有這些當中可能有一個實際的賈比爾·伊本－哈揚，但與傳記或參考書目所聲稱的並不一致。因此，如果我以後再寫「賈比爾」，其實是指「那些被冠以賈比爾之名的著作的作者」。

①曾有一部冠以「賈法爾」之名的煉金術文本被發現，但後來表明它是後世的偽造，參見Julius Ruska, *Arabische Alchemisten II: Ǧaʿfar alṣādiq, der Sechste Imām, Heidelberger Akten von-Portheim-Stiftung* 10 (1924; reprint, Vaduz, Liechtenstein: Sändig Reprint Verlag, 1977)。該出版物包括了被歸於賈法爾的煉金術文本的一個德文翻譯。

金屬的汞—硫理論

賈比爾的著作不僅包含著關於工序、材料和儀器的實用訊息，還包含著許多理論框架。與他相關的最持久的貢獻是金屬的汞—硫理論。《澄清之書》（*Kitāb al-īḍāḥ*）提出了這一理論，它在賈比爾之前已經有悠久的歷史。它最終源自亞里斯多德（前三八四—前三二二），後者認為從地球中心散發出兩種「排出物」（exhalations）：一種乾燥而像煙霧，另一種潮溼而像蒸氣。[3]這些排出物在地下凝結成石頭和礦物。然而，賈比爾的直接來源並非亞里斯多德，而是巴里努斯在公元九世紀初的重要著作《創世祕密之書》。[4]佐西莫斯對硫蒸氣的興趣以及認為汞是金屬共有的「身體」，在亞里斯多德和巴里努斯之間可能也起到一種中介作用。

---

[2] Kraus, *Le Corpus des écrits jābiriens*, pp. xlv-lxv 對這一觀點做了概述。

[3] Aristotle, *Meteorologica* 3.6.378a17-b6。

[4] Kraus, *Jābir et la science grecque*, pp. 270-303, and Pinella Travaglia, "I *Meteorologica* nella tradizione eremetica araba: il Kitāb sirr al-ḫalīqa," in Viano, *Aristoteles chemicus*, pp. 99-112。

賈比爾著作中概括的巴里努斯的汞—硫理論是說，所有金屬都是由汞（類似於亞里斯多德所說的潮溼排出物）和硫（類似於亞里斯多德所說的煙霧排出物）這兩種本原複合而成的。這兩種本原在地下凝結，以不同的比例和純度相結合，產生出各種金屬。賈比爾寫道：

所有金屬都是汞與在地球的煙霧排出物中升入其中的礦物硫凝結而成的。金屬之間的不同僅僅在於其偶性，這取決於進入其組成的硫的不同形態。而這些硫則取決於不同的土及其在太陽熱之下的暴露。最為精細、純淨和平衡的硫是金的硫。這種硫完整而均衡地與汞凝結在一起。正是由於這種均衡，金耐火，在火中保持不變。①

於是，最精細的硫和汞按照精確的比例完美結合，就會產生金。而當汞或硫不純，或者兩者以錯誤的比例相混合時，就會產生賤金屬。這種理論為轉變提供了理論基礎。如果所有金屬都共享這兩種成分，只是那些成分的相對比例和性質有所不同，那麼淨化鉛中的汞和硫並調整它們的比例，就應可以產生金。

① Jābir, Kitāb al-īḍāḥ, in *The Arabic Works of Jābir ibn Ḥayyān*, ed. and trans. E. J. Holmyard (Paris: Geuthner, 1928), p. 54 [Arabic text]; E. J. Holmyard, "Jābir ibn-Ḥayyān," *Proceedings of the Royal Society of Medicine, Section of the History of Medicine* 16 (1923): 46-57, quoting from p. 56 [partial English translation]; Karl Garbers and Jost Weyer, eds., *Quellengeschichtliches Lesebuch zur Chemie und Alchemie der Araber im Mittelalter* (Hamburg: Helmut Buske Verlag, 1980), pp. 34-35 [German and Arabic]。

關於金屬的汞—硫理論，需要強調兩點。首先，在十八世紀以前，只有七種金屬得到認可。兩種被認為是貴的（金和銀），五種被認為是賤的（銅、鐵、錫、鉛和汞）。②「貴」「賤」之別不僅取決於金屬的相對貨幣價值，而且取決於它們內在的美和抗腐蝕能力。其次，汞和硫這兩種金屬本原並不必然等同於用這些名字來稱呼的普通物質。透過類比那些普通物質的性質，這些名字與凝結的排出物連繫在一起。阿拉伯煉金術士們非常清楚地知道，當他們在作坊裡把普通的汞和硫結合在一起時，獲得的是朱砂（硫化汞），而不是金屬。賈比爾的著作甚至給出了製備朱砂的明確配方：將汞滴入熔融的硫。③

事實證明，汞—硫理論極有生命力。直到十八世紀，在被提出幾乎一千年後，它仍然（以

② 希臘煉金術士並沒有把汞列為一種金屬；在賈比爾派著作中，有些文本把汞列入金屬，有些則沒有。在後來的阿拉伯煉金術和拉丁煉金術中，汞一般被認為是金屬。

③ Garbers and Weyer, *Lesebuch*, pp. 14-15; Holmyard, "Jābir," p. 57。

各種形式和不同程度）被大多數化學工作者所接受。這種生命力既表明它在概念上很有用，也表明觀察到的現象似乎支持它。將鐵和銅等金屬研成粉末，丟入火焰，就會熊熊燃燒，在此過程中常常會散發出一種硫的味道。這個簡單的觀察支持這樣一種想法：它們含有某種類似於硫的可燃物質。錫和鉛極易熔化，熔融時與普通的汞在視覺上沒有什麼區別，這表明它們含有大量類似於汞的某種液體成分。如果這種液體成分所占比例較小，將可以解釋為什麼鐵和銅如此難以液化——它們太「乾」。同樣，錫和鉛柔軟易折，銅和鐵則既硬又脆，彷彿前者的成分中液體太多，後者的成分中液體太少（試想一下陶器的黏土與太多或太少的水相混合）。最後，賤金屬的生鏽或腐蝕暗示它們正在「分解」，因為它們的各種成分結合得較差或較弱，不像金和銀等貴金屬結合得更強、更穩定。

賈比爾的煉金藥：亞里斯多德的性質、蓋倫的度和畢達哥拉斯的數

如果說轉變只需對比例加以簡單的調整，那麼這個過程實際如何完成呢？賈比爾先是從希臘自然哲學中借用了兩個概念。首先是亞里斯多德的「四種基本性質」及其與「四元素」的關係。亞里斯多德說，任何事物最基本的性質是熱、冷、溼、乾。當這些性質成對與質料相結

合時，便產生了火、氣、水、土這四種元素。①熱和乾結合產生火，冷和溼結合產生水，冷和乾結合產生土，熱和溼結合產生氣（見圖2.1）。亞里斯多德認為這四種元素是複合物的抽象本原，而不是可以放入瓶子貼上標籤的實際物質。然而，賈比爾相較亞里斯多德更是一個化學家。在賈比爾的著作中，這些元素可以作為可分離的物質而具體存在。

如果對幾乎任何有機物（例如木頭、肉、毛髮、葉子、雞蛋）逐漸加熱，各種物質會被熱依次逐出，留下固體殘餘物。賈比爾對這個實際實驗的解釋是：複合物分解為其組成元素。「火」作為可燃和／或有色物質蒸餾出來，「氣」作為油狀物質蒸餾出來，「水」作為潮溼物質蒸餾出來，「土」則作為殘餘物留下來。透過蒸餾將這些元素分開之後，賈比爾希望透過移除它們兩種性質當中的一種來進一步分解它們。根據亞里斯多德的說法，水是溼和冷這兩種性質與質料的結合，所以賈比爾讓讀者從某種具有「乾」這種性質的東西——他建議用硫——中不斷蒸餾出分離的水。透過反覆蒸餾，硫的乾就破壞了水的溼，煉金術士便可得到某種比亞里斯多德的元素更簡單的東西：只擁有冷性的質料。隨著溼性被移除，水的顯著性質自然會發生改變，賈比爾聲稱，經過重複處理，水會變成一種類似於鹽的閃閃發光的白色固體。對每一種元素作化學處理，將會產生四種物質，每種物質都只帶有一種亞里斯多德的基本性質。②

---

①參見 Lindberg, *Beginnings of Western Science*, pp. 31, 53-54。

② Kraus, *Jābir et la science grecque*, pp. 4-18 對這些過程做了詳細描述。

四種單性質的物質一經分離，就可以結合成一種轉化劑。為了指導實踐，賈比爾現在借用了一個最終源於希臘醫學的概念（但阿拉伯醫生傳播的可能是其更成熟的形式）。帕加馬的蓋倫醫生（Galen of Pergamon，一二九—二一六）用一種與亞里斯多德的性質和元素類似的體系將希波克拉底的醫學組織起來。與火、氣、水、土四元素類似，人體也包含四種體液：血液、黏液、黑膽汁和黃膽汁。和元素一樣，這些體液也與亞里斯多德的基本性質連繫在一起：黏液是冷和溼的，黑膽汁是冷和乾的，等等（圖2.1）。當四種體液處於恰當的平衡時，身體就健康。但每一種體液的量會隨著飲食、活動、位置、季節等因素而發生變化；當體液失去平衡時，疾病就會產生。因此，醫生必須查明失衡的原因並提供針對性的治療。①鼻塞、流鼻涕和活動力低下的患者明顯有過多的黏液，我們通常把這種病稱為「感冒」（cold）——關於體液和性質的學說一直保存至今——許多母親（無意中符合了蓋倫的學說）仍然相信這是因為暴露於溼冷的環境中，而不是由微生物引起的。治療方法要麼是刺激身體以恢復其平衡，要麼是用相反的東西即熱和乾的藥物來恢復體液平衡。

①對蓋倫醫學的速覽，參見 G. E. R. Lloyd, *Greek Science after Aristotle* (New York: Norton, 1973), pp. 136-153, esp. 138-140。關於金迪對這一程度系統的發展，參見 Pinella Travaglia, *Magic, Causality and Intentionality: The Doctrine of Rays in al-Kindi*, Micrologus Library 3 (Florence: Sismel, 1999), pp. 73-96。

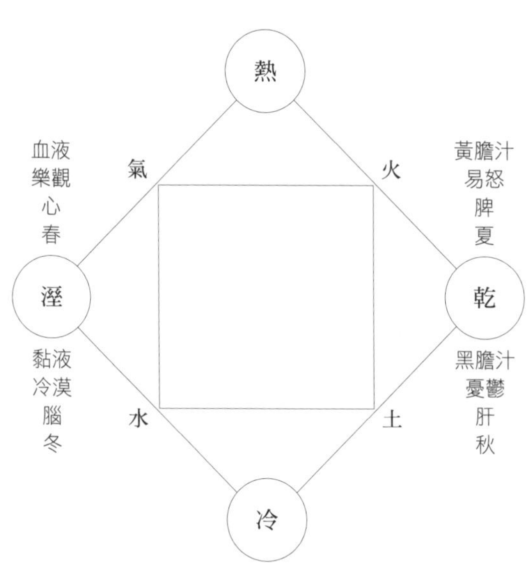

圖 2.1　一幅示意圖，顯示了四元素如何源於亞里斯多德的四種基本性質，以及四種體液、體質、器官和季節與四元素的關係。

賈比爾的轉化體系正是以同樣的方式運作的。他教導說，每一種金屬都是由各個性質以精確的數學比例結合而成的。比如在金中，熱和溼占主導，而在鉛中，冷和乾占主導。因此，將鉛轉化為金就要引入更多的熱和溼，或減少冷和乾。②就這樣，賈比爾設計出一種實用的工作方法。在成功地分離了熱和溼之後，煉金術士可以將它們結合成一種物質，若把這種物質添加到鉛中，將把其性質比例調整為金中的比例，從而將其轉化為金這種貴金屬。

②事實上，賈比爾說，相反的性質已經存在於實體「內部」，因此需要用相反的外部性質來交換。參見 Kraus, *Jābir et la science grecqu*, pp. 1-3。

賈比爾用來表示轉化劑的術語強調了與藥物的連繫。希臘—埃及時期的煉金術士用「煉金藥」（*xērion*）一詞來描述轉化劑，該詞原指一種用來治療創傷的藥粉。賈比爾使用了相同的藥物術語，但將它轉寫為阿拉伯語詞 *al-iksīr*（為把 *xērion* 轉換成阿拉伯語詞，移除希臘語的語法詞尾 *-ion*，加入阿拉伯語的定冠詞 *al-*，再加上 *i* 以幫助發音）。用來指煉金術轉化劑的這個阿拉伯語詞已經作為 *elixir* 流傳下來，該詞至今仍然被用來指具有神奇效果的物質特別是藥物。賈比爾的煉金藥透過調整金屬的性質比例來「治癒」金屬，就像某種藥物透過調整體液比例來治癒病人一樣。因此對賈比爾來說，每種金屬都需要一種特定的煉金藥，就像每位患者都需要特定的藥物一樣。每種煉金藥都由數量精確的分離性質所組成，當把這些性質添加給特定金屬中業已存在的那些性質時，總和就達到了製金所需的完美比例。簡單，邏輯，優雅！

賈比爾的煉金藥理論新穎而具有原創性。他的煉金藥純粹是四種性質按照正確比例結合而成的，幾乎可以由任何東西製備出來，因為熱、冷、溼、乾存在於所有物質之中。這種觀念與希臘作者們形成了鮮明的對比，希臘作者聲稱，煉金術的最大祕密在於發現可用於製作轉化劑的正確物質，並且通常規定它是某種礦物。最早的賈比爾著作《慈悲之書》與希臘作者的看法一致，但後來的《七十書》（*Seventy Books*）則更喜歡從生命物質開始。這種實質變化可能源於實踐上的挫折：動植物物質很容易透過蒸餾來分解，但對於大多數礦物來說卻難以做到或不可能做到。儘管賈比爾的著作在理論上很複雜，而且其觀念在現代化學看來很陌生，但不要忘了，它們的作者和讀者都主動做了實際的實驗。他們對於各種物質都有豐富的經驗，觀察到這些物質對於加熱以及彼此之間是如何反應的。因此，賈比爾的著作中充滿了製備過程以及對各種操作和反應的描述。①

賈比爾的著作描述了煉金藥的三個層次，區別在於煉金術士對進入煉金藥成分的性質（或賈比爾所謂的「本性」）的淨化程度。性質愈純淨，煉金藥的效力就愈強大。較為懶惰的煉金術士會滿足於較少的蒸餾，從而製備出前兩個層次的煉金藥，每一個層次都會適度地起作用，而且只對某一種金屬起作用。不過，煉金術大師會一直堅持到把性質淨化到最大程度，因為這

---

①關於賈比爾派的著作，很少有出版物問世。選編的阿拉伯文本可見於 Holmyard, *The Arabic Works of Jābir ibn-Ḥayyān*; Paul Kraus, *Jābir ibn-Ḥayyān: Textes choisis* (Paris: Maisonneuve, 1935) 和 Pierre Lory, *L'Élaboration de l'Élixir Suprême* (Damascus: Institut Français de Damas, 1988)（《七十書》中的前十四篇論著）。譯成歐洲語言（沒有英語）的有 Alfred Siggel, ed., *Das Buch der Gifte des Ǧābir ibn-Ḥayyān* (Wiesbaden: Akademie der Wissenschaften und der Literatur, 1958)（Kitābal-sumūm 的阿拉伯文，並附德語翻譯）和 Pierre Lory, trans., *Dix traités d'alchimie* (Paris: Sinbad, 1983)（《七十書》中的前十篇論著被譯成了法文）。最早的文本 Kitāb al-raḥma 也有中世紀拉丁文翻譯，最早的編輯版本是 Ernst Darmstaedter, "Liber Misericordiae Geber: Eine lateinische Übersetzung des grösseren Kitāb alrahma," *Archiv für Geschichte der Medizin* 17 (1925): 187-197，《七十書》的一個中世紀拉丁文翻譯發表於 Marcellin Berthelot, *Mémoires de l'Académie des Sciences* 49 (1906): 308-377。Lory (*Dix traités*, pp. 79-89) 對賈比爾的儀器和操作作了出色的論述，Kraus (*Jābir et la science grecque*, pp. 3-18) 非常清晰地闡述了製備煉金藥的步驟，並把許多實用段落譯成了法文，pp. 3-18。

些極為純淨的性質的恰當結合會產生最偉大的煉金藥（*al-iksīr al-a'ẓam*），即能把任何金屬變成金的賢者之石本身。①

這些思想都出現在公元九世紀末的早期賈比爾著作《七十書》中。隨著賈比爾著作的發展——亦即隨著其他什葉派煉金術士加入進來，為之貢獻自己的思想和經驗——一個新的複雜層次出現了。一些讀者可能已經在問後來的賈比爾派煉金術士們必定會問的問題：如果必須增加存在於賤金屬中的性質，我們難道不是先得精確地知道每種性質存在多少嗎？我們怎麼知道鉛中存在著多少熱、冷、溼、乾，從而知道究竟還需要多少才能把它變成金呢？今天，我們會自動想起分離和稱重等經驗分析方法，賈比爾著作的早期作者（們）似乎也是如此。但是到了十世紀中葉，賈比爾著作的作者們對於這個問題已經開始有不同看法。其出發點仍然是蓋倫的醫學觀念，但所提出的將其付諸實踐的方法已經轉移到其他——也許令人驚訝的——領域。

蓋倫的一項醫學貢獻與這個測量問題有關。為了量化患者體液的失衡程度，他引入了一個半定量的標度。他將性質（熱、冷、溼、乾）分為四種強度，並按照那些程度對藥物和疾病

① Kraus, *Jābir et la science grecque*, pp. 6-7; Lory, *Dix traités*, pp. 91-94。

進行分類。蓋倫的想法與劑量問題有關。畢竟，如果病人只是輕度「冷」（感冒，即一度），那麼使用極熱的藥物（四度）將是危險的而不是有益的，因為它會沿反方向導致進一步失衡。疾病和用於治療它的藥物必須平衡。

賈比爾的《平衡之書》（*Kutub al-Mawāzīn*）將此系統的一個修改版本應用於轉變。蓋倫的二度比一度究竟強多少呢？賈比爾斷言，四個度之間的關係為1：3：5：8；也就是說，二度是一度的三倍，三度是一度的五倍，四度是一度的八倍。然後他將這四個度中的每一個都細分為七級，就每一種性質給出了總共二十八個強度等級。然後，為了確定某物究竟有多麼熱、冷、溼、乾，他並沒有進行定量分析，而是令人驚訝地轉到了畢達哥拉斯學派的數字象徵主義。

賈比爾做了一張圖，將四種性質排在四欄頂部，七個強度等級排成七行，從而給出一張共有二十八個框的表。他在這些框中分別填入了二十八個阿拉伯語字母，為每一個字母指定了一種性質和一個強度等級。然後他取一種物質的名字，比如 *usrub*（鉛），在阿拉伯語中寫成四個字母（*'alif*、*sin*、*ra'* 和 *ba'*），用這張表來分析它。該表把「*'alif*」指定給最高等級的熱，由於它是這個詞的首字母，所以被歸於一度。由此我們發現，鉛的熱是一度的最高等級。該表把字母 *sin* 指定給四度的乾，由於它是 *usrub* 中的第二個字母，所以鉛的乾必定是二度的第四等級。對於這個詞的其餘部分也可做類似的處理。一旦做出這種字母分析，就可以用另一張表將這些度和等級轉換為實際重量，從而確定鉛或任何其他物質中存在的每一種性質的相對重量。然後便可精確計算出需要為給定重量的鉛添加多重的每種性質，才能使其組成變成金中的比例。

這看起來似乎是一個隨意的系統，而不是某種現代意義上「科學」的東西，但現代讀者不應對此感到失望。它為我們反思科學史上的一個關鍵環節提供了機會。今人和古人對世界往往並不懷有相同的看法或期望，也並不必然以同樣的方式去理解世界。他們要處理的問題並不是我們的問題，他們回答問題的方式也並不必然是我們的方式。對一個人來說似乎是任意的東西，對另一個人來說則表達了深刻的自然法則；在一個人看來是對宇宙設計的洞察，在另一個人看來卻只是無關緊要的細節。認識到這些差異有助於我們避免將自己的知識和期望錯誤地投射到過去來衡量其價值。

對賈比爾來說，他的字母表系統並非隨意，而是包含著關於世界存在方式的永恆真理。首先考慮他為蓋倫的四個度所給出的比例1：3：5：8。它是從何而來的？這四個數加起來等於17。對賈比爾來說，17是世界的基本數——或者可以說，這個數之於賈比爾就相當於光速或普朗克常數之於我們。這個數並不是他隨意挑選的。從公元前六世紀建立的祕密團體畢達哥拉斯學派開始，這個數在整個古代地中海世界一再重現。在畢達哥拉斯學派看來，數學不僅是物質世界的關鍵，而且也是哲學、宗教和生活的關鍵。其核心格言「萬物皆數」被證明具有極大的影響力，直到今天也依然如此。數構成了存在的基礎，數本身就有意義，而不只是用來計數或測量某種東西。因此，畢達哥拉斯學派在數和數學關係中尋求意義，不僅是物理意義，而且還有形而上學意義。①根據畢達哥拉斯學派的原則，17是7（表示神性）和10（表示完滿）這兩個重要的數之和。它也是第七個素數，音階中相鄰音符關係的比率9：8的兩個數之和，還（幾乎）是高為12的等腰直角三角形的斜邊長度。這個數甚至間接出現於福音書中。復活的基督告訴使徒們把網投入大海，此時他們捕到了一百五十三條魚，而這正是17的「三角形數」，即前17個整數之和②（但願古人已經知道北美的十七年蟬，牠們每蟄伏十七年就會大規模出現一次）。17也是希臘字母表中輔音的數目，在一些新柏拉圖主義體系中，元音代表非物質的東西，輔音代表物質的東西。這一背景使我們看到賈比爾為何會把17看成所有物質的一個基本數。

①畢達哥拉斯主義入門可參見Jacques Brunschwig and Geoffrey E.R.Lloyd, eds., *Greek Thought: A Guide to Classical Knowledge* (Cambridge, MA: Belknap Press of Harvard University Press, 2000), pp. 918-936 中 Carl Huffman 的文章；Jean-Pierre Brach's article "Number Symbolism" in Hanegraaff, Faivre, van den Broek, and Brach, *Dictionary of Gnosis and Western Esotericism*, 2: 874-883 對數字象徵主義做了有價值的概述。

②John 21: 3-14。形成於古代晚期思想文化的早期古代教父會毫無疑問地把魚的這個數目「解讀」成一個完滿和普遍的數，捕獲的一百五十三條魚意味著地球上的每一個種族和國家都將在教會中得到拯救，教會就是那張沒有撕破的漁網；例如參見St. Augustine, *On the Gospel of John*, tractate 122。要想理解「三角形數」，可以畫一個點，然後在它下面再畫兩個點，以標記一個等邊三角形的角。再在一行兩個點下方畫出一行三個點、一行四個點、一行五個點、一行六個點，等等。到達十七行時，總點數將為一百五十三，即17的「三角形數」。

正如對於前現代的人來說，數的意義遠遠超出了它們作為數量的用處，語詞也遠不只是為了人類交流的方便。對賈比爾來說，透過分析物質的阿拉伯名稱來了解物質本身，這既非幼稚，亦非隨意。穆斯林相信，《古蘭經》是由穆罕默德口授的——這與正統的基督徒相反，在他們看來，《聖經》是由神啟示的，但卻是用神聖的作者們選擇的語詞來表達的。神使用阿拉伯語（由天使長加百列傳遞），意味著阿拉伯語是一種神聖的語言。阿拉伯語的語詞本身並非事物的任意能指，而是神為其造物所指定的名稱，因此具有深刻的含義，與它們所命名的對象有真實的關聯。因此，分析事物的名稱可以揭示事物本身。同樣的想法也構成了被稱為「數值對應法」（gematria）的猶太教卡巴拉（Kabbalah）分支的基礎，其基督教版本在中世紀和文藝復興時期得到探究。

一旦理解了世界觀的這種差異，我們甚至可以說，賈比爾背後的渴望其實與我們非常相似。其基本目標是以數學方式對自然物進行分類和量化，從而使實踐者能以精確的定量方式處理它們。從這種角度和語境來看，該體系其實是一種先進的標準化努力，試圖透過數學方式來理解他所認為的物質的內在性質。賈比爾試圖把握、統一和處理隱藏在可見自然物背後的規則和現象，這乃是今天幾乎所有科學領域的一個基本特徵。此外，對「賈比爾」方法連續不斷的闡述可能緣於未能成功地從經驗上運用較早的理論構想。

賈比爾煉金術理論的這個最終版本並沒有被後來的煉金術士採用。它可能太過複雜了，而且不是譯自阿拉伯文。而更簡單的汞—硫理論則被廣泛採用，從賈比爾那裡，從後來他的阿拉伯追隨者那裡，甚至直接從《創世祕密之書》中，拉丁西方都可以直接了解汞—硫理論。如果說汞—硫理論與關於組成的四元素理論彼此之間的關係令人不安或並不明確，那麼這在一定程度上是由於賈比爾著作中思想的演進。不過也許仍然可以假定（正如一些煉金術士實際上做的那樣），汞載有冷和溼這兩種性質，硫載有熱和乾這兩種性質，或者各個元素結合產生硫和汞，硫和汞再進而產生金屬。

煉金術的保密性和文學風格

賈比爾的著作還有一些體裁上的特徵影響了後來的煉金術作者。首先是知識的分散（*tabdid al-'ilm*），一種據稱有助於保守祕密的方法。賈比爾說：「我呈現知識的方法是把知識切碎，分散到很多地方。」① 其想法是，不可能在一個地方找到賈比爾的所有教導；相反，他把一個想法或工序分散到一本或幾本書中。這種技巧在部分程度上完成了賈比爾據稱的老師賈法爾交

① Jābir, quoted in Kraus, *Le corpus des écrits Jābiriens*, p. xxvii。

給他的任務：「哦，賈比爾，你可隨意透露知識，但務必使接觸到它的人真正配得上它。」[①] 克勞斯指出，這種知識分散實際是為了隱藏賈比爾著作的多重作者身分，使後來的作者能夠聲稱以前的文本是「不完整的」，從而有機會給這些著作補充新的內容，將它們的各個層次合為一體，並且把書與書之間的矛盾解釋過去。[②] 無論原初的原因是什麼，這種方法將被後來的許多煉金術文本模仿，因此，拉丁煉金術士們經常引用「一本書打開了另一本書」(*Liber librum aperit*）這條座右銘。

賈比爾著作的保密性比之前的文本更高，但很少用到佐西莫斯使用的「假名」(雖然這在其他阿拉伯煉金術文本中很常見）或謎一般的寓意。[③] 不過，賈比爾著作的作者們很清楚這些技巧。事實上，賈比爾以他特有的謙卑感嘆道：「我在絕沒有使用謎的情況下展示了整個這

① Jābir, quoted in Kraus, *Le corpus des écrits Jābiriens*, p. xxvii。

② Jābir, quoted in Kraus, *Le corpus des écrits Jābiriens*, pp. xxxiii-xxxiv。

③ Julius Ruska and E. Wiedemann, "Beiträge zur Geschichte der Naturwissenschaften LXVII: Alchemistische Decknamen," *Sitzungsberichte der Physikalischmedizinalischen Societät zu Erlangen* 56 (1924): 17-36 對 al-Tughrā'ī（十一世紀）的一部著作中的一些阿拉伯「假名」做了編目；Alfred Siggel, *Decknamen in der arabischen alchemistischen Literatur* (Berlin: Akademie Verlag, 1951) 給出了來自更多文獻的更長清單。

門科學；唯一的謎就在於知識的分散。以神作證，世界上沒有任何人比我對世界及其居民更慷慨，更仁慈。」④讀者若以為這種說法極不真誠，那是可以原諒的。

煉金術寫作的另一個典型的文體特徵是一種「指引風格」（initiatic style）。⑤也就是說，作者有意以一種威嚴的方式寫作，以一個小圈子的主人身分說話，把讀者當成要求進入圈子的人。這種指引風格顯見於賈比爾的部分著作，它部分緣於要把這些著作當成伊瑪目賈法爾的教導，部分緣於——就像增強的保密性——當時伊斯瑪儀（Isma'ili）派的一些典型特徵。這些派別把他們所追隨的新柏拉圖主義哲學中祕密的指引性當作一種有利的政策來接受，因為在伊斯蘭世界的大多數人看來，更「極端的什葉派」在宗教上是非正統的。然而，隨著後來的作者努力模仿賈比爾的著作，原本局限在宗教政治方面的賈比爾著作的影響波及了後來的整個煉金術史。試圖破解後來煉金術文本的羅伯特・波以耳（Robert Boyle，一六二七—一六九一）的確義憤填膺地說：「這些作者每每把讀者稱為他們的兒子，並且鄭重宣布……會向其透露他們的祕密……之後卻用謎而不是教導來搪塞。」⑥

---

④引自 *Book of Properties* (Kitāb al-khawāss) in Kraus, *Le corpus des écrits Jābiriens*, p. xxviii。

⑤ William R.Newman, *The Summa Perfectionis of the Pseudo-Geber: A Critical Edition, Translation, and Study* (Leiden: Brill, 1991), p. 90。

⑥ Robert Boyle, *Dialogue on Transmutation, edited in Lawrence M. Principe, The Aspiring Adept: Robert Boyle and His Alchemical Quest* (Princeton, NJ: Princeton University Press, 1998), pp. 233-295, quoting from pp. 273-274。

《哲人集會》和拉齊的《祕密的祕密》

公元九〇〇年前後另一部煉金術經典《哲人集會》問世，一般以其拉丁文標題 *Turba philosophorum* 而聞名。這部作品寫的是希臘哲學家的一次集會。書中提到了恩培多克勒、阿那克薩哥拉、留基伯等九位前蘇格拉底哲學家，由畢達哥拉斯主持會議。這些人就物質的構成和宇宙論進行爭論，每個人都給出了被（有時正確，有時錯誤）歸於其同名者的思想版本。這位匿名的阿拉伯作者似乎利用了公元三世紀初的教父希波呂托斯（Hippolytus）反對異端學說的一本著作，以及對更早的希臘哲學家與後來的希臘—埃及煉金術士進行比較的奧林皮俄多洛斯的著作，但所有這些希臘資料都被置於一種伊斯蘭語境。《哲人集會》在很大程度上是要證明伊斯蘭教的神是造物主，世界具有齊一性（同樣是一元論），所有造物都是由四元素構成的。① 顯然，這部作品在性質上與賈比爾的著作有很大不同——它不包含任何實踐上的教導，也沒有明確談及製金。但後來的許多煉金術士都尊敬它，因為它討論了物質的本性，這是一個對煉金術顯然至關重要的話題。《哲人集會》還進一步表明了希臘哲學思想的重要作用及其在伊斯蘭

---

① Martin Plessner, "The Place of the Turba Philosophorum in the Development of Alchemy," *Isis* 45 (1954): 331-338, and Vorsokratische Philosophie und griechische Alchemie (Wiesbaden: Steiner, 1975)。Plessner 的工作擴展和糾正了 Julius Ruska, *Turba philosophorum: Ein Beitrag zur Geschichte der Alchemie* (Berlin: Springer, 1931) 這一基礎性的仍然有用的文本工作。

世界的持續發展。

拉齊（Abū Bakr Muhammed ibn-Zakarīyya'al-Rāzī，約八六五－九二三／四）在拉丁世界通常被稱為 Rhazes，代表著一種非常不同的阿拉伯煉金術士。他生於波斯的雷伊（Rayy），後成為伊斯蘭世界最著名的醫生和煉金術作者之一。在一六〇〇年以前，他的作品在歐洲一直是權威教科書。據記載，拉齊至少寫過二十一本關於煉金術的書。②他拒絕接受賈比爾的平衡理論，但接受了金屬的汞－硫理論，並且補充了這樣一種觀念，即有時金屬中也含鹽。他最著名的作品《祕密之書》（*Kitāb al-asrār*）也被稱為《祕密的祕密》（*Kitāb sirr al-asrār*），是為他的一個學生寫的。③這本書讀起來就像一部實驗室手冊，它先是對自然存在的物質——揮發性物質（「精氣」）、金屬、石頭、硫酸鹽、硼砂和鹽——及其不同品種做了系統分類。拉齊認真描述了如何識別和淨化它們，進而描述了各種操作所需的儀器和熔爐，接下來描述了蒸餾和昇華等技術，然後給出了用來製備各種東西的數十個配方。其具體細節表明，它們是大量實際經驗的產

② Julius Ruska, "Al-Biruni als Quelle für das Leben und die Schriften al-Rāzī's," *Isis* 5 (1923): 26-50; "Die Alchemie ar-Razi's," *Der Islam* 22 (1935): 281-319。

③ Julius Ruska, *Al-Rāzī's Buch der Geheimnis der Geheimnisse* (Berlin: Springer, 1937; reprint, Graz: Verlag Geheimes Wissen, 2007)（包含了對拉齊文本完整的德文翻譯）；H. E. Stapleton, R. F. Azo, and M. Hidayat Husain, "Chemistry in Iraq and Persia in the Tenth Century AD," *Memoirs of the Asiatic Society of Bengal* 8 (1927): 317-418（包含了對拉齊文本部分的英文翻譯）。

物。拉齊列出的豐富的原料和儀器表明，阿拉伯煉金術士們使用的煉金術材料和技術內容已經大大超越了之前希臘作者的認識。

拉齊顯然也對轉變過程感興趣，《祕密之書》中的許多配方據稱都能引發某種轉變。此外，他還為煉金術的目標增加了一個新的維度，即把石頭、水晶甚至玻璃變成寶石。和金屬的那些轉變一樣，這些轉變也要借助專門製備的煉金藥來實現。《祕密之書》最後給出了由礦物和有機物（比如雞蛋和毛髮）製成的各種煉金藥配方。然而，該書的許多內容並不與轉變直接相關。煉金術（或者對於拉齊而言的 al-kīmiyā'）所涵蓋的內容遠不只是製金。將「煉金術」（*alchemy*）一詞限定於製金的語境是在拉齊時代之後許多個世紀裡發展起來的。事實上，這個狹窄的定義雖然現在顯得非常自明，其實直到十七世紀末才出現。在那之前，「煉金術」是指現在可以被我們寬泛地視為「化學」的所有那些過程和概念。換句話說，拉齊的物質分類系統肯定是化學史的一個核心部分，即使在它與轉變沒有關係時。

伊本·西那和對轉變的批判

隨著煉金術在阿拉伯時期的擴充和發展，也出現了對煉金術說法的批判、懷疑和否認。假如這些反煉金術文獻存在於希臘—埃及時期，它們就不會留存下來。[1]但在阿拉伯世界，異議已經變得很常見。金迪（Al-Kindī，八七〇年去世）是一位對希臘的哲學和科學思想深感興趣的多產作者，他寫了一部現已失傳的短論來反駁製金的真實性。②而拉齊則為轉變做了辯護，並且撰寫了現已同樣失傳的小冊子來反駁金迪。③

對製金最有影響的攻擊來自伊本・西那（ibn-Sīnā，約九八〇—一〇三七），他在拉丁世界通常被稱為阿維森納（Avicenna）。和拉齊一樣，伊本・西那也是波斯人，寫過一些醫學文本，特別是《醫典》（*al-Qānūn*），直到十七世紀一直是歐洲醫學院校的權威論著。不過他也討論了煉金術話題。伊本・西那的《論煉金藥》（*Risālat al-iksīr*）聲稱對支持和反對煉金術的文本都了如指掌（他對兩者都不感興趣），並且對製金持謹慎的肯定態度。然而，學者們對《醫典》的作者身

---

①公元五世紀的新柏拉圖主義哲學家普羅克洛（Proclus）有過一則簡短的評論，似乎否認煉金術士能以與自然同樣的方式來製金，儘管我們不清楚他是否否認製金本身：Proclus, *Commentary on the Republic*, 2.234.17。

③關於金迪，參見 Felix Klein-Francke, "Al-Kindi," in *The History of Islamic Philosophy*, ed. Seyyed Hossein Nasr and Oliver Leaman (New York: Routledge, 1996), pp. 165-177。al-Mas'ūdi（956 年去世）在其 *Murūj al-dhahab* 中提到了他反對製金的失傳著作，法譯本：*Les Prairies d'Or*, trans. B. de Maynard and P. de Courteille (Paris, 1861-1917), 5: 159。

③這部著作被列在拉齊著作的中世紀目錄（阿拉伯文和拉丁文對照）中，參見 G. S. A. Ranking, "The Life and Works of Rhazes (Abu Bakr Muhammad bin Zakariya ar-Razi)," *XVII International Congress of Medicine, London 1913, Proceedings*, section 23, pp. 237-268; on p. 249, no. 40。

分仍然莫衷一是；如果它真是伊本・西那的著作，那它也許表達了伊本・西那早期的思想。①我們更有把握的是，他更著名的《治療論》得出了不同的結論。這部真實性確鑿無疑的著作包含著一個討論礦物的部分，伊本・西那在其中討論了礦物和金屬的形成，並且採用了在他那個時代已經成為標準的汞—硫理論。但與拉齊等煉金術作者不同，伊本・西那進而否認了金屬轉變的可能性關於煉金術士的說法，我們必須清楚地認識到，他們沒有能力引發種類的任何真正變化。」②伊本・西那反駁意見的核心涉及兩個密切相關的要點：人的弱點與人的無知。首先，他指出，人的力量比自然小得多：「煉金術達不到自然……無法超過她。」③或如他在另

---

① Julius Ruska, "Die Alchemie des Avicenna," *Isis* 21 (1934): 14-51 說這部著作是拉丁人的偽造，但有一部阿拉伯文本存在著：參見 H. E. Stapleton, R. F. Azo, Hidayat Husain, and G. L. Lewis, "Two Alchemical Treatises Attributed to Avicenna," *Ambix* 10 (1962): 41-82。Georges C. Anawati, "Avicenna et l'alchimie," in *Convegno internazionale, 9-15 aprile 1969: Oriente e occidente nel medioevo: filosofia e scienze* (Rome: Accademia Nazionale dei Lincei, 1971), pp. 285-345 同時給出了這部著作的阿拉伯文本、法文翻譯和中世紀拉丁文版本。

② E.J. Holmyard and D.C. Mandeville, eds., *Avicennae de congelatione et conglutinatione lapidum, Being Sections of the Kitāb al-Shifā'* (Paris: Paul Geuthner, 1927), p. 40。這個版本包含著拉丁文本和阿拉伯文本，並附後者的英譯和注釋。

③ E. J. Holmyard and D. C. Mandeville, eds., *Avicennae de congelatione et conglutinatione lapidum, Being Sections of the Kitāb al-Shifā'*(Paris: Paul Geuthner, 1927), p. 41。

一本書中所說，「無論神憑借自然力量創造出什麼東西，都無法被人為地模仿；人的努力不同於自然之所為」。④

伊本・西那認為人工製備的東西永遠也不可能與自然物一樣，無論我們談論的是黃金、寶石還是其他什麼東西。因此，如果今天有些人（不正確地）認為，橘子中的維生素C與用化學方式產生的維生素補充劑不盡相同，他會表示贊同。關於人的無知，伊本・西那聲稱，我們所感覺和認為的金屬之間的差異——即煉金術士們努力改變的東西——並不是其真正的本質差異，而僅僅是表面差異。真正的差異隱藏在事物的本質之中，我們並不知曉。如果不知道那些真正的差異是什麼，我們就不能正確地產生或改變它們。因此，鑒於人的弱點與無知的這種結合，試圖使金屬發生轉變的煉金術士們雖然「可以做出卓越的模仿……但在這些『模仿』中，本質的本性依然未變；他們受到催生性質的主導，在這些方面可能會犯錯誤」。⑤換句話說，煉金術中的金也許看起來很像金，擁有金的所有明顯特徵，而且至少有些人相信它確實是金，但它其實並不是真正的金。

---

④ Ibn-Sīnā, quoted in A. F. Mehrens, "Vues d'Avicenne sur astrologie et sur le rapport de la responsabilité humaine avec le destin," *Muséon* 3 (1884): 383-403, quoting from p. 387。

⑤ Ibn-Sīnā, quoted in Holmyard and Mandeville, *Avicennae de Congelatione*, p. 41。

事實證明，伊本・西那對真正轉變之可能性的否認極具影響力，因為其《治療論》的這個部分後來被譯成了拉丁文，在歐洲廣為流傳，而且往往是以亞里斯多德本人之名（見第三章）。不過，伊本・西那的批判雖然為那些試圖使煉金術名譽掃地的人提供了武器，但並沒有減弱那些煉金術研究者的興趣。後來的幾位伊斯蘭煉金術士都對伊本・西那做了反駁，尤其是十二世紀初的圖阿拉依（al-Tughrāʾī）。①有兩個關鍵點需要強調。首先，對煉金術的批判在阿拉伯世界出現之後從未消失，此後煉金術將始終是一個有爭議的話題，各方極力支持或反對它長達數個世紀；其次，雖然伊本・西那的批判建立在哲學原則的基礎上——部分受到了亞里斯多德主義思想的影響——但他承認，煉金術士可以製作出某種酷似黃金的騙人的東西，這種讓步自然會引發另一種批評：將轉變與故意欺騙連繫起來。

煉金術騙子的故事在阿拉伯世界並不罕見，雖然更早的希臘世界鮮有這類故事。②據說金迪現已失傳的反對製金的論著列出了這類騙子欺騙粗心者所使用的伎倆，而賈烏巴里（'Abd al-Raḥmān al-Jawbarī）則羅列了煉金術的更多不正當交易。一二二〇年左右，賈烏巴里寫了《揭示祕密》（*The Revelation of Secrets*）一書，詳細介紹了各種騙子和騙局。他講述了假煉金術士欺騙粗心者所使用的種種手腕——把金藏在木炭裡面、坩堝假底下方或者金屬器具內部，使金在恰當

①概述參見 Ullmann, *Natur-und Geheimwissenschaften*, pp. 249-255。

時刻出現，彷彿是透過轉變產生的一樣。奇怪的是，直到十八世紀，煉金術士們仍然被指控使用許多相同的伎倆。賈烏巴里講過這樣一則軼事：有個人要金匠為他賣銀錠，然後慷慨地幫助這位金匠。當這個人的財富明顯消失時，金匠尋其究竟，發現這位新朋友是一個煉金術士，已經用盡了起轉變作用的煉金藥，現在——由於各種厄運——既沒有場地也沒有資源來生產更多的煉金藥。金匠（當然）邀請他進入自己的房子，並為之提供必要的設備和材料，包括大量的金和銀。這位煉金術士著手製作新的煉金藥，並承諾與之共享。由於需要一種特殊的礦物來完成工作，煉金術士遣金匠去蒐集它。而當金匠回家時，「煉金術士」已經捲著金銀不知所蹤。③賈烏巴里旨在用有趣的故事來揭示騙子的狡猾和受害者的可笑。我們不確定這些軼事中有多少事實是虛構的，所以不清楚這些遊走的騙子是確有其人，抑或這些論述只是貌似可信的虛構。但這些故事使我們能夠一瞥煉金術士在伊斯蘭流行文化中扮演的角色。不幸的是，至少是就目前已知和可以看到的而言，極少有資料能就煉金術史上這個重要的環節講出更多的東西。要想探究這個特殊的主題，我們必須等到現代早期的歐洲，那時的資源更為豐富。

② 一個例外是關於約翰・伊斯特莫斯（John Isthmeos）的故事，他於公元五〇四年出現在安條克（Antioch），在那裡騙了許多人，然後去君士坦丁堡繼續做生意，直到被流放；參見 Mertens, "Graeco-Egyptian Alchemy," pp. 226-227。

③ 該文本有法文翻譯：al-Jawbari, *La voile arraché*, trans. René R. Khawan, 2 vols. (Paris: Phèbus, 1979)；關於製金的一節是 1: 183-229。部分英譯參見 Harold J. Abrahams, "Al-Jawbari on False Alchemists," *Ambix* 31 (1984): 84-87。

對伊斯蘭世界煉金術士實際生活的另一洞察出現在很晚以後的一部十六世紀的作品中，其作者非洲人利奧（Leo Africanus）是一個被釋放的奴隸和皈依的基督徒，教皇利奧十世（Leo X）派遣他去編寫對北非的描述。利奧對居住在摩洛哥費茲（Fez）城的許多煉金術士做了直言不諱的描述。他們散發出硫的臭味，夜晚聚集在大清真寺就工序進行爭論。其中一些人利用賈比爾的著作來尋找煉金藥，另一些人則試圖把貴金屬摻雜。「但他們最主要的意圖是鑄造假幣，因此你在費茲看到的這些人大都沒有手。」①（利奧沒有詳細解釋他們如何可能在沒有手的情況下堅持煉金術。）穆斯林世界和基督教世界的煉金術士們將繼續為偽造和假冒的指控而感到苦惱。

在拉齊和伊本・西那之後很久，煉金術在阿拉伯世界仍然很繁榮。②二〇世紀五〇年代，煉金術史家赫爾梅亞德（E. J. Holmyard）看到費茲以外有一個運行著的地下煉金術實驗室③（這些地方在歐洲和北美也依然存在）。我也曾聽同事們說，他們見過今天仍在埃及和伊朗從事轉變的穆斯林煉金術士。不過，既已了解煉金術在伊斯蘭世界獲得的理論和物質上的複雜性，現在我們需要轉向煉金術的第三個文化背景。到了十二世紀，伊斯蘭之境（Dār al-Islām）與已經開始蓬勃發展和復興的西方基督教在巴勒斯坦、西西里島和西班牙這三個地方共享邊界。拉丁歐洲即將在豐富的伊斯蘭思想資源中發現煉金術的誘人承諾。

① Leo Africanus, A Geographicall Historie of Africa (London, 1600), pp. 155-156。該文本最初於一五二六年以義大利文出版。關於費茲作為煉金術的持久中心，參見 José Rodríguez Guerrero, "Some Forgotten Fez Alchemists and the Loss of the Peñon de Vélez de la Gomera in the Sixteenth Century," in *Chymia: Science and Nature in Medieval and Early Modern Europe*, ed. Miguel López-Pérez, Didier Kahn, and Mar Rey Bueno (Newcastle-upon-Tyne: Cambridge Scholars Publishing, 2010), pp. 291-309。

② 對後來這些煉金術作者的概述，參見 Ullmann, *Naturund Geheimwissenschaften*, pp. 224-248。

③ Holmyard, *Alchemy*, p. 104。

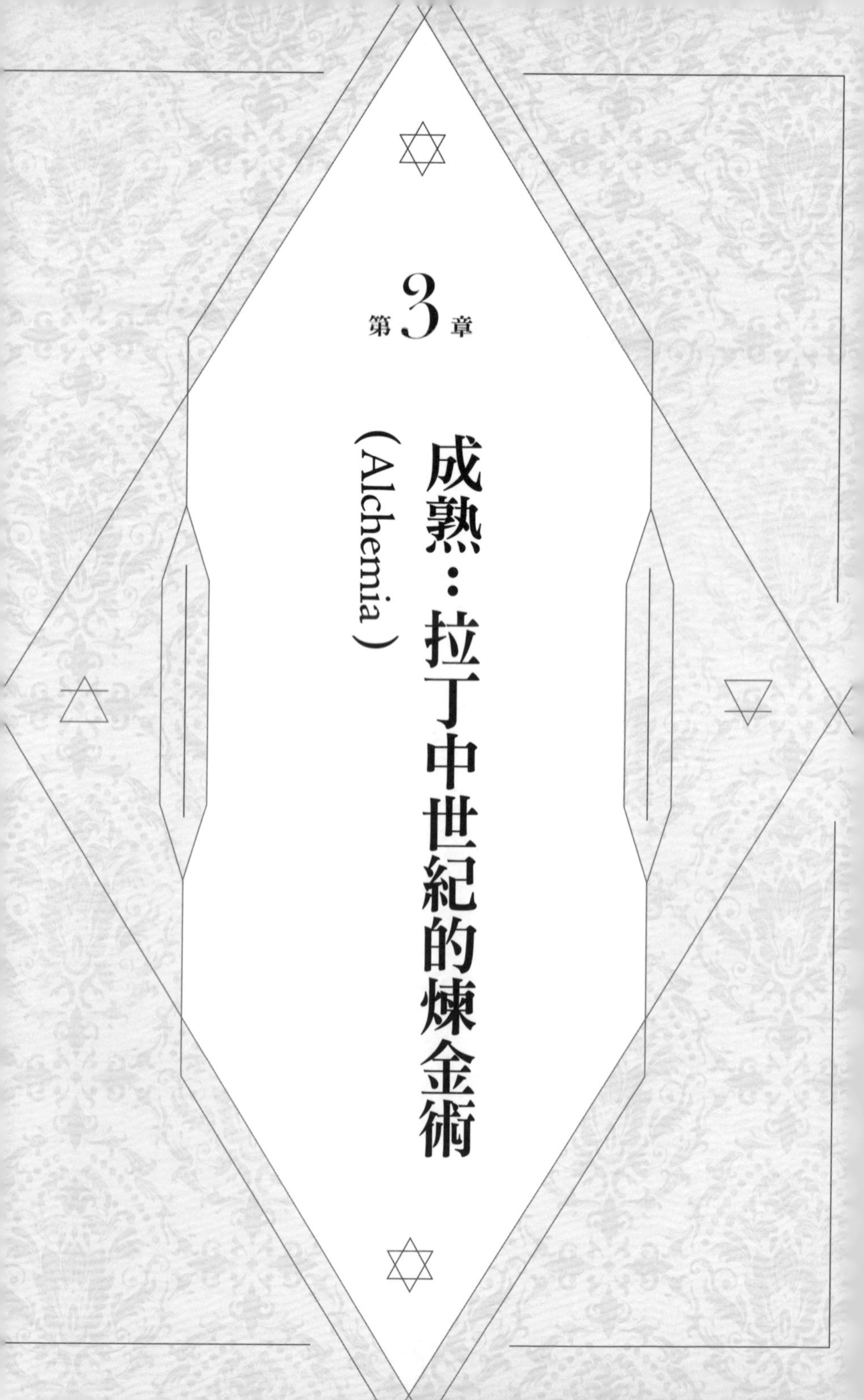

第3章

成熟：拉丁中世紀的煉金術

（Alchemia）

雖然希臘—埃及煉金術（*chemeia*）的起源和阿拉伯煉金術（*al-kīmiyā'*）的開端仍然模糊不清，但煉金術進入歐洲中世紀的時間似乎很明確。我們被告知，煉金術是在一一四四年二月十一日那個星期五「抵達」拉丁歐洲的。正是在那一天，身在西班牙的英格蘭修士切斯特的羅伯特（Robert of Chester）完成了一本阿拉伯文著作的翻譯，該書常被稱為《論煉金術的組成》（*De compositione alchemiae*）。在序言中，羅伯特解釋說，他之所以決定翻譯一本煉金術著作，是「因為我們的拉丁世界還不知道煉金術是什麼，其組成是什麼」。① 這種情況不用多久就會發生改變，因為羅伯特所在的拉丁世界很快就對煉金術有了很好的了解。歐洲是煉金術的第三個文化背景，移入之後，煉金術繁榮了近六百年。它給歐洲的文化和思想打上了深深的烙印，並為現代科學基礎的奠定做出了重大貢獻。

---

① Morienus, *De compositione alchemiae*, in Bibliotheca chemica curiosa, 1: 509-519, quoting from p. 509。這個拉丁文版錯誤較多——我已經按照某些手稿將其中的「你們的」（*vestra*）換成了「我們的」（*nostra*）。英譯文和另一個拉丁文本（漏掉了序言），參見 Morienus, *A Testament of Alchemy*, ed. and trans. Lee Stavenhagen (Hanover, NH: Brandeis University Press, 1974)；這個翻譯並不總是準確的。Julius Ruska, *Arabische Alchemisten I*, pp. 33-35 否認這部作品是從阿拉伯文翻譯來的，認為它是一本拉丁文原著，但自那以後發現了部分阿拉伯文版本：Ullmann，*Natur-und Geheimwissenschaften*, pp. 192-193 和 al-Hassan, "The Arabic Original"。羅伯特的序言作為一部十二世紀作品的真實性也遭到了質疑，包括受到了 Stavenhagen (pp. 52-60) 的質疑，但已被 Richard Lemay, "L'authenticité de la Préface de Robert de Chester à sa traduction du Morienus," *Chrysopoeia* 4 (1990-1991): 3-32 令人信服地重新確認；另 Didier Kahn, "Note sur deux manuscrits du Prologue attribué à Robert de Chester," ibid., pp. 33-34。莫里埃努斯的這一文本仍然需要一個詳盡的考訂版。我對煉金術「抵達」拉丁世界的確切日期的引用當然是半開玩笑的；更早的遷移無疑是有的，抵達地點也一定有很多，但事實仍然是，與希臘煉金術或阿拉伯煉金術相比，我們可以更清晰地追溯拉丁煉金術的起源。

切斯特的羅伯特的翻譯工作並非在真空中完成。他生活在歐洲歷史上思想極為活躍和令人興奮的一個時期，這一時期常常被稱為「十二世紀的文藝復興」。①在整個歐洲，新思想層出不窮並且蓬勃發展。人們已經開始以一種新的風格——後被（輕蔑地）稱為哥德式——來建造大教堂。與法律改革和農業進步相伴隨的是新式的文學和音樂。在教會的庇護下，大教堂學校繁榮起來，一種將會改變整個思想史面貌的新機構開始出現，那就是大學。

歐洲正在擴展的不僅是知識和藝術邊界，而且還有其地理邊界。基督教歐洲已經開始朝東、西、南三個方向反擊三百多年前侵占其土地的穆斯林。與伊斯蘭文明有過更密切的接觸之後，特別是在西班牙（在那裡，基督徒和穆斯林對伊比利半島分而治之），拉丁歐洲人無疑敬畏和驚訝於自己的發現，其中包括由亞里斯多德、蓋倫和托勒密等古代偉人所寫的海量的圖書館藏書，這些人的著作以前只有殘篇或摘要為人所知。在這些古代知識的基礎上，穆斯林學者已經取得了長足的進步，在天文學、醫學、數學、物理學、力學、植物學、工程學以及像煉金

---

①經典文獻是 Charles Homer Haskins, *The Renaissance of the Twelfth Century* (Cambridge, MA: Harvard University Press, 1927)；更近的有 Robert L. Benson and Giles Constable, eds., *Renaissance and Renewal in the Twelfth Century*, with Carol D. Lanham (Cambridge, MA: Harvard University Press, 1982; reprint, Toronto: Medieval Academy of America, 1991)；關於拉丁翻譯運動，參見 Marie-Thérèse d'Alverny, "Translations and Translators, "on pp. 421-462；另見 Edward Grant, *The Foundations of Modern Science in the Middle Ages* (Cambridge：Cambridge University Press, 1996), pp. 18-32。

術這樣的全新領域為歐洲人提供了新的豐富知識和思想。到了十二世紀，歐洲不僅接受了這些新思想，而且渴望得到它們。學者們向西翻越庇里牛斯山脈到達西班牙，向南到達西西里，或者（情況要少得多）向東到達十字軍新近建立的拉丁耶路撒冷王國學習阿拉伯語和翻譯，將重見天日的古希臘知識和阿拉伯知識盡快帶回拉丁世界。切斯特的羅伯特和他的同伴卡林西亞的赫爾曼（Herman of Carinthia，亦稱達爾馬提亞人赫爾曼〔Herman the Dalmatian〕）都是遊歷西班牙的翻譯家。

有意思的是，將煉金術傳到拉丁歐洲的旗手正是修士莫里埃努斯。羅伯特的《論煉金術的組成》乃是譯自據說莫里埃努斯（亦稱馬里亞諾斯）對哈利德·伊本·亞茲德關於製備賢者之石的教導。在羅伯特的用法中，他新造的拉丁詞 *alchemia*（羅伯特稱它「不為人所知和令人驚訝」）並非指整個學科，而是僅僅指賢者之石本身——「這種東西……能將物質自然地變成更好的物質」。②不久以後便出現了——賈比爾、拉齊、伊本·西那等人——對阿拉伯煉金術著作的其他翻譯，這個詞漸漸開始指整個學科，就像其同源詞在希臘語和阿拉伯語中那樣。③

② Morienus, De compositione, in *Bibliotheca chemica curiosa*, 1: 509。

③ 十二世紀 Hugh of Santalla 對巴里努斯著作的翻譯見 Hudry, "Le *De secretis naturae*"。

歐洲的配方文獻

雖然一門發達的煉金術科學對歐洲來說是新的，但冶金的生產性過程早已在那裡確立。歐洲工匠擁有各種實用的知識來生產各種物質——合金、顏料、染料、金屬加工技術等。幾份中世紀早期的手稿記錄了這種知識。它們延續了希臘—埃及時期的斯德哥爾摩紙草、萊頓紙草和偽德謨克利特的《自然事物與祕密事物》所屬的古老配方文獻傳統。事實上，公元八〇〇年左右的一份名為《成分種種》（*Compositiones variae*）的義大利文本實際包含了萊頓紙草中一個配方的逐字翻譯的拉丁文版本。這部匯編著作以及稍後內容更加廣泛的《手藝訣竅》（*Mappae clavicula*）表明了作坊配方和作法在數個世紀的時間裡是如何傳承的。

雖然這些文本見證了知識的傳播——在這些情況下大多是透過拜占庭——但它們主要是文學作品。也就是說，《成分種種》和《手藝訣竅》並非工匠手冊，工匠不會把其中某一本當作便於使用的參考指南保存在作坊裡。這些文本是抄寫員根據各種文獻編纂而成的，他們絕少進入中世紀的實驗室（作坊），幾乎肯定從未用其染有墨水的手去做那些工藝。[1] 因此，文本中包含的配方在年代和來源上大相徑庭，其中許多都因為抄寫員不熟悉工藝和術語而遭到曲解。

這種概括的一個例外是最有名的工藝書——《論技藝種種》（*De diversis artibus*），它是一一二五年前後由一個自稱提奧菲魯斯（Theophilus）的修士寫的。它描述了修道院的工匠們用來製作顏料、玻璃、鑄造金屬物件和合金的各種物質和技術細節。②它的大多數配方都有清晰的描述，今天很容易對其進行複製。這意味著提奧菲魯斯本人對他所描述的操作和工序有非常直接的了解。不過這些工序當中有一個奇特的配方，可能標誌著阿拉伯煉金術在羅伯特的翻譯活動之前對拉丁歐洲的早期滲透。在提奧菲魯斯對各種黃金的描述中，包括了一個用來製作「西班牙黃金」的配方，「它由紅銅、蜥蜴粉、人血和醋複合而成」。③銅、醋和人血很容易得到（雖然得到人血的過程可能讓人很不愉快），但蜥蜴粉在一般的修道院作坊裡可能並不容易得到，甚至在食櫥背後也不容易。了解其動物寓言集（或他們的《哈利波特》）的讀者會認為蜥蜴是一種可怕而致命的爬行動物，只要看一眼就會喪命。但提奧菲魯斯解釋說，「異教徒」（即穆斯林）在製作蜥蜴方面的技能值得稱道。他們把兩隻雞鎖在狹窄的地方，讓牠們吃過多的東西，

---

① Cyril Stanley Smith and John G. Hawthorne, *Mappae Clavicula: A Little Key to the World of Medieval Techniques*, Transactions of the American Philosophical Society 64 (Philadelphia: American Philosophical Society, 1974); Rozelle Parker Johnson, *Compositiones variae: An Introductory Study*, Illinois Studies in Language and Literature 23 (Urbana, IL, 1939); Heinz Roosen-Runge, *Farbgebung und Technik fr. mittelalterlicher Buchmalerei: Studien zu den Traktaten "Mappae Clavicula" und "Heraclius,"* 2 vols. (Munich: Deutscher Kunstverlag, 1967)。

② 提奧菲魯斯可能就是本篤會修士 Roger of Helmarshausen：他的《論技藝種種》現在有英譯本：Theophilus, *On Divers Arts*, trans. John G.Hawthorne and Cyril Stanley Smith (New York: Dover, 1979)。

③ Theophilus, *On Divers Arts*, trans. John G. Hawthorne and Cyril Stanley Smith (New York: Dover, 1979), pp. 119-120。

直到牠們交配和下蛋。然後把雞蛋交予蟾蜍，蟾蜍將其孵成小雞，小雞很快長出蛇尾，成熟後變成蜥蜴。把蜥蜴放入壺中，在地下進行餵養，然後將其焚化，把牠們的灰與醋和血混合，並把由此得到的糊狀物塗在銅板上。用火去烤，銅就會變成純金。

我們這裡看到的可能是一則從字面理解的遭到曲解的煉金術寓言。提奧菲魯斯之所以將這個工序包括進來，也許是因其別緻性——他或他的讀者很可能從未想過要去親自嘗試。值得注意的是，科學史家們最近在一份西西里手稿中發現了一個用蜥蜴灰來製造黃金的類似配方（可能是從賈比爾的著作片段翻譯過來的），甚至在該手稿與《論技藝種種》的作者之間勾畫了一條看似合理的傳播路線。①

拉丁煉金術的出現和「蓋伯」

在十三世紀中葉前後的一百年裡，對阿拉伯煉金術作品的翻譯逐漸減少，那時拉丁作者們已經開始撰寫自己的煉金術著作。②幾個世紀以前，當阿拉伯人將拜占庭世界的煉金術據

---

① Carmélia Opsomer and Robert Halleux, "L'Alchimie de Théophile et l'abbaye de Stavelot, "in *Comprendre et maîtriser la nature au Moyen Age*, ed. Guy Beaujouan (Geneva: Droz, 1994), pp. 437-459, and Halleux, "La réception de l'Alchimie arabe en Occident, "in *Rashed and Morelon, Histoire des sciences arabes*, 3: 143-151, esp. pp. 143-145。

為己有時，第一批阿拉伯文原著以希臘化名出現。現在歐洲也有類似的情況：許多最早的拉丁作者以阿拉伯化名撰寫了自己的著作。在這兩種情況下，化名作者都想為書籍賦予更大的權威性，使之看起來更為古老和可敬，被認為屬於更先進文化的一部分。為了補充似曾相識的感覺，十三世紀最有影響力的拉丁煉金術著作以「賈比爾」這個非常熟悉的名字出現，中世紀拉丁語的拼寫是「蓋伯」(Geber)。這樣一來，上一章所討論的「賈比爾問題」就有了另外一個維度：這些被冠以蓋伯之名的拉丁語書籍究竟是對賈比爾著作的翻譯，還是本土的拉丁語作品？科學史家們就蓋伯到底是不是賈比爾進行了激烈爭論。最近的學術已經解決了這個問題：他不是。蓋伯是十三世紀末的一位拉丁作者。

直到今天，仍然有許多作者將這兩個人混為一談，少數固執的人繼續捍衛蓋伯的阿拉伯身分。蓋伯本人並沒有使這個問題變得容易解決。他沒有給出所引文獻的名稱，我們無法據此確定他的年代或地點。他採用了賈比爾著作典型的指引風格(但只在書的開頭和結尾)，並且改寫了賈比爾《七十書》的部分章節。他甚至還在自己的文本中加入了一些被譯成拉丁語的似乎是典型阿拉伯語的語法結構和表達。

②其中最早的一部是十三世紀初的 *Ars alchemie*；參見 Antony Vinciguerra, "The Ars alchemie: The First Latin Text on Practical Alchemy," *Ambix* 56 (2009): 57-67。

這位隱藏在蓋伯化名背後的作者可能是義大利方濟各會修士和教師——塔蘭托的保羅（Paul of Taranto）。①保羅寫了一部近乎同時代的煉金術文本，在風格和內容上都與「蓋伯」的文本極為相似。保羅的著作雖然大量利用了阿拉伯文獻，特別是賈比爾的著作以及拉齊的《祕密之書》（*Kitāb al-asrār*，拉丁文譯名是*Liber secretorum*），但也顯示出驚人的原創性和對實際煉金術過程細節的熟悉。他的《理論與實踐》（*Theorica et practica*）對礦物和化學物質的分類很像拉齊的，但似乎對基於明顯的化學物理性質來描述和分類物質更感興趣。不可否認，保羅的作品給出了大量實際測試和試驗的結果，顯示出阿拉伯文獻中鮮見的嚴格性和理論綜合性。這種差異也許緣於基督教西方比伊斯蘭世界更看重亞里斯多德所規定的任務，即發現事物真正的自然原因。保羅作品的典型特徵是：渴望提出一種能夠融貫地解釋現象的嚴格物理基礎，從而在深層次上協調理論與實踐。

這些思想在《完滿大全》（*Summa perfectionis*）中得到了更充分的表達。在中世紀，「大全」（*summa*）一詞通常是指關於一個或多個主題的內容詳盡的「教科書」，比如聖多瑪斯・阿奎

---

①這種身分確認以及對「賈比爾—蓋伯」問題的解決要歸功於William R. Newman認真細緻的研究。對蓋伯身分的細緻討論，參見Newman, "New Light on the Identity of Geber," *Sudhoffs Archiv* 69 (1985): 79-90和"Genesis of the *Summa perfectionis*," *Archives internationales d'histoire des sciences* 35 (1985): 240-302。關於《完滿大全》的編輯、翻譯和歷史語境，參見Newman's *The Summa Perfectionis of Pseudo-Geber*。

那的《神學大全》（*Summa theologica*）。因此，《完滿大全》是一部關於煉金術的內容全面的教科書。它先是提出了對製金之可能性的支持和反對（並決定支持它），進而詳細總結了關於金屬和礦物的知識現狀，包括淨化和加工它們的方法。之後的一些章節討論了實際操作和儀器裝置，最後一部分則對金屬的本性和性質做了引人入勝的考察，並且論述了轉化劑的不同等級。該書結尾論述了試金法（assaying），即如何測定貴金屬的純度——煉金術士若要檢驗他所希望生產的金銀的品質，就必須掌握這項技能。《完滿大全》是中世紀最有影響力的煉金術著作之一，在十七世紀以前一直是一部權威文本。

根據蓋伯的說法，煉金術士可以用有三種力度的「藥物」（他指的是化學藥劑）來實現其技藝。最無力的藥物只能改變賤金屬的外觀，使之僅僅看起來像金或銀。蓋伯用火和腐蝕性物質做了幾次實際檢驗，以證明真正的轉變並未發生。只有最有力的「三級」藥物才能真正實現轉變，它有兩種形態——一種用於製銀，另一種用於製金。這種三重劃分是蓋伯從賈比爾那裡借鑑而來的。②但他並未接受賈比爾的以下思想，即可以用動植物來製作引發轉變的煉金藥——對蓋伯來說，正如大多數歐洲煉金術士最終都會同意的，賢者之石只能由礦物來製備。③

② 對賈比爾的這些借鑑，參見 Newman, *Summa perfectionis*, pp. 86-99。

③ 一個顯著的例外是羅傑・培根，他似乎受賈比爾的影響最深；參見 William R. Newman, "The Philosophers' Egg: Theory and Practice in the Alchemy of Roger Bacon," in "Le crisi dell'alchimia," *Micrologus* 3 (1995): 75-101，以及 Michela Pereira, "Teorie dell'elixir nell'alchimia latina medievale," in ibid., pp. 103-149。

更令人驚訝的是，《完滿大全》包含了一種融貫的物質理論，它能對實驗室觀察做出解釋，並且支持轉變的方法。該理論建立在先前兩種觀念的基礎上：阿拉伯關於金屬的汞—硫理論，以及一種源於亞里斯多德的觀念。雖然亞里斯多德明確否認存在著不可分的原子，但其著作中有兩處評論暗示或至少支持了一種物質理論，它以某種微粒的存在為基礎。他曾聲稱，使任何一塊物質能夠擁有和保持其身分的尺寸存在著一個下限。將一塊金不斷分割下去，最終它會變得如此之小，以至於進一步的分割將不再能產生兩塊更小的金；微粒將變得太小而不能維持金的性質。這些極其微小的物質片段漸漸被稱為「最小自然物」（*minima naturalia*）。但對於蓋伯——事實上對於所有煉金術士——來說更重要的是《氣象學》（*Meteors*）的第四卷，在那裡亞里斯多德（或者也許是他的一個追隨者）一直在援引一種觀念，即看似堅固的物質中存在著「部分」（*onkoi*）和「孔洞」（*poroi*）。這些部分和孔洞被用來解釋各種觀察、現象和物理性質。①

① Aristotle, *Physics* 187b14-22, and *Meteors* 385b12-26, 386b1-10 and 387a17-22；關於這些思想在中世紀的擴展，尤其是與蓋伯相關的，參見 Newman, *Summa perfectionis*, pp. 167-190。關於《氣象學》第四卷及其對煉金術的重要性，參見 Viano, *Aristoteles chemicus* 和 Craig Martin, "Alchemy and the Renaissance Commentary Tradition on *Meteorologica* IV," *Ambix* 51 (2004): 245-262。

蓋伯利用了這些觀念，特別是後者，並將它們與汞—硫理論相結合。根據《完滿大全》的說法，金屬是由汞和硫這兩種金屬本原的微小「部分」聚合而成的。在不同的金屬中，這些微小部分的尺寸各有不同，在賤金屬中，它們與土質微粒（earthy particles）混合在一起。雖然該體系與某種原子論不無相似，但蓋伯的體系其實並不是原子論的，因為他所描述的「最小部分」（*minimae partes*）既非不可分，亦非永恆不變。

但蓋伯確實用這個體系來解釋一系列物理性質和化學變化。例如，一塊金要比同樣大小的錫重得多；用現代術語來說，金的密度更高。蓋伯透過汞和硫的微粒的堆積方式解釋了這個觀察結果。在金中，它們非常小，並以他所謂的「最強聚合」（*fortissima compositio*）盡可能緊密地堆積在一起，而在錫中，它們尺寸更大且更加鬆散地堆積在一起。這樣一來，金塊包含有更多的物質，其組分之間所留出的空間比同體積的錫更小；因此，金更重。② 蓋伯用同樣的理論解釋了金的穩定性：因為金的組分異常微小且如此緊密地堆積在一起，以至於沒有留下孔洞或裂縫使火或腐蝕物可以侵襲、穿透和瓦解金屬。而像鉛這樣的賤金屬很糟糕地「聚合」（*compositum*）在一起，因此在火上烤它時，火會進入金屬的孔洞，將其變成粉末（蓋伯這裡描述的是通過焙燒把鉛氧化，使之變成氧化鉛粉末的過程）。同樣的理論也解釋了一些化學操

② Newman, *Summa perfectionis*, pp. 159-162, 471-475, and 725-726。

作。只有微粒不緊密地結合在一起的那些物質才會發生昇華——將一種可揮發的物質從固體變成蒸氣，再將蒸氣重新凝結成固體，從而對其進行淨化。火的熱把微小的組分彼此分開；最小的微粒（蓋伯認為最純淨）升起形成煙霧，而較大和較重的微粒則作為未昇華的浮渣留在容器底部。① 雖然後來只有為數不多的煉金術士遵循蓋伯的想法，但他的理論將會發展為歐洲煉金術各種理論傳統中的一條重要線索。

煉金術變得有爭議

《完滿大全》的現代讀者也許沒有意識到，這本書寫於就煉金術的承諾和目標所展開的長達一個世紀的激烈爭論之後。這場爭論的核心是兩個世紀以前伊本·西那在萬里之外為反對製金而寫的那本論戰性的書。一二〇〇年前後，英格蘭翻譯家薩勒沙的阿爾弗雷德（Alfred of Sareshal）將伊本·西那這本礦物學著作的相關內容譯成了拉丁文，名為《論石頭的凝結與黏

① Newman, *Summa perfectionis*, pp. 143-192．William R. Newman, *Atoms and Alchemy* (Chicago: University of Chicago Press, 2006), esp. pp. 23-44．Antoine Calvet, "La théorie *per minima* dans les textes alchimiques des XIVᵉ et XVᵉ siècles, "in *Chymia: Science and Nature in Medieval and Early Modern Europe*, ed. Miguel López-Pérez, Didier Kahn, and Mar Rey Bueno (Newcastle-upon-Tyne: Cambridge Scholars Publishing, 2010), pp. 41-69。

合》（*De congelatione et conglutinatione lapidum*），阿爾弗雷德對這部短論的翻譯最後被置於亞里斯多德《氣象學》的一個譯本手稿的結尾；將這兩部作品配在一起是講得通的，因為兩者都討論了礦物的來源。但也許是因為一個粗心的抄寫者未能將這兩個文本清晰地分開，許多讀者都以為伊本・西那的話是亞里斯多德文本的一部分。無論如何，鑒於亞里斯多德在十三世紀備受尊崇，這個錯誤大大增強了伊本・西那思想的力量。一方面，伊本・西那文本的第一部分有助於使金屬的汞—硫理論在拉丁歐洲牢固確立起來；另一方面，這個結尾部分粗暴地拒絕了對轉變孜孜以求的人。於是，在似乎是亞里斯多德本人的權威言論中，拉丁歐洲聽到了這樣的說法：「技藝弱於自然，無論如何努力也跟不上她；煉金術士務必清楚，金屬的種類不可改變。」②

反應旋即而至。十三世紀初的一部名為《赫密士之書》（*Book of Hermes*）的作品運用邏輯分析和實際經驗對《論石頭的凝結與黏合》做了針鋒相對的駁斥。其作者指出，煉金術士們可以實際製造出一些與自然物相同的東西（比如鹽）。③因學識淵博和影響廣泛而被稱為萬有博士

②各個拉丁文本之間有許多小的差異；參見 Newman, *Summa perfectionis*, pp. 48-51。Holmyard and Mandeville, *Avicennae de congelatione*, pp. 53-54 給出了一種版本；另一種版本是 *Avicennae de congelatione et conglutinatione lapidum*, in *Bibliotheca chemica curiosa*, pp. 636-638, quotation from p.638。事實上，對於人的技藝能力，亞里斯多德的確比伊本・西那看重得多。

③Newman 最先注意到這份手稿，他發表和分析了其中的一部分。參見 Newman, *Summa perfectionis*, pp. 7-15。

（the Universal Doctor）的聖大阿爾伯特（St. Albert the Great，約一二〇〇—一二八〇）在撰寫自己的礦物研究時，同樣提出了異議。①阿爾伯特最著名的學生聖多瑪斯．阿奎那（約一二二五—一二七四）更為《論石頭的凝結與黏合》而煩惱。阿奎那附和它說，煉金術士們只能產生自然物的外觀；他們的金並不是真金，他們生產的其他東西也不同於自然產物，即使它們顯示出所有相同的屬性。但阿奎那在其他地方承認，倘若煉金術士能以自然的方式利用自然的力量來產生金，那麼這種金將是真金，可以合法出售和使用。②關鍵因素在於煉金術士究竟使用什麼方法——但煉金術士果真能夠確認和利用自然本身的手段嗎？阿奎那的追隨者羅馬的吉萊斯（Giles of Rome，約一二四三—一三一六）更進了一步。他認識到，《論石頭的凝結與黏合》並非亞里斯多德的著作，而是伊本．西那的著作（正如大阿爾伯特曾經懷疑的那樣），但他仍然用其論據來表明，無論煉金術的金經受住多少檢驗，即使它與天然黃金之間並無明顯差異，它也

---

① 關於大阿爾伯特的煉金術，參見 Pearl Kibre, "Albertus Magnus on Alchemy," in *Albertus Magnus and the Sciences: Commemorative Essays 1980*, ed. James A. Weisheipl (Toronto: Pontifical Institute of Mediaeval Studies, 1980), pp. 187-202，"Alchemical Writings Attributed to Albertus Magnus," *Speculum* 17 (1942): 511-515，and RobertHalleux, "Albert le Grand et l'Alchimie," *Revue des sciences philosophiques et théologiques* 66 (1982): 57-80。關於他自己的煉金術著作，參見 Liber mineralium, in *Alberti Magni opera omnia*, ed. A. Borgnet (Paris, 18901899), 5: 1-116 和被歸於他的 *Libellus de alchemia*, 37: 545-573，英譯本，Book of Minerals, trans. Dorothy Wyckoff (Oxford: Clarendon Press, 1967) 和 "*Libellus de Alchemia" Ascribed to Albertus Magnus*, trans. Virginia Heines, SCN (Berkeley: University of California Press, 1958)。

② St. Thomas Aquinas, *Summa theologica*, 2ae 2a, quaestio 77, articulus 2。

仍然不同於地球出產的金。他總結說，如果煉金術可以製造出金，「它不應被用作貨幣，因為金和這些金屬有時被用於藥物和其他對人體有益的東西。因此，如果這種金是煉金術的，它可能會極大地傷害人體」。③

同時期的一些煉金術作者認為，人造金屬會顯示出與天然金屬的微妙差異。被歸於聖大阿爾伯特的《煉金術小書》（*Libellus de alchimia*）引人入勝地聲稱，煉金術金屬「其實相當於所有天然金屬」，只不過煉金術的鐵不被磁石所吸引；煉金術的金缺乏藥用性質；煉金術的金所導致的傷口會發生潰爛，而天然金所導致的傷口卻不會。在《礦物之書》（*Book of Minerals*）中，大阿爾伯特報告說：「我對我所擁有的一些煉金術的金和銀做了檢驗，它們燃燒了六七次，但在進一步燃燒時，它們一下子被燒毀殆盡，成為某種浮渣。」④我們不禁會好奇，這位萬有博士究竟獲得了一種什麼物質，以及是從誰那裡得到的！

---

③ Giles of Rome, *Quodlibeta*, quaestio 3, quolibet 8, in Sylvain Matton, *Scolastique et Alchimie*, Textes et Travaux de Chrysopoeia 10 (Paris: SÉHA; Milan: Arché, 2009), pp. 77-80。William R. Newman, "Technology and Alchemical Debate in the Late Middle Ages," *Isis* 80 (1989): 423-445, esp. pp. 437-439。

④ *Libellus*, trans. by Heines, p. 19。St. Albert, Book of Minerals, p.179。聖多瑪斯・阿奎那認為煉金術的金與天然金有不同性質的觀點可能來自他的老師大阿爾伯特。

羅馬的吉萊斯所顯示的關切，現代讀者聽起來並不陌生。他擔心隱祕的性質和未知的效應。即使由煉金術產生的金在顏色、密度、軟硬、耐腐蝕性等各個方面都符合天然金的性質，也仍然可能有某種東西我們不清楚，無法預見，想不到去尋找，或者無法察覺。吉萊斯的思考基於伊本．西那所闡述的那條原則，即「技藝弱於自然」：人的生產創造活動根本無法複製自然的東西。沒有什麼人工的東西能與自然產生的東西相比。今天，這種想法仍然很活躍，比如認為合成的鑽石並非「真」鑽石，擔心經由生物工程培育的作物可能含有隱祕的有害性質，等等。因此，就中世紀煉金術以及自然與人工的關係所提出的一些議題，在今天仍未得到解決。①

面對這些攻擊，煉金術的擁護者並未屈服。事實上有人指出，他們熱情地捍衛這門高貴技藝及其模仿自然的能力，代表著對人類發明和技術的力量的最早齊聲歡呼。方濟各會修士羅傑．培根（Roger Bacon，約一二一四—一二九四）是煉金術最堅定的支持者之一。一二六六—一二六七年，他應其教皇朋友克雷芒四世（Clement IV）之請寫了三本書。這些著作包含著強有力的論據，主張透過研究語言、數學、自然哲學和煉金術來改進知識和增強基督教國家的力量。在煉金術方面，培根不僅反對技藝弱於自然，而且把它顛倒了過來。人的技藝並不弱於自

① William R. Newman, *Promethean Ambitions: Alchemy and the Quest to Perfect Nature* (Chicago: University of Chicago Press, 2004) 更詳細地討論了技術與煉金術之間、技藝與自然之間的關聯。

然，而是要更強。經由煉金術製造出來的金比天然金更好。培根斷言，如果作法得當，一切實驗室產品都是如此。人對自然物的複製可以優於自然物。②這種思想在今天同樣持續著；它成為了現代化學的基礎。透過更快、更有效的手段，或者透過微小的結構改變，有機化學家們力圖（並且成功地）合成出天然存在的物質，並透過增加其藥效或降低其毒性而使之成為更好的藥物。

關於煉金術能否產生同等的天然物質——金或其他東西——的爭論最終上升到權力的最高層。據說教皇約翰二十二世曾為雙方組織過一次辯論。③我們沒有直接的證據表明這場辯論中發生了什麼，但如果這樣一場辯論的確發生過，那麼教皇約翰二十二世在一三一七年發布的教令暗示，支持煉金術的一方必定沒有很好地為自己的事業辯護，因為它的開篇是這樣的：

> 這些貧苦的煉金術士對其無法提供的財富做了承諾，他們自以為聰明，卻落入了自己挖的陷阱。因為這種煉金術的宣揚者的確在自欺欺人。④

②可以援引亞里斯多德本人來支持這種立場，因為他說，「技藝可以完成自然無法完成的任何事情」：*Physics* 2.8; 199a 15-16。

③ Reported by Nicholas Eymerich in 1396。參見 Halleux, *Les textes alchimiques*, p.126。

④ *Spondent quas non exhibent (They Promise What They Do Not Deliver)* 的全文載於 Halleux, *Les textes alchimiques*, pp. 124-126，包含了拉丁文原文和法文翻譯。

教令還指出，當煉金術士們在製金方面屢屢失敗時，「他們最終用假轉變來冒充真金銀」，因為「事物的本性中並不存在」實際轉變成金銀的可能性。①然後他們偽造錢幣，將其出售給誠實的人。教令規定，作為懲罰，任何將煉金術的金屬當作天然金銀加以販賣或使用的人，將被判處向公共財政繳納等重的真金銀以接濟窮人。

雖然教皇似乎並不相信真金可以透過人工手段製造出來，但他的聲明與其說是對煉金術本身的譴責，不如說是對偽造貨幣的譴責。它並不包含在理論或實踐上對製金的反對，而只關心造幣和欺騙。不幸的是，煉金術士的技藝在公眾心中很少遠離這些犯罪活動。法國和英格蘭的國王們頒布了類似的法令，禁止轉變煉金術的活動，威尼斯共和國的執政委員會也是這樣做的。②在所有這些情況下，基本關切都是保持作為經濟基礎的貴金屬的純度和價值——也許正是出於同樣的關切，戴克里先（Diocletian）才在一千年前下令焚燒埃及人的書籍。事實上，無論煉金術能否製造出真金，它都是一種有可能破壞經濟政治穩定的危險活動。金若是假的，將會導致黃金供應受到摻雜和價值降低，若是真的，則將因為增加黃金的供應量而降低金價。出於類似的想法，阿拉伯歷史學家伊本・赫勒敦（ibn-Khaldūn）於一三七六年對製金的可能性加以駁斥，其理由是，如果製金為真，它會阻礙神維持世界經濟穩定的計畫——即神以其智慧選擇只創造有限數量的金銀。③從中世紀到十八世紀，法學家們一直在爭論煉金術及其產物的合法性。④

與大多數教皇宣言一樣，約翰二十二世的教令在很大程度上被忽視了。煉金術士們（包括許多擔任聖職的在內）繼續從事著工作和寫作。在英格蘭，國內黃金供應的誘惑太過強大。一四〇四年亨利四世反對製金的法令很快便以一種非常英格蘭的方式遭到修改，即國王為從事煉金術頒布許可，條件是生產出來的貴金屬直接出售給皇家造幣廠。⑤

煉金術士們自己也對在十四世紀漸趨頂點的爭執和關切氣氛做出了反應。不過，追溯確切的影響線索很是困難，現代學者仍在試圖更好地理解十四世紀的煉金術。然而，有幾個變化

① Halleux, *Les textes alchimiques*, p.124。

② 關於亨利四世在一四〇四年 (5 Hen.4)，參見 A. Luders et al., eds., *The Statutes of the Realm* (London, 1816), 2: 144；關於一四八八年威尼斯的十人委員會，參見 Pantheus, *Voarchadumia*, in *Theatrum chemicum* (Strasbourg, 16591663), 2: 495-549, on pp. 498-499。

③ Ibn-Khaldūn, The Muqaddimah: An Introduction to History (New York: Pantheon, 1958), 3: 277。

④ 少數幾個後來的例子是Johannes Chrysippus Fanianus, *De jure artis alchimiae*, in *Theatrum chemicum*, 1: 48-63; Girolamo de Zanetis, *Conclusio*, in ibid., 4: 247-252；and Johann Franz Buddeus, *Quaestionem politicam an alchimistae sint in republica tolerandi?* (Magdeburg, 1702), in German translation as *Untersuchung von der Alchemie*, in *Deutsches Theatrum Chemicum*, ed. Friedrich Roth-Scholtz (Nuremberg, 1728), 1: 1-146。關於對這個話題的討論，參見 Ku-ming (Kevin) Chang, "Toleration of Alchemists as a Political Question: Transmutation, Disputation, and Early Modern Scholarship on Alchemy," *Ambix* 54 (2007): 245-273, and Jean-Pierre Baud, *Le procès d'alchimie* (Strasbourg: CERDIC, 1983)。

⑤ D.Geoghegan, "A Licence of Henry VI to Practise Alchemy," *Ambix* 6 (1957): 10-17。

是顯而易見的，其中兩個可以合理地（如果說不夠嚴格的話）追溯到更嚴厲批評的氛圍：增強的保密性以及構建煉金術與基督教神學之間的連繫。

拉丁煉金術中的保密性和神學

早在佐西莫斯的時代，煉金術文本就含有保密的強制令，它們用各種方法來保護這些祕密，比如使用「假名」及其寓意拓展。這種傾向源於對商業祕密的保護，它在賈比爾的著作中得到了增強，賈比爾的著作將煉金術與一個祕密的什葉派教派相連繫，並且增加了知識的分散，這可能主要是為了掩蓋作品的多重作者身分。法拉比（Al-Fārābī，？—九五〇）比拉齊年紀略小，他寫了一部著作來證明對煉金術的保密是正當的，其理由是，不受限制的製金知識會破壞經濟——這在整個煉金術史中是一種常見的恐懼。①而早期的歐洲煉金術，比如《完滿大全》中所描述的，顯然沒有蓄意保密，即使蓋伯在其著作的開篇模仿了賈比爾的指引風格。煉金術開始在歐洲漸趨公開的另一個跡象是，這門學科開始被納入新的中世紀大學的課程表。②然而，隨著爭議和批評的出現，愈來愈多公開的官方審查以及法律制裁，拉丁煉金術逐漸緊縮，日漸祕密和隱蔽，更加富含暗示和影射，因此更加難以捉摸。

這種保密性的增強部分表現在使用化名的一大批新作品中。於是，雖然聖多瑪斯・阿奎那對於煉金術懷有矛盾或懷疑的態度，但在十四世紀（就在這位天使博士去世之後），一部名為《升起的黎明》（*Aurora consurgens*）的寓意作品開始以他的名義流傳開來。新的煉金術書籍也是以大阿爾伯特、羅傑・培根、加泰隆尼亞哲學家拉蒙・盧爾（Ramon Lull）等可敬（且已故）人物的名義寫的——非常有趣的是，這些人當中甚至還包括伊本・西那，他對製金的否認從一開始就激起了極大爭議（事實上，即使是這個波斯人最反對製金的句子，也會作為如何製造賢者之石的一個「暗示」，而被改寫和歸於支持製金的作者們！）。透過把名人的名字附於這些著作，化名使這些作品合法化，並使其真正的作者身分得以隱匿。

類似的合法化動機部分在於大約在同一時間鍛造的煉金術與基督教的新關聯。魯庇西薩的約翰（John of Rupescissa）的著作和歸於維拉諾瓦的阿納爾德（Arnald of Villanova）的那些作品提供了最好的例證。

---

① Eilhard Wiedemann, "Zur Alchemie bei der Arabern," *Journal für Praktische Chemie* 184 (1907): 115-123 提供了法拉比著作的一個德譯本。

② 例如，我們有一個一二五七年的文本似乎顯示了包含煉金術知識的大學課程：Constantine of Pisa, *The Book of the Secrets of Alchemy*, ed. and trans. Barbara Obrist (Leiden: Brill, 1990)。塔蘭托的保羅本人就是一所方濟各會學校的教師。

一三一〇年左右，魯庇西薩的約翰（或讓・德・羅克塔亞德〔Jean de Roquetaillade〕）生於法國中部的奧弗涅；他先是進入了土魯斯大學，而後成為聖方濟各會的一名修士。①在此過程中，他受到了屬靈派（Spirituals）修會思想的影響，反對方濟各會的日益制度化，聲稱它已經放棄了其創始人亞西西的方濟各（St. Francis of Assisi，一一八一／二—一二二六）的理想和準則。屬靈派自認為是聖方濟各的真正追隨者，他們支持徹底貧窮，激烈地批評教會等級制度以及更主流的女修道院方濟各會修士。屬靈派還陷入了啟示論狂熱，喜好預言，相信敵基督即將出現。

教會當局懷著不信任和不適，最終將屬靈派的方濟各會修士鎮壓下去。②約翰本人於一三四四年被捕，在牢獄中度過了餘生。他在監禁期間撰寫了自己的大部分著作（既有煉金術的也有預言性的），許多人都來拜訪他，其中不乏高級教士。雖然約翰的作品的確描述了獄中的各

---

①關於魯庇西薩的約翰，最新的英文著作是Leah DeVun, *Prophecy, Alchemy, and the End of Time: John of Rupescissa in the Late Middle Ages* (New York: Columbia University Press, 2009)。較早但更為詳盡的文獻是Jeanne Bignami-Odier, "Jean de Roquetaillade," in *Histoire littéraire de la France* (Paris: Academie des Inscriptions et Belles-Lettres, 1981), 41: 75-240 和 Robert Halleux, "Ouvrages alchimiques de Jean de Rupescissa," in *Histoire littéraire de la France* (Paris: Academie des Inscriptions et Belles-Lettres, 1981), 41: 241-277。

②參見David Burr, *The Spiritual Franciscans: From Protest to Persecution in the Century after St. Francis* (University Park: Penn State University Press, 2001)。

種痛苦，但監禁他顯然不是為了讓他緘默不語（否則他不會得到羊皮紙、墨水和書籍），而是為了密切注意一位具有潛在麻煩的自封的「先知」。魯庇西薩的約翰的煉金術著作在他那個時代必定流傳甚廣，被大量傳抄，因為它們是從十四、十五世紀流傳下來的關於這一主題的最常見的抄本。

一個如此熱切地致力於貧窮理想的人也會致力於尋找製金的祕密，這似乎匪夷所思。然而，在一三五〇年左右撰寫的《光之書》的開篇，約翰明確指出了他為什麼要研究製金以及為什麼決定寫這本書。

> 我考慮的是基督在福音書中預言的即將到來的時代，即在災難的敵基督時代，羅馬教會將備受折磨，她所有的世間財富都將被暴君所掠奪。……神的選民要知曉神的事工和真理的教誨，因此為了解放他們，我想毫不誇張地談談偉大的賢者之石的運作。我希望對神聖羅馬教會有所益處，並且簡要解釋一下賢者之石的整個真相。③

③約翰的文本以兩個不同標題出現：John of Rupescissa, *Liber lucis*, in *Bibliotheca chemica curiosa*, 2: 84-87 和 *De confectione veri lapidis philosophorum*, in *Bibliotheca chemica curiosa*, 2: 80-83。這兩個版本在措辭細節以及開篇和結尾的文字上有所不同，但具有相同的結構、順序、想法和實踐細節；兩個版本之間的關係仍然沒有確定。這裡使用的引文出自 *De confectione* 中缺少的序言 (Liber lucis, 2: 84)。

根據其屬靈派方濟各會的觀點，約翰說，敵基督的災難近在眼前，教會需要用各種形式的幫助來抵禦它，其中就包括煉金術。約翰並非唯一做這種思考的方濟各會修士。同為方濟各會修士的羅傑·培根在大約六十年前寫給教皇的書信背後，也隱藏著對於敵基督到來的同樣憂慮：教會需要數學、科學、技術、醫學等方面的知識來抵禦和挺過敵基督的攻擊。我們很熟悉把科學技術用於國家防禦；在約翰和羅傑·培根那裡，我們看到了把煉金術納入教會防禦手段的一個中世紀先例。

約翰為製造賢者之石提供了一個詳細配方。他認為，賢者之石是由經過特殊淨化的汞和「哲學硫」製造而成的。認為石頭像金屬一樣由汞和硫組成，這將成為歐洲煉金術的標準觀念。問題僅僅在於汞和硫這兩個名稱帶有蓄意的模糊性，它們作為「假名」幾乎可以指稱任何東西。但約翰明確指出，在他看來，汞就是被小心除去雜質的通常所說的汞，硫則存在於「硫酸鹽」（硫酸鐵）中。

約翰先是描述了含有硫酸鹽和硝石的汞的一系列昇華，隨後描述了各種蒸煮和蒸餾。然而，儘管方向似乎很明確，但如果照字面去做，他的第一步在現代實驗室將是行不通的。約翰所描述的「雪白的」昇華物毫無疑問是氯化汞；因此，初始的混合物中必定包含普通的鹽，但這種物質在成分列表中沒有提到。這有兩種可能的解釋。首先，約翰的硝石可能非常不純，包含著大量鹽。事實上，他的《論真賢者之石的製作》（*De confectione veri lapidis philosophorum*）結尾有一個註解，指出粗糙的硝石通常會含鹽，並且提供了一種分步結晶的提純方法。第二種可能性是約翰為了保密而有意省去了關鍵成分。如果這是事實，那麼值得注意的是，《論真賢者之石的製作》結尾有一段顯得很不得體的話，描述了食鹽（*sal cibi*）的一般意義、無處不在、在淨化金屬方面的用途，等等，然後說「整個祕密都在鹽中」。這是知識分散的一個例子嗎？①無論這兩種解釋中哪一個是正確的，歷史啟示都是一樣的：必須仔細閱讀煉金術配方。那些看似行不通的配方未必反映出作者能力不夠或缺乏真實性，而是可能暗示了一種「隱祕成分」——要麼是某種未知的雜質，要麼是某種有意從配方中省去的東西。②

一旦意識到從一開始就需要把鹽包含在內，現代化學家就可以在很大程度上採用約翰的步驟，事實上會對他所擁有的技能和實踐知識水平感到驚訝。例如，約翰用「質量平衡」的概

① Rupescissa, *De confectione*, 2: 83。由於缺少約翰著作的考訂版，我猶豫了一下才說這段關於鹽的話出自他之口；它們也許是被後來的一位認識到鹽的必要性的追隨者加進去的。這些章節不見於《光之書》。

② 關於這一主題的更多內容，參見第六章以及 Lawrence M. Principe, "Chemical Translation and the Role of Impurities in Alchemy: Examples from Basil Valentine's *Triumph-Wagen*," *Ambix* 34 (1987): 21-30。

念——反應產物的重量必須精確等於初始材料的重量——來證明，他希望從硫酸銅中提取的「不可見的哲學硫」已經與汞實際結合在一起。

> 硫酸的精華與汞相結合的跡象是：如果放入一磅汞，你仍會得到相等的量（作為一種昇華物），儘管汞在昇華過程中留下了許多渣滓。除非比雪更白的汞（作為一種昇華物）自身帶有上述硫酸最純淨的精華，即不可見的硫，否則這個結果是不可能的。①

換句話說，由於汞損失了其「渣滓」的重量，它作為昇華物的重量應當小於一磅，但事實上，它仍然重整整一磅，這意味著失去的重量已經透過獲得約翰竭力尋求的「不可見的硫」而得到補償。就這樣，約翰利用相對重量的定量檢驗來監測和追溯一種否則便「不可見的」物質，因為它從來也不可分離，只能從一種物質轉移到另一種物質。這種對材料重量的密切觀察和監測，所達到的實驗室中的清晰細緻程度，往往不被歸於煉金術士。由於現代化學認為，透過化學手段不可能把賤金屬轉化為金，所以人們往往很容易輕率地否定煉金術士在追求這一目標時所做所寫的幾乎任何東西。然而，科學史家們愈是結合語境認真檢視煉金術著作，這其中的許多作品從科學和實驗的角度來看就愈是令人印象深刻。

---

① Rupescissa, *De confectione*, 2: 81; *Liber lucis* (2: 84) 中的對應版本是不清楚的，可能緣於一位抄寫者丟了一行字。約翰對活動重量的觀察是正確的：我們現在知道，汞與鹽的氯相結合，增加了昇華的氯化汞的總重量。

然而在某一點上，約翰描述的結果不再符合現代化學所預測的結果。在閱讀煉金術程序時，我們常常會遇到同樣的情形。有時它標誌著一個邊界，作者從他實際在做的東西默默地移到了他預測應當發生的東西。在其他情況下，這意味著一個必要的成分或操作已被默默省去，或者我們未對某種寓意或「假名」做出正確的識別和詮釋。也有可能，作者所說的成分與我們現代的等價物有不同的組成，因此給出了我們無法預測的結果（第六章探究了現代早期煉金術配方中隱藏的化學，從而進一步提出了這個問題）。

在其程序的每一個階段，約翰都會引用另一位煉金術作者——維拉諾瓦的阿納爾德（Arnald of Villanova）。實際的維拉諾瓦的阿納爾德是加泰隆尼亞的一個醫生，生於一二四〇年前後，一三一一年去世。與魯庇西薩的約翰和羅傑・培根一樣，阿納爾德也與方濟各會的屬靈派有連繫（雖然他本人並不是托缽修士）。一二九〇年左右，他寫了一本關於敵基督到來的書，使他與巴黎大學神學院發生了衝突，巴黎大學神學院堅決反對這些與他們自己的理性經院神學相對立的預言性說法。雖然許多煉金術著作被認為出自阿納爾德之手，但他實際上不大可能寫其中任何一部。有些著作的確顯示了方濟各會屬靈派的特性，有些著作則在方法和使用《聖經》方面與阿納爾德本人的神學和醫學著作相似——因此，選擇他的名字附在這些著作之上是合理的。①這些偽阿納爾德著作出現在十四世紀的第一個十年間，但只有其中一部肯定早於魯庇西薩的約翰的著作，即約翰在其《光之書》中引用的《隱喻論》（*Tractatus parabolicus*），這本書在煉金術與基督教神學之間建立了一種特殊關聯。②

和約翰一樣，偽阿納爾德也認為賢者之石需要從汞開始製備。但偽阿納爾德並未像約翰那樣提供明確的配方，而是在書中將煉金術對汞的處理比作基督的生活：「基督是萬物的範例，我們的煉金藥可以根據基督的觀念、產生、誕生和激情來理解，而且在先知的說法方面類似於基督。」③在阿納爾德看來，《舊約》先知的說法不僅證明耶穌基督是彌賽亞，而且也證明汞是尋找賢者之石的正確初始材料。正如基督經受的折磨分為四個階段——鞭笞、戴荊冠、釘十字架和十字架上的渴望，汞也必須經受四重「折磨」才能變成賢者之石。正如基督在受苦之

① 關於阿納爾德真實著作中醫學與基督教的互相滲透（類似於偽阿納爾德著作中煉金術與基督教的互相滲透），參見 Joseph Ziegler, *Medicine and Religion c. 1300: The Case of Arnau de Vilanova* (Oxford: Clarendon Press, 1998)，pp. 21-34 有一篇有用的傳記概述。另見 Chiara Crisciani, "Exemplum Christi e sapere: Sull'epistemologia di Arnoldo da Villanova," *Archives internationales d'histoire des sciences* 28 (1978): 245-287, and Antoine Calvet, "Alchimie et Joachimisme dans les *alchimica pseudo-Arnaldiens*," in *Alchimie et philosophie à la Renaissance*, ed. Jean-Claude Margolin and Sylvain Matton (Paris: Vrin, 1993), pp. 93-107。

② Pseudo-Arnald of Villanova, *Tractatus parabolicus*, ed. and trans. (into French) Antoine Calvet, *Chrysopoeia* 5 (1992-1996): 145-171。分析見 Antoine Calvet, "Un commentaire alchimique du XIVe siècle: Le *Tractatus parabolicus* du ps.-Arnaud de Villeneuve," in *Le Commentaire: Entre tradition et innovation*, ed. Marie-Odile Goulet-Cazé (Paris: Vrin, 2000), pp. 465-474。另見 Antoine Calvet, *Les Oeuvres alchimiques attribuées à Arnaud de Villeneuve*, Textes et Travaux de Chrysopoeia 11 (Paris: SÉHA; Milan: Archè, 2011)。

③ Pseudo-Arnald, *Tractatus*, p. 160。

後受到崇拜一樣，汞也因為變成了賢者之石而受到「崇拜」。正如基督及其成功的復活拯救和治癒了這個墮落的世界，用化學手段最終把汞變成賢者之石也「治癒」了賤金屬，將其轉化為金。這裡可能還與方濟各會屬靈派的觀點有一種暗合：即將來臨的敵基督的災難將為建立一個新的和平時代做好準備。

阿納爾德在基督與汞之間所作的類比發揮了兩個功能：提供了類似於「假名」的寓意語言，以及透過隱喻性地將其與基督教的核心奧祕連繫起來而提升了煉金術。④先知們不僅談到了彌賽亞，而且談到了煉金術。煉金術因其與基督生活的相似性而變得神聖。十四世紀初的另一位作者費拉拉的彼得．伯努斯（Petrus Bonus of Ferrara）聲稱，這些相似性也可以沿反方向起作用：了解煉金術可以使人了解基督教教義（甚至提供可見的證據）。在一三三〇年的著作《貴重的新珍珠》（*Margarita pretiosa novella*）中，彼得斷言，煉金術知識使「古代〔異教〕哲學家」得以透過類比賢者之石的製備而預言基督由貞女誕生。「我堅信，任何不信者若能真正了解這種神聖的技藝，就必然會信仰神的三位一體，信仰我們的主耶穌基督，神之子。」⑤彼得著作的標題將煉金術與《馬太福音》13：45－46中基督的商人寓言連繫在一起。這些連繫透過將煉金術變成一種神聖知識來提高煉金術的地位。

④ "Le but poursuivi par l'auteur serait en somme d'asseoir l'Alchimie sur un roc afin de confondre ses détracteurs"; Calvet, "Commentaire," p.471。

⑤ Petrus Bonus, *Margarita pretiosa novella*, in *Bibliotheca chemica curiosa*, 2: 1-80, quoting from pp. 30 and 50。

對這些連繫的表述在更大程度上顯示了前現代思維方式的一些關鍵之處。具體說來，現代之前的人傾向於以多種意義來構想和想像世界，每一個個體事物都透過類比和隱喻之網與其他許多事物相連繫。這種觀點與現代傾向形成了鮮明對比，現代人往往將事物和觀念劃分隔離成獨立的學科。這個關鍵特徵是更深入地理解歐洲煉金術的一把鑰匙；它是第七章集中討論的一個焦點。

偽阿納爾德的《隱喻論》為煉金術與基督教神學提供了目前已知最早的廣泛連繫，此後煉金術與基督教神學在許多（但非全部）煉金術著作中一直連繫很緊密。重要的是，魯庇西薩的約翰清楚地表明，透過閱讀和破譯像《隱喻論》這樣的寓意文本，我們可以獲得一些實用訊息。

阿納爾德大師說，必須透過十字架將人之子升到空中，這在字面上意味著，研磨之後在第三次操作中被吸收的材料，被置於燒瓶底部待熔解，然後那裡最具精神性的最純淨的東西騰空而起，升入蒸餾器頂部的交叉處，正如阿納爾德大師所說，像基督一樣在十字架上升起。①

於是，基督在十字架上的升起意指一種化學揮發過程，在此過程中，燒瓶底部的熱使製備的汞「升」入「蒸餾器頂部」（此加熱容器的最高部分），在那裡被淨化的材料凝結成一種結晶的昇華物。「人之子必須從地面騰空而起，像晶體一樣升上蒸餾器的交叉處。」②

中世紀的拉丁雙關語強化了這些神學關聯。用來使金屬經受高溫和腐蝕的容器在今天仍被稱為坩堝（*crucible*），這個詞最初源自拉丁詞 *crucibulum*，可譯為「受折磨的小地方」，它和 *crucify*（折磨、釘死在十字架上）源自同一拉丁詞根 *cruciare*（我們還記得數個世紀以前，佐西莫斯也曾想像他自己的過程是對金屬的「折磨」）。考慮到通常的化學操作有熔化、腐蝕、研磨、蒸發、錘擊和燃燒等，把這些操作設想成對材料物質的「痛苦折磨」並不需要非凡的想像力。於是，在解釋偽阿納爾德對福音書中一句話（《約翰福音》12：24）的使用時，魯庇西薩的約翰寫道：「『麥子落在地裡死了』的意思是汞在硝石和硫酸鹽裡死了。」[3]這裡的動詞「死」與「汞」的另一個名字 *argentum vivum* ——其字面意思是「活銀」——一語雙關，之所以這樣稱呼是因為這種銀色液體似乎在不斷運動，彷彿活著一般。因此，當汞變成一種不動的固體時，它就「死」了，這正是當它與硝石和硫酸鹽一起被研磨並且「消失」於粉末混合物時發生的事情。[4]

---

① Rupescissa, *De confectione*, 2:81-82。

② Rupescissa, *Liber lucis*, 2:85。

③ Rupescissa, *De confectione*, 2:81。

④ 加熱混合物時，假定普通的鹽也存在，汞就被轉化為固體氯化汞。*Argentum vivum* 是我們用來稱呼汞的另一個名稱「quicksilver」的來源，其中 *quick* 帶有 *alive* 的古英語含義。

煉金術與醫學

魯庇西薩的約翰在獄中寫了另一部煉金術著作：《論萬物的精華》（*De consideratione quintae essentiae omnium rerum*）由此他把煉金術拓展到一個新的領域——醫學。①在敵基督統治期間，基督徒不僅需要黃金，還需要完全健康。於是，約翰講述了他如何尋找一種能夠防止腐敗和衰頹，從而使身體免受疾病和過早衰老的物質。他在葡萄酒的蒸餾物中發現了這樣一種物質——他稱之為「燃燒的水」或「生命之水」，我們稱之為「酒精」。時至今日，這種讓人產生愉快感受的液體的拉丁煉金術術語——*aqua vitae*（生命之水）——仍然存在於幾種酒的名稱中：義大利語的 *acquavite*、法語的 *eau-de-vie*，和斯堪地納維亞語的 *akvavit*。

約翰認為這種「燃燒的水」是葡萄酒的「精華」，其拉丁語是 *quinta essential*（第五本質）。（今天，quintessence〔精華〕一詞仍被用來指一個事物最為精細、純粹和濃縮的本質。）約翰從亞里斯多德主義自然哲學中借用了這個詞，在那裡，它表示一種不同於四元素（火、氣、水和土）且更偉大的物質，即恆星和行星等月亮以上的任何東西所由以構成的不可朽的永恆材料。這意味著，葡萄酒的這種地界「精華」同樣是不會朽壞的。這聽起來也許很奇怪，但約翰幾乎肯定是把自己的信念建立在經驗證據的基礎上——他注意到露天的肉很快便開始腐爛，而浸在酒精中則會長久保存下去。他還可能注意到，葡萄酒很快就會變成醋，而蒸餾的酒精卻保持不變。約翰希望付諸醫用的正是這種穩定和防腐的能力。

約翰並非從葡萄酒中蒸餾出酒精的第一人，（真正的）維拉諾瓦的阿納爾德就曾推薦把蒸餾出的酒精作為醫用。有趣的是，約翰寫道，一三五一年，即他被囚禁七年後（那時他已被轉移到亞維農教廷的監獄，在那裡，出於醫療目的對葡萄酒的蒸餾從十四世紀二〇年代就已經開始）認定酒精便是他渴望找到的防腐劑。②因此，他很可能是在那裡第一次發現和見證了酒精的性質。

但在運用這種「生命之水」方面，約翰比前人大大邁進了一步。他不僅描述了其製備，而且描述了它在製造酊劑方面的用途。其中一些酊劑是他將草藥徑直浸泡在酒精中製作而成的；他非常正確地認為，在從植物中提取活性成分方面，酒精往往比水管用得多。約翰也超越了傳

---

① 雖然我們缺少《論萬物的精華》的一個易於使用的版本或再版，但有三種早期的印刷本：Basel, 1561 和 1597 以及 Ursel, 1602 (in *Theatrum chemicum*, 3: 359-485；在後來的版本中不存在)。一個十五世紀的英文版以 *The Book of the Quinte Essence*, ed. F. J. Furnivall (London: Early English Text Society, 1866; reprint, Oxford: Oxford University Press, 1965) 出版。對該書內容的一個有用概述見於 Halleux, "Ouvrages alchimiques," pp. 245-262 和 Udo Benzenhöfer, *Johannes'de Rupescissa Liber de consideratione quintae essentiae omnium rerum deutsch* (Stuttgart: Franz Steiner Verlag, 1989), pp. 15-21。後者包含著該文本的一個十五世紀德文版。另見 Giancarlo Zanier, "Procedimenti farmacologici e pratiche chemioterapeutiche nel De consideratione quintae essentiae," in "Alchimia e medicina nel Medioevo," ed. Chiara Crisciani and Agostino Paravicini Bagliani, Micrologus Library 9 (Florence: Sisnel, 2003), pp. 161-176。

② Halleux, "Ouvrages alchimiques," pp. 246-250。

統藥理學中常用的草藥範圍，建議使用金屬和礦物。長期以來，金一直被認為具有治療性質，特別是可以加強心臟功能，約翰描述了如何將其用於酒精藥物（我們用來表示利口酒的現代詞 cordial 就源自用來治療心臟的金基藥物；cordialis 則是用來表示與心有關的事物的拉丁語形容詞）。那時和現在一樣，汞、銻等金屬物質一般被認為有毒，但約翰提出也可以用這些東西來生產藥物精華。

魯庇西薩的約翰使藥物製備成為煉金術活動的一個關鍵部分；從此以後，煉金術（和化學）將永遠與醫學緊密連繫在一起，無論這是好是壞。① 他的作品例證了後來歐洲煉金術的兩大目標——轉變金屬和製備藥物。約翰認為，這兩個目標使受壓迫的基督徒在敵基督統治期間能夠獲得所需的健康和財富。在對敵基督出現的關切消退之後，這兩種回報的誘惑又持續了很長時間。同樣，雖然把基督教教義用作寓意、隱喻和合法性的一個來源是從十四世紀的煉金術開始的，但這個方面在接下來的幾個世紀裡仍然繼續發展。②

---

① 較早時也有人聲稱煉金術對醫學有用，比如 Bernard of Gordon（1320 年左右去世）：參見 Luke Demaitre, *Doctor Bernard de Gordon: Professor and Practitioner* (Toronto: Pontifical Institute of Medieval Studies, 1980), pp. 19-20。羅傑・培根寫道，賢者之石具有藥性：參見 Michela Pereira, "Un tesoro inestimabile: Elixir e *prolongatio vitae* nell'alchimiae del '300," *Micrologus* 1 (1992): 161-187 和 "Teorie dell'elixir"。

② 關於中世紀煉金術與醫學之間連繫的更多內容，包括魯庇西薩的約翰之前的一些連繫，參見 Crisciani and Bagliani, "Alchimia e medicina nel Medioevo"。

偽盧爾和失敗的十字軍東征

又過了一代，約翰關於轉變和醫學的雙重目標更緊密地交織在一起，此時他關於葡萄酒精華的想法以另一個人的名義廣為傳播。在《論萬物的精華》開始流傳之後不久，另一位作者——其身分仍然不為人知——將該書的許多內容與另外的資料結合成為《自然的祕密之書或精華之書》（*Liber de secretis naturae seu de quinta essentia*）。這位新作者對製金比對醫學更感興趣，所以對他而言，提取精華是製備賢者之石的一個步驟。約翰認為不腐的精華是人類健康的防腐劑，而這位新作者則認為不腐性是產生某種物質的邏輯起點，此物質可將不腐性賦予金屬，即把可腐的賤金屬變成不腐的金。該書以加泰隆尼亞神學家和哲學家拉蒙・盧爾（Ramon Lull 或 Ramon Llull，一二三二—一三一五）的名義流傳，而盧爾所寫的著作其實對煉金術持否定立場。在隨後若干年中，帶有「盧爾」名字的煉金術著作戲劇性地增加。雖然這些著作無一出自真正的拉蒙・盧爾之手，但其中許多著作都帶有類似於盧爾真實作品的特徵，以至於這種歸屬在數百年時間裡似乎是可信的，而且基本上未受質疑。③

---

③ Michela Pereira, *The Alchemical Corpus Attributed to Raymond Lull* (London: Warburg Institute, 1989); "Sulla tradizione testuale del Liber de secretis naturae seu de quinta essentia attribuito a Raimondo Lullo," *Archives internationales d'histoire des sciences* 36 (1986): 1-16; "Medicina in the Alchemical Writings Attributed to Raimond Lull," in *Alchemy and Chemistry in the Sixteenth and Seventeenth Centuries*, ed. Piyo Rattansi and Antonio Clericuzio (Dordrecht: Kluwer, 1994), pp. 1-15。

偽盧爾的著作是中世紀數量最多也最具影響力的煉金術文本之一。其中篇幅最長的《證明》（*Testamentum*）也最先問世，即在一三三二年，比《自然的祕密之書》早了一代人時間。①引人注目的是，《證明》從未自稱盧爾是其作者；這幾乎是不可能的，因為它提到了盧爾去世之後的日期。儘管如此，《自然的祕密之書》的作者還是把《證明》納入了他開始編寫的盧爾著作。《證明》中包含著典型的盧爾要素，而且是由一位加泰隆尼亞學者寫的，這些事實使人們更容易把原本不具名的作品重新歸於拉蒙．盧爾。

《證明》將「煉金術」定義為「自然哲學的一個隱祕部分」，它教導三個主要話題：如何轉變金屬、如何增強人的健康、如何改進和製造寶石。其中最後一個話題並不常見於當時的煉金術文本，《證明》中的一個配方講述了如何將小珍珠化成漿，然後用漿製造出更大的人造珍珠。②此外它還包含著藥水的配方。不過，這本冗長的著作大都在討論賢者之石的製造，賢者之石憑借自身就能提供貴金屬、健康和更好的寶石。《證明》的作者認為，賢者之石是一種普

---

① Michela Pereira and Barbara Spaggiari, *Il Testamentum alchemico attribuito a Raimondo Lullo* (Florence: Sismel, 1999) 包含了加泰隆尼亞語原文的考訂版和一個十五世紀的拉丁文譯本，以及有用的介紹資料。

② Pseudo-Lull, *Testamentum* 2: 1 and 3: 7-10, in ibid., pp. 306-307 and 390-397；同一位（匿名的）作者在其 *Liber lapidarius* 中更詳細地討論了製造寶石。《自然的祕密之書》包含著煉金術的同樣三重目標，這是順理成章的，因為其作者（錯誤地）聲稱，他也是《證明》的作者。

遍適用的藥物。它能「治癒」賤金屬，將其轉變為黃金；能消除寶石的缺陷；能夠治癒人和動物的所有疾病，甚至能夠刺激植物的生長。③極為流行的偽盧爾著作營造了這樣一種觀念，即賢者之石是「人和金屬的藥物」（雖然偽盧爾等人同意培根的看法，認為賢者之石能夠維持人的健康，從而延長壽命，但它並不被看成一種「長生不老藥」，就像一些關於煉金術的流行說法所認為的那樣）。④有趣的是，《證明》還說賢者之石能使玻璃變得可延展——這種極高的技術成就自古羅馬以來就在被虛構和謠傳。⑤

---

③ Pseudo-Lull, *Testamentum* 2: 30, pp. 376-379。

④ 這種現代誤解可能來自於中國煉丹術與歐洲煉金術觀念的融合。不過，西方據說也有少數煉金術士活了很長壽命。尼古拉・弗拉梅爾和妻子佩爾內勒・弗拉梅爾（Pernelle Flamel）透過使用賢者之石活了四百多歲的故事出現在十八世紀末（在《哈利波特—神祕的魔法石》中得到重演）。羅傑・培根提到了一位名叫 Artephius 的阿拉伯作者，他自稱已經活了一千零二十五歲。參見 Gerald J. Gruman, *A History of Ideas about the Prolongation of Life* (Philadelphia: American Philosophical Society, 1966; reprint, New York: Arno Press, 1977), esp. pp. 28-68; Agostino Paravicini Bagliani, "Ruggero Bacone e l'alchimia di lunga vita: Riflessioni sui testi, "in Crisciani and Bagliani, "Alchimia e medicina nel Medioevo, "33-54; and Pereira, "Tesoro inestimabile"。

⑤ Pliny, *Natural History*, book 36, chapter 66。關於玻璃和煉金術，參見 Beretta, *Alchemy of Glass*。

關於煉金術士盧爾的生活及其煉金術研究的傳說，在十五世紀初開始出現。根據十七世紀那則流傳甚廣的傳說，在其加泰隆尼亞同胞維拉諾瓦的阿納爾德的勸說下，盧爾不再對煉金術保持懷疑，維拉諾瓦的阿納爾德也把這門高貴技藝的祕密教給了他。接著，盧爾去了英格蘭。有些版本說，盧爾受到了西敏的修道院院長克里默（Cremer，他本人也是一個受到挫折的煉金術士）的邀請，克里默在尋師時在義大利發現了盧爾。盧爾一到英格蘭，就向國王愛德華顯示了自己的能力，說他能為國王製造出很多黃金，使之發動新的十字軍東征以收復聖地。愛德華同意了盧爾的建議，在倫敦塔為他建了一個實驗室，在那裡盧爾將二十二噸鉛和錫變成了純金，然後這些黃金被鑄造成新的硬幣，即所謂的「貴族玫瑰」（rose nobles）。但愛德華欺騙了盧爾；他沒有按照承諾用這些黃金來資助十字軍東征，而是用它來入侵法國，盧爾要麼是遭到監禁，要麼是憤憤不平和心情沮喪地離開了英格蘭。①

①歷史上並沒有確認有一位修道院院長克里默；十七世紀出現的一部煉金術論著據稱出自他之手，講述了盧爾的傳說：*Testamentum Cremeri*, published by Michael Maier in his *Tripus aureus* (Frankfurt, 1618), republished in *Musaeum hermeticum* (Frankfurt, 1678; reprint, Graz: Akademische Druck, 1970), pp. 533-544。關於盧爾傳說的一個長篇版本，參見 Nicolas Lenglet du Fresnoy, *Histoire de la philosophie hermetique* (Paris, 17421744), 1: 144-184, 2: 6-10 和 3: 210-225；一份佛羅倫薩手稿中保存了一個早期版本，參見 the transcription in Michela Pereira, "La leggenda di Lullo alchimista," *Estudios lulianos* 27 (1987): 145-163, on pp. 155-163；對其發展的批判性評價參見 Pereira, *Alchemical Corpus*, pp. 38-49。

與大多數煉金術故事一樣，這個故事也增加了一些零星的真相。《證明》的確提到了維拉諾瓦的阿納爾德，其書籍末頁標明，作者寫於倫敦塔附近，所以至少有一位被視為「偽盧爾」的作者真的在英格蘭。他可能於愛德華三世統治期間（一三二七—一三七七年在位）在那裡，愛德華三世據說支持煉金術士，一三四四年，他的確發行了一種被稱為「貴族」（the noble）的新金幣，之後不久便入侵法國。不過，這些事件都不能與真實的拉蒙·盧爾連繫起來，因為他在愛德華三世三歲時就去世了（因此有些人試圖認定，這個欺騙的國王是愛德華一世或二世）。不僅如此，真正的「貴族玫瑰」（帶有玫瑰和船的形象）直到下個世紀中葉才出現。②儘管該傳說有各種各樣的問題，但其他煉金術士經常用盧爾與英格蘭國王打交道的這個不幸故事來警告其煉金術士同胞：對自己的知識緘口不言，避開充滿欺詐的權力場。

②貨幣與十字軍東征的連繫符合一則關於十五世紀煉金術士喬治·里普利（George Ripley）的傳聞，他也是偽盧爾煉金術在英格蘭的主要普及者。這則故事說，生活在愛德華四世（這位國王的確在一四六四年鑄造了「貴族玫瑰」）治下的里普利每年送給羅德島的醫院騎士團價值十萬鎊的煉金術金，讓他們抵抗土耳其人的進攻；參見 Elias Ashmole, ed., *Theatrum chemicum britannicum* (London, 1652), p.458。

新的發展：選集和圖像

在十四、十五世紀，形形色色的新煉金術著作仍然層出不窮。最早的拉丁煉金術著作，如蓋伯的《完滿大全》，主要是經院風格的：如教科書一般條理清晰、邏輯嚴密和直截了當。這種風格一直持續到其他一些——最終更流行的——風格在十七世紀出現。一種新的文體是「選集」（*florilegium*）。這個詞的字面意思是「蒐集花朵」，指一個文本從各種不同的書籍中精選摘錄，並把它們編排成「書籍之書」。「選集」是從許多著作中挑選出來的簡短而有訊息的引語所組成的文集或綱要。這些摘錄可能會給出對煉金術理論的解釋，或者一系列需要解釋的晦澀難懂的句子，或者包括賢者之石在內的各種產物的配方。「選集」這種文體並非為煉金術所獨有；利用這種文體，中世紀晚期的作者會就各種主題對資料和權威加以組織整理。「選集」在今天也許看起來有些無聊或多餘，但可以想像，在那個書籍昂貴而稀缺的時代，它們在總結和傳播各種訊息方面發揮了重要作用。

中世紀晚期還出現了另一種煉金術體裁——寓意插圖（emblematic illustrations）。在希臘—埃及時期，特別是在佐西莫斯的「夢」中，出現了大量關於煉金過程和理論的寓意描述。但在十四世紀，在煉金術中業已牢固確立的這種寓意化傾向不僅顯示在隱喻性的語詞中，而且顯示在隱喻性的圖像中。① 從簡單的木刻畫到極為複雜的技藝傑作，這些圖像的複雜性各不相同。

今天，任何通俗的煉金術書籍都會複製一些這樣的圖像。然而事實證明，它們的美和魅力是一把雙刃劍；許多現代作者都使之脫離了語境，彷彿它們獨立於其創作者和所要圖示的文本，獨立於所處的時間、地點和文化狀況似的。結果，它們經常根據現代觀察者的想法而得到解釋，而不是根據其原有作者的意圖和原初讀者的實踐而得到解釋。寓意圖像可以透露出煉金術的許多內容，但只有結合歷史語境來處理才會如此。

包含寓意形象的最早文本也許是《哲學家的玫瑰花園》（*Rosarium philosophorum*）。實際上，十五、十六世紀出版了好幾部擁有同一標題的著作，其中最早的一部被（錯誤地）歸於維拉諾瓦的阿納爾德。② 所有這些著作都是選集（因此有此標題），但只有一部飾有圖像。奇怪的是，這些圖像起初是一首名為《太陽和月亮》（*Sol und Luna*）、後被併入《哲學家的玫瑰花園》拉

---

① 關於這些插圖的起源，參見 Barbara Obrist, *Les débuts de l'imagerie alchimique* (Paris: Le Sycomore, 1982)。有趣的是，一份帶有寓意圖像的阿拉伯煉金術手稿（被錯誤地歸於佐西莫斯）最近重見天日。其摹真本以 *The Book of Pictures: Muṣḥaf aṣ-ṣuwar by Zosimos of Panopolis*, ed. Theodore Abt (Zurich: Living Human Heritage Publications, 2007) 出版；但編者的評註包含著嚴重的錯誤，且過於程式化；學術性的分析參見 Benjamin C. Hallum 在 *Ambix* 56 (2009): 76-88 中的學術書評。

② Pseudo-Arnald of Villanova, *Thesaurus thesaurorum et rosarium philosophorum*, in *Bibliotheca chemica curiosa*, 1: 662-676；其他幾部可見於 *Bibliotheca chemical curiosa*, 2: 87-134。關於第一部，參見 Antoine Calvet, "Étude d'un texte alchimique latin du XIVe siècle: Le *Rosarius philosophorum* attribué au medecin Arnaud de Villeneuve," *Early Science and Medicine* 11 (2006): 162-206。

丁文散文文本的德語詩的一部分。《哲學家的玫瑰花園》的文本起初是在十四世紀寫的，這首詩則是稍後寫的，不過仍然在一四〇〇年之前。至於這兩部作品是出自同一位作者還是（更有可能）兩位作者之手，目前尚不清楚。可以肯定的是，這首詩及其圖像被用來對原有的選集做更好的組織（每一句詩和圖像都總結了某一節文本的主題），它們可能起著輔助記憶的作用。拉丁文本、德語詩和木刻圖像的結集於一五五〇年首版。①

如其扉頁所稱，《哲學家的玫瑰花園》討論的是「製備賢者之石的正確方法」。它先是引用了關於一般煉金術主題和理論、金屬的構成、兩種物質（這裡被稱為「太陽」和「月亮」）結合產生煉金藥的引文。為了描述這兩種本原的結合，它引用了《哲人集會》中的一節，建議讀者「讓你所有兒子中最親愛的兒子伽布里蒂烏斯（Gabritius）娶他的妹妹貝亞（Beya），一個閃亮、平靜、溫柔的女孩」。② 這裡，兩種成分的人格化利用了阿拉伯語——「伽布里蒂烏斯」

---

① 摹真版可參見 *Rosarium philosophorum: Ein alchemisches Florilegium des Spätmittelalters*, ed. Joachim Telle, 2 vols. (Weinheim: VCH, 1992)。該版包含了一個德譯本，Telle 的一篇出色文章，以及有用的書目訊息。Telle 文章的法文翻譯是 "Remarques sur le *Rosarium philosophorum* (1550)," *Chrysopoeia* 5 (19921996): 265-320。

② *Rosarium*, pp. 46-47。

（Gabritius）無疑源自 *kibrīt*，這個阿拉伯語詞的意思是「硫」；貝亞（Beya）源自 *bayād*，意思是「白」和「亮」，肯定是指汞。因此，和魯庇西薩的約翰一樣，《哲學家的玫瑰花園》也提出了這樣的理論：煉金藥由汞和硫結合而成。當然，困難仍然在於確認「汞」和「硫」在這種語境下究竟是什麼意思。德語詩《太陽和月亮》（這裡的太陽／月亮對應於硫／汞和伽布里蒂烏斯／貝亞）的作者讓月亮告訴太陽，他需要她，「就像公雞需要母雞」，插圖作者形象地描繪了太陽與月亮的「結合」，如圖 3.1 所示。拉丁文本接著說：「兩者彷彿在同一個身體中。」下圖（圖 3.2）相應地顯示了太陽與月亮結合而成的雙頭身體。③ 接下來的插圖描繪了「靈魂」與這種混合體的分離（圖 3.3），清潔屍體，靈魂返回以產生賢者之石的第一階段，等等。

---

③ *Rosarium*, pp. 46 and 55。

CONIVNCTIO SIVE
Coitus.

O Luna durch meyn vmbgeben/vnd susse mynne/
Wirstu schön/ starck/vnd gewaltig als ich byn.
O Sol/ du bist vber alle liecht zu erkennen/
So bedarfstu doch mein als der han der hennen.

CONCEPTIO SEV PVTRE
factio

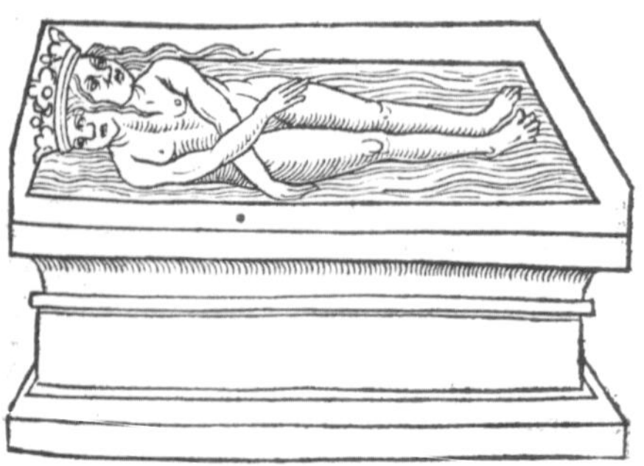

Hye ligen könig vnd königin dot/
Die sele scheydt sich mit grosser not.

圖 3.1－3.3　靈魂的結合、受孕和抽離，象徵製備賢者之石的各個階段。德語詩句出自《太陽和月亮》。出自 *Rosarium philosophorum* (Frankfurt, 1550)。

《哲學家的玫瑰花園》的圖像簡單而直接，適合對先前存在的文本用圖像進行總結。然而，後來一些煉金術象徵的例子要複雜得多，而且往往有意保密，讀者需要運用充分的解釋技能才能把握其含義（第六章說明了如何做到這一點）。不過，即使是《哲學家的玫瑰花園》的簡單圖像也會使讀者感到震驚或覺得古怪。性交和生殖是煉金術文本和圖像的常見要素。但是鑒於煉金術從根本上講是一種生產性的活動（即它製造東西），所以與生育進行類比其實很恰當。煉金術旨在使現有的東西結合在一起而產生新的物質或屬性，就像父母結合產生新的後代一樣。性和性活動是人類最為普遍和常見的經驗之一，因此提供了現成的相似性來源以及易於理解和描述的隱喻。①兩種物質反應和結合成第三種物質的想法，很容易讓富有想像力的心靈想起配偶的形象。甚至現代化學家也常常把反應物理解成正在相互作用的對子——不再是汞和硫，而是酸和鹼，或氧化劑和還原劑。甚至是這些現代對子的詞源也會暗示一種性，比如「親電物質」(electrophile)和「親核物質」(nucleophile)便是基於希臘語動詞「philein」，即「愛、親吻或交合」。死亡也是一種常見的人類經驗，而且是前現代世界(雖然不是我們這個衛生化的、講求委婉的現代社會)日常生活的一部分。於是，死亡以及與之相伴的關於靈魂離開和最終復活的基督教教義，和性一樣顯著地出現在煉金術的文本和圖像中。

雌雄同體這種別緻的東西經常見諸煉金術圖像而非日常生活。為什麼煉金術士似乎會痴迷於同時展現雌雄兩性生理的東西？在《哲學家的玫瑰花園》中，太陽和月亮結合產生了一個雙頭的雌雄同體(圖3.2)。從某些方面來說，這是非常合理的。與生育子代而父母完好無損的動物不同，兩種物質的結合使其統一成具有新的身分的第三種物質，在此過程中喪失了自己獨立的身分。因此，雌雄同體其實代表某種更接近煉金術過程的東西。大阿爾伯特能夠幫助我們

① 關於這個主題的更多內容，參見 Lawrence M. Principe, "Revealing Analogies: The Descriptive and Deceptive Roles of Sexuality and Gender in Latin Alchemy," in *Hidden Intercourse: Eros and Sexuality in the History of Western Esotericism*, ed. Wouter J. Hanegraaff and Jeffrey J. Kripal (Leiden: Brill, 2008), pp. 208-229。

理解煉金術士如何以十三世紀典型的清晰性來使用這個奇特的形象。在關於礦物的著作中，大阿爾伯特解釋了金屬的汞—硫理論，說這些成分：

> 就像父親和母親，一如煉金作者以隱喻的方式所說。硫像父親，汞像母親，不過更恰當的表達是，在金屬的混合中，硫如同父精，汞如同凝結成胚胎物質的經血。②

這種比較基於一種牢固確立的觀念，它可以追溯到古希臘醫學：男性（就像硫）的典型特徵是熱和乾，而女性（就像汞）的典型特徵則是冷和溼。阿爾伯特又說，在一些物質中，這些成對的性質未被很好地隔離，在這種情況下「可以觀察到，熱—乾在同一種複合物中與溼—冷相結合，這種複合物就是雌雄同體的。」③因此，煉金術中的雌雄同體所代表的物質源於一種「男性」（熱—乾）物質和一種「女性」（冷—溼）物質的結合。還要注意，大阿爾伯特清晰地區分了以下兩者：一是以隱喻的方式用「父親」來指硫，用「母親」來指汞；二是「更恰當地」將它們與其他物質（即父精和經血）相比較，後者的直接結合（根據古典的生成理論）產生

② Albert the Great, *Mineralia*, book 4, chapter 1; in *Alberti Magni opera omnia*, 5:83。

③ *Alberti Magni opera omnia*, 5:84。

了胚胎。大阿爾伯特悲嘆道，專門談論物質（特別是礦物）產生的「恰當術語」尚不存在。他解釋說，因此各位作者覺得有必要用類比來討論它們。①他對雌雄同體在煉金術中含義的解釋並沒有被其繼承者所遺忘。事實上，又過了兩個半世紀，大阿爾伯特出現在一本十七世紀的煉金術著作中，圖中的他在解釋時指向了一個雌雄同體（圖3.4）。②

十四、十五世紀只出現了少量包含寓意圖像的煉金術作品。這些作品都包含著《哲學家的玫瑰花園》中的一些生殖圖像或性圖像，但許多圖像也出自神學論題。比如一五五〇年版的《哲學家的玫瑰花園》所使用的兩幅圖像便借自十五世紀初的《聖三一書》（*Buch der Heiligen*

---

① Albert, *Physica*, book 1, tractate 3, chapter 12; in *Alberti Magni opera omnia*, 3: 72; *Mineralia*, book 1, tractate 1, chapter 5; in *Alberti Magni opera omnia*, 5: 7。另見 Obrist, *Débuts*, pp. 31-33。

② 甚至佐西莫斯也以雌雄同體（arsenothēlu）的名義提到了一種物質：Mertens, *Les alchimistes grecs IV, i: Zosime*, p.21。他可能是把雌雄同體用作汞的一個「假名」，這利用了人們所熟知的占星術觀念，即有些行星是「雄的」（太陽、火星、木星、土星），有些行星是「雌的」（月亮和金星），而水星（汞）則同時屬於兩性，因為它「既產生乾又產生溼」：參見 Ptolemy, *Tetrabiblos*, 1: 6。關於這個主題的更多內容，參見 Achim Aurnhammer, "Zum Hermaphroditen in der Sinnbildkunst der Alchemisten," in *Die Alchemie in der europäischen Kultur-und Wissenschaftsgeschichte*, ed. Christoph Meinel, Wolfenbütteler Forschungen 32 (Wiesbaden: Harrassowitz, 1986), pp. 179-200 和 Leah DeVun, "The Jesus Hermaphrodite: Science and Sex Difference in Premodern Europe," *Journal for the History of Ideas* 69 (2008): 193-218。

OMNES CONCORDANT IN VNO, QVI est bifidus.

圖 3.4　大阿爾伯特指向一個煉金術的雌雄同體。出自 Michael Maier, *Symbola aureae mensae duodecim nationum* (Frankfurt,1617), p. 238。

Dreifaltigkeit，被認為是用德語寫的第一部煉金術文本），描繪了聖母加冕和基督復活（圖 3.5）。③復活場面下方寫著：

「我在遭受了諸多痛苦和巨大折磨之後，我得以復活、滌清並且擺脫了所有汙跡」，這讓人想起了偽阿納爾德的表達。

到了十六世紀初，拉丁煉金術已經在許多方面超越了歐洲在三個多世紀之前所

③ Wilhelm Ganzenmüller, "Das Buch der heiligen Dreifaltigkeit," *Archiv der Kulturgeschichte* 29 (1939): 93-141; Herwig Buntz, "Das *Buch der heiligen Dreifaltigkeit*, sein Autor und seine .berlieferung," *Zeitschrift für deutsches Altertums und deutsche Literatur* 101 (1972): 150-160; Marielene Putscher, "Das *Buch der heiligen Dreifaltigkeit* und seine Bilder in Handschriften des 15.Jahrhunderts," in Meinel, *Die Alchemie in* 228 notes to pages 74-81 *der europäischen Kultur-und Wissenschaftsgeschichte*, pp. 151-178; and Obrist, *Débuts*, pp. 117-182。

獲得的阿拉伯煉金術（al-kīmiyā'）。這門高貴技藝對於製金的古代核心興趣仍然沒有減少，對轉變祕密的尋求仍然活力不減，並且輔以大量新的概念、材料和觀察。事實上，此時已有多個「學派」發展出來，每個學派都主張採用特定的初始材料或程序，支持各種不同的金屬成分理論以及對賢者之石如何引發轉變的解釋。然而，雖然大多數文本都在討論金屬轉變的煉金術（*alchemia*），但這絕非該領域的全部。到了一五〇〇年，隨著從業者推銷愈來愈多的用化學方式生產或改進的藥物，煉金術也包括了藥物的製備。在俗稱帕拉塞爾蘇斯（Paracelsus）的打破舊習的瑞士醫生特奧弗拉斯特・馮・霍恩海姆著作的巨大影響下，醫藥煉金術（也被稱為醫療化學〔*iatrochemistry* 或 *chemiatria*〕）將在十六世紀蓬勃發展。

Nach meinem viel vnnd manches leiden vnnd marter (groß/
Bin ich erstanden/ clarificiert/ vnd aller mackel bloß.

圖 3.5　基督復活象徵著煉金術過程中的一個步驟。出自 *Rosarium philosophorum* (Frankfurt 1550)。

同樣蓬勃發展的還有更為卑下和不太起眼的煉金術應用。隨著更多的作坊用化學方法來生產可用於藝術和製造的一系列產品——鹽、顏料、染料、礦物酸、合金、香料、各種蒸餾物等，配方文獻繼續發展。除了這些工業生產活動，還有大量關於物質及其轉變的隱祕本性的新概念發展出來。其中一些概念源自蓋伯的準微粒物質理論，其他一些更緊密地追隨亞里斯多德，還有一些則是全新的。人造物的潛能和宇宙的祕密運作，依然是卓有成效的研究領域和產生新思想的沃土。與此同時，煉金術在現代早期的歐洲文化中變得愈來愈顯著，讚賞者有之，批評者也有之。其觀念、隱喻、產物、理論、實踐和實踐者引起了藝術家、劇作家、傳教士、詩人和哲學家的注意。煉金術在十五世紀末進入了黃金時代。事實證明，常被稱為「科學革命」的十六、十七世紀，即哥白尼、伽利略、笛卡兒、波以耳和牛頓的時代，也是煉金術的偉大時代。

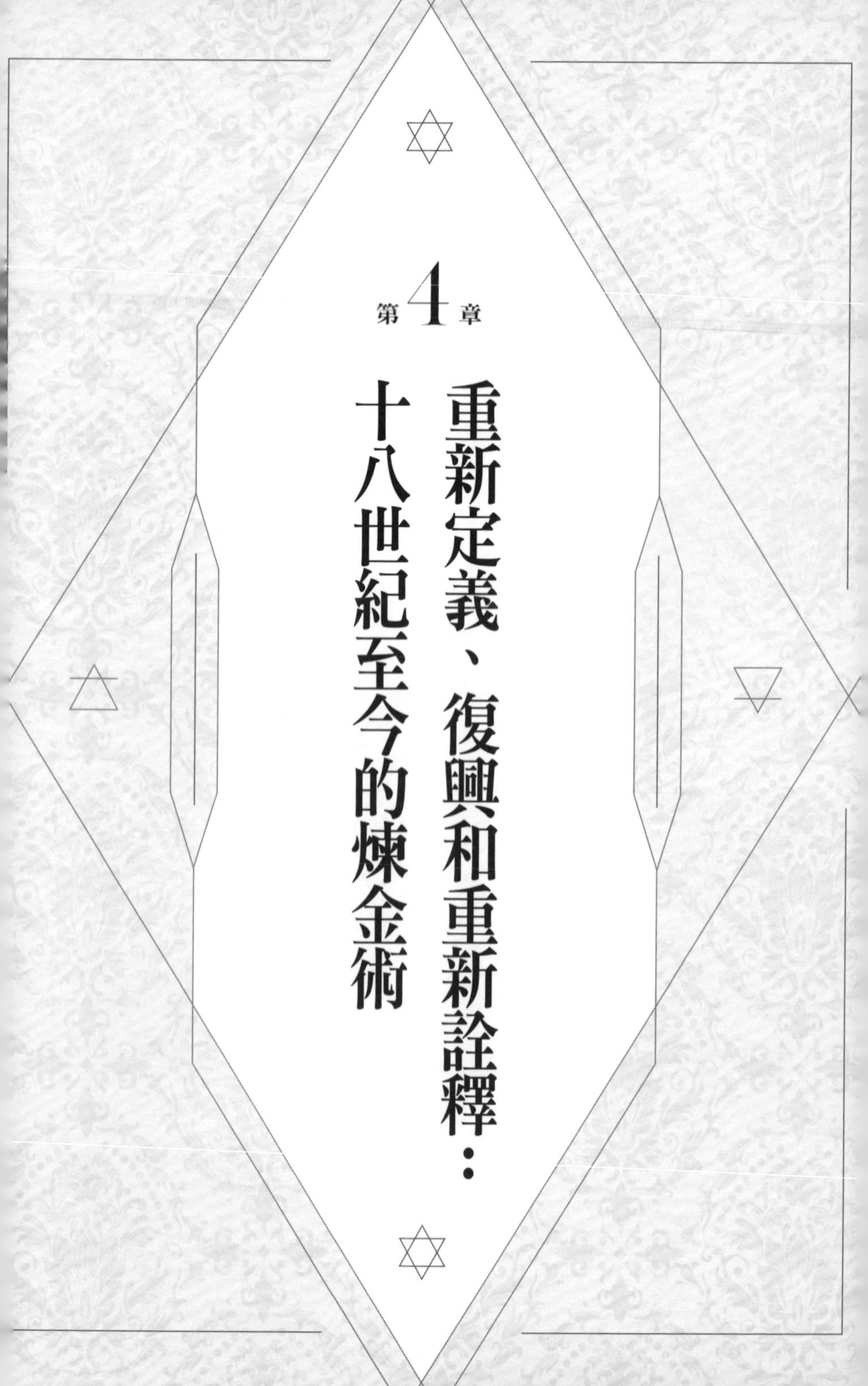

第4章

重新定義、復興和重新詮釋：十八世紀至今的煉金術

倘若按照嚴格的時間順序，本章將會探討煉金術最偉大的時代——十六、十七世紀。不過，我想先暫時跳過那個黃金時代，先來講述轉變煉金術在十八世紀初的急劇衰落及其後來的復興（有時以嶄新的形式表現出來）。以這種方式打破時間順序似乎會引發混亂，但這樣做不無理由。許多讀者可能都知道有關煉金術的幾種常見說法——例如，它與化學有根本上的不同，它本質上是一種精神努力或涉及自我轉化，類似於魔法，無論在當時還是現在本質上都具有欺騙性。這些關於煉金術的觀念出現在十八世紀或之後。雖然其中每一種觀念都可能在狹窄的語境下限制了有效性，但它們都不是關於整個煉金術的正確描述。然而，這些觀念都曾被視為煉金術主題在整個歷史中的一般「定義」。在二十世紀的大部分時間裡，即使是許多科學史家也未能免俗。這些說法在今天流傳甚廣，嚴重扭曲和限制了我們對煉金術的看法。因此，在我們尚未因為這些觀念而不再努力對黃金時代的煉金術做出更準確的歷史描述之前，我們最好現在就來考察它們。

製金的消失

製金（Chrysopoeia）盛行於整個十七世紀。在當時的歐洲各地，這一主題的印刷書籍層出不窮。許多著名的科學思想家都在討論和研究轉變。簡易的作坊和皇家實驗室都在熱切尋求這一工序的祕密，支持或反對製金之可能性的學術爭論經久不息。然而到了十八世紀二〇年代，轉變煉金術突然令人驚訝地迅速衰落下去。到了十八世紀四〇年代，製金在大多數（但並非所有）地方都被視為舊時代的遺跡。它雖然偶爾還會喚起人們在歷史或古物上的興趣，但在很大程度上已經成為人類愚蠢的範例。已有一千五百年歷史、一度繁榮興盛的製金事業，如何在頃刻間就失去影響了呢？

關於製金遽然衰落的確切原因，科學史家們仍在研究和爭論。從事後來看，一種看似合理的簡單解釋是，當時的物理學表明，金屬轉變是不可能的。但歷史記錄並不支持這種觀點。十八世紀初並沒有出現什麼新的體系、實驗或證據，可以讓當時的人斷定製金是不可能的。歷史記錄所表明的乃是，轉變煉金術被視為某種純粹欺騙的東西，遭到了愈來愈多往往惡毒的攻擊。這樣的詆毀並不新鮮；自阿拉伯中世紀和拉丁中世紀以來，它一直伴隨著煉金術。然而到了十八世紀初，情況發生了改變。反對意見變得更加響亮、強大和持久，它們較少關注理論上的理性爭論，而是更多聚焦於煉金術在道德和社會方面的欺詐議題。企圖敗壞製金及製金者名聲的虛誇言辭突然開始起了作用。

值得注意是，正是在十八世紀初，「煉金術」和「化學」這兩個詞獲得了新的更嚴格的含義。以前它們同時存在，在很大程度上可以互換。即使它們在那一時期的用法有時可以看出一些區別，這種區別也並非一成不變，而且極少是今天自動所做的區分。例如，安德烈亞斯・

利巴維烏斯（Andreas Libavius）在一五九七年出版的名著《煉金術》（*Alchemia*），描述了如何進行化學操作，使用實驗室設備，做一系列化學製備（簡而言之，我們今天會毫不猶豫稱之為「化學」的東西），而很少提及製金或賢者之石。①另一方面，大約與安德烈亞斯・利巴維烏斯的《煉金術》同時問世的論文集《化學大觀》（*Theatrum chemicum*）第一版卻收錄了數十部製金文本——正是我們今天會毫不猶豫稱之為「煉金術」的東西。討論物質的生產和操作，以及它們性質的各種思想和實踐——無論是製金和製銀，還是製造藥物、染料、顏料、酸、玻璃、鹽等——都可以而且的確被稱為「煉金術」（alchemy）或「化學」（chemistry）。chemistry 這個詞之所以用得更頻繁，主要是因為認識到 al- 是阿拉伯語的定冠詞，後來隨著 chemeia 經過阿拉伯語世界，al- 作為遺留下來的包袱被去除了。②

由於這兩個詞如今承載著諸多現代含義（通常認為化學是現代的和科學的，煉金術則是過時的和不科學的），許多科學史家使用古體拼寫 chymistry 來指稱如今被歸於化學和煉金術

---

①關於利巴維烏斯，參見 Bruce T. Moran, *Andreas Libavius and the Transformation of Alchemy: Separating Chemical Cultures with Polemical Fire* (Sagamore Beach, MA: Science History Publications, 2007)。

② William R. Newman and Lawrence M. Principe, "Alchemy vs.Chemistry: The Etymological Origins of a Historiographic Mistake," *Early Science and Medicine* 3 (1998): 32-65。另見 Halleux, *Les textes alchimiques*, pp. 43-49。

的各種實踐活動。這個術語既可以確認「煉金術和化學」這個未經分化的領域，又可以超越如今由「煉金術」和「化學」這兩個詞所喚起的含義。①想一想當你聽到這兩個詞時，它們在你腦海中立即引發的聯想（如果本書的標題是《化學的祕密》，你還會買它嗎？）。現在嘗試設想從這兩個詞那裡大致獲得同樣的直接印象。如果能做到這一點（這並不容易），你聽到的東西會和大多數現代早期的人一樣。但實際上，看到 chymistry 這個拼寫古怪的詞時立刻回想起這兩個詞的不斷變化的含義要更簡單。因此接下來，我會在適當的時候使用「化學（煉金術）」（chymistry）這個術語。

與重新定義「化學」和「煉金術」同時進行的是對金屬轉變的道德拒斥。我認為，這些發展背後的驅動力在很大程度上是為了提升「化學家（煉金術士）」（chymists）和「化學（煉金術）」（chymistry）的地位。在十八世紀以前，化學（煉金術）的公共形象非常糟糕，化學家（煉金術

---

① Newman and Principe, "Erymological Origins," pp. 43-44。問題部分在於，過去的歷史學家經常基於時代誤置的任意預設，把歷史人物、書籍或話題指定給某個類別，導致把基於現代思想的錯誤二分投射到過去，從而扭曲了我們的歷史理解。一旦我們開始談論一種包容性的 *chymistry*，許多明顯的問題和難題就消失了，我們可以在歷史背景下更好地操作以獲得更準確的理解。關於這個詞在艾薩克・牛頓那裡如何運作的一個例子，參見 Lawrence M. Principe, "Reflections on Newton's Alchemy in Light of the New Historiography of Alchemy," in *Newton and Newtonianism: New Studies*, ed. James E. Force and Sarah Hutton (Dordrecht: Kluwer, 2004), pp. 205-219。

士）的身分常常模糊不清，令人不快。與物理學、數學和天文學不同，化學（煉金術）在大學沒有既定位置；它在中世紀未能在大學獲得立足之地。它也沒有古典的高貴世系，這意味著受人尊敬的古代權威不會替它說話。其工作往往骯髒、危險和難聞（更不用說化學家〔煉金術士〕本人），常常和手工勞作緊密連繫在一起。在十七世紀的戲劇和文學中，化學家（煉金術士）的形象乃是作為喜劇的調劑，幾乎總是扮演著笨拙、愚蠢或欺騙的角色（見第七章）。化學（煉金術）的轉變方面，數百年來一直與假冒、偽造、欺騙和貪婪連繫在一起。而它的醫藥方面則通常與未經訓練的江湖醫生相關聯，而與有學識的、得到許可的醫生無關。即使是後來大力維護這門學科的價值而被譽為「化學之父」的羅伯特・波以耳（Robert Boyle，一六二七－一六九一），也覺得有必要在他關於這門學科的第一本書的序言中為投身於「即使不是欺騙性的，也如此徒勞、無用的研究」而致歉。② 今天的化學家們正因為公眾將其學科與毒素、致癌物和汙染連繫在一起而懊惱，而其十七世紀的前輩們則面臨著更加嚴峻的身分和地位問題。

十七世紀末，隨著化學（煉金術）在科學研究、醫學、貿易和思想生活中的重要性和應用不斷增加，它最終開始職業化，形成了一門正規學科的輪廓。這種職業化出現在許多地方，但

② Robert Boyle, "Essay on Nitre," from *Certain Physiological Essays* (1661), in *The Works of Robert Boyle*, ed. Michael Hunter and Edward B. Davis, vol. 2 (London: Pickering and Chatto, 1999), 85。

也許在一六六六年建立的巴黎皇家科學院裡得到了最清楚的體現。一六六九年，該學院三十個教席中有五個是專門為化學（*la chimie*）設立的，因此在這裡，該學科第一次像一門獨立的科學學科那樣獲得了正式的、引人注目的、由國家支持的地位。作為這種新確立地位的一部分，需要對化學（煉金術）做一番改造。有必要清理一下其沾滿煙塵的形象，以使它和它的從業者能夠獲得其他科學已經享有的聲望和地位，並使其糟糕的公眾形象不致殃及科學院。科學院祕書及其公眾形象的首席設計師豐特奈勒（Bernard le Bovier de Fontenelle，一六五七—一七五七）就認為，化學（煉金術）地位相當低級，主要是因為它不具有「幾何精神」——即一個像在物理學和數學中那樣的有序的演繹公理系統——他認為這是「真正」科學的典型特徵。化學（煉金術）在公眾心目中的可疑名聲只會讓事情變得更糟。監督科學院並為其提供資金的政府部長們也公開希望不在科學院內討論製金。於是，對化學（煉金術）進行的改造，包括將轉變活動（這是眾多壞名聲的來源）隔離成一個不同的類別，切斷與它的所有連繫。①

①這裡非常粗略地描述了對煉金術的道德攻擊及其與此時化學職業化的關係，更詳細的討論參見 Lawrence M. Principe, "A Revolution Nobody Noticed? Changes in Early Eighteenth Century Chymistry," in *New Narratives in Eighteenth-Century Chemistry*, ed. Lawrence M. Principe (Dordrecht: Springer, 2007), pp. 1-22，篇幅更長的討論可見於我即將出版的 *Wilhelm Homberg and the Transmutations of Chymistry*。另見 John C. Powers, "'Ars sine Arte': Nicholas Lemery and the End of Alchemy in Eighteenth-Century France," *Ambix* 45 (1998): 163-189。

相應地，科學院用一些最激烈的言辭譴責轉變努力完全是一種欺騙，而不是說它不可能。化學（煉金術）範圍內最容易遭到批判的一切事物，比如賢者之石、金屬的轉變等，都被分離出去，並且日益被貼上了「煉金術」（alchemy）的標籤。而被認為有用的過程和觀念則仍然作為「化學」保留下來（頗具諷刺意味的是，這其中包括在尋找賢者之石的背景下發展出來的許多理論）。於是，煉金術士們一直在做的大部分事情——探索物質的本性和結構，研究和利用物質的轉變——仍然是化學，即使他們備受嘲笑和譴責。事實證明，這種策略在當時極為成功，而且事後看來神不知鬼不覺。「煉金術」成了為化學（煉金術）承擔過錯的替罪羊，它被從體面的地方驅逐出去，現在占據那裡的是一種新近得到淨化的化學。化學家和化學成為受人尊敬的詞，用來描述現代的、有用的、富有成效的、「科學的」人和事物。而煉金術和煉金術士則淪為貶義詞，用來描述陳舊的、空洞的、欺騙的，甚至非理性的人和活動。

如果探入到以上概述表面的背後，便會看到一幅遠比初看起來更為複雜和混亂的圖景。科學院對煉金術的公開拒斥並未實際根除煉金術，而只是把它遣入地下。許多化學家——甚至在科學院內部——都繼續研究轉變問題。例如，科學院的化學家艾蒂安－弗朗索瓦．若弗魯瓦（Étienne-François Geoffroy，一六七二—一七三一）於一七二二年發表了一篇題為《論賢者之石的若干欺騙》的論文，揭露了冒牌的轉變者所使用的一些詭計和欺騙。若弗魯瓦的這篇論文是科學院公開拒斥製金的關鍵一步，常被視為煉金術「結束」的標誌。①但實際上，若弗魯瓦論文裡的大部分內容都是從一百年前的一本書裡剽竊來的，該書出自一位製金者之手，他在提醒其追求轉變的同道們警惕可能遇到的一些騙人手法。若弗魯瓦的私人圖書館中充斥著討論轉變的書籍。新近發現的一些手稿也表明，那篇著名的公開譴責發表之後，若弗魯瓦仍在用實驗方法（但悄悄地）研究轉變。②直到十八世紀五〇年代，科學家的其他化學家也在相對祕密地繼續著自己的製金研究。並沒有什麼科學上的理由使他們不這樣做。但是對轉變的道德攻擊所產生的氛圍以及轉變與「正當」化學的分離，意味著再也不能認為受人尊敬的專業化學家是在研究煉金術了。煉金術第一次失去了立場明確的公開捍衛者。

對金屬轉變和賢者之石的研究繼續祕密進行著，儘管規模有所減小。直到今天，世界上仍有一些地方在悄悄做著這種研究。無論在過去還是現在，這種持續的研究通常都是私下做的，因此，除非有從事者「付諸公開」，否則歷史學家很難對其實際內容進行評價。在這些實

---

① Étienne-François Geoffroy, "Des supercheries concernant la pierre philosophale," *Mémoires de l'Académie Royale des Sciences* 24 (1722): 61-70。

② Principe, *Wilhelm Homberg* (forthcoming), and until that time, "Transmuting Chymistry into Chemistry: Eighteenth-Century Chrysopoeia and Its Repudiation," in *Neighbours and Territories: The Evolving Identity of Chemistry*, ed. José Ramón Bertomeu-Sánchez, Duncan Thorburn Burns, and Brigitte Van Tiggelen (Louvain-la-Neuve, Belgium: Mémosciences, 2008), pp. 21-34。

例當中，最著名的莫過於十八世紀倫敦皇家學會的化學家詹姆斯・普萊斯（James Price）。1782年，普萊斯宣稱用一種白色粉末成功地把汞變成了銀，又用一種紅色粉末把汞變成了金。在眾目睽睽之下，他演示了數次轉變，沒過多久，他所宣稱的激動人心的消息在英格蘭和國外的新聞媒體上不脛而走。然而，皇家學會的會員們卻氣憤地斥之為「騙術」。就像在十八世紀初的法蘭西科學院一樣，轉變在這裡同樣與欺騙緊密連繫在一起，皇家學會對此深感窘迫和不安，一些會員希望立即將普萊斯驅逐出會。皇家學會會長約瑟夫・班克斯（Joseph Banks）爵士要求普萊斯當著其他會員的面來演示這一過程，以維護皇家學會的榮譽。普萊斯起初表示反對，聲稱自己貯存的粉末已經用完了，生產更多的粉末需要時間和精力。不過最終，到了一七八三年七月，普萊斯邀請皇家學會的會員們前往他在倫敦之外的家中觀看演示。關於是只有三位會員撥冗到場還是根本就沒有人去，目前尚無一致說法，但可以肯定的是，在約定的那一天，普萊斯服毒自殺了。③

③ James Price, *An Account of some Experiments on Mercury, Silver and Gold, made in Guildford in May, 1782* (Oxford, 1782); P.J. Hartog and E. L. Scott, "Price, James (1757/8-1783)," *Oxford Dictionary of National Biography* (Oxford: Oxford University Press, 2004) 糾正了 Denis Duveen, "James Price (1752-1783) Chemist and Alchemist," *Isis* 41 (1950): 281-283 和 H. Charles Cameron, "The Last of the Alchemists," *Notes and Records of the Royal Society* 9 (1951): 109-114 等更長論述中的一些錯誤；後者對這件事情持一種特別懷疑的無益看法。

煉金術與啟蒙運動

在一般所謂的啟蒙運動時期（大約在十八世紀），更廣泛的趨向加劇了職業化的化學學科對轉變煉金術的拒斥。當時的許多作家都用轉變煉金術來襯托他們自己時代的成就，以區別於之前的一切事物。啟蒙運動的修辭中充斥著鮮明的兩極對立——用光明驅散黑暗，以理性取代迷信，以新思維摒棄舊習慣。它也對化學和煉金術這個新的二元做了類似的討論：現代的、理性的、有用的化學，取代了陳舊的、誤入歧途的煉金術。

因此，十八世紀的許多作家都把煉金術連同巫術、通靈術、占星術、預言、魔法、占卜等一切被認為配不上所謂理性時代的東西拋入了垃圾箱，所有這些東西都被歸入「神祕科學」（occult sciences）這個雜物箱。① 這種合併清楚地表現在約翰・克里斯托弗・阿德隆（Johann Christoph Adelung）於十八世紀八〇年代出版的七卷本文集的標題中：《人類愚蠢史；或者，著名的黑魔術師、煉金術士、妖術師、符號數字詮釋者、狂熱者、占卜師以及其他哲學怪人的傳記大全》（*The History of Human Foolishness; or, Biographies of Renowned Black Magicians, Alchemists, Devil-Conjurers, Expounders of Signs and Figures, Fanatics, Fortunetellers, and other Philosophical Monstrosities*）。② 毫無疑問，早期的一些煉金術士也會涉足這其中的一項或幾項論題，但大多數人不會。因此，認為歷史上的煉金術通常與這些論題有關是錯誤的。煉金術既非魔法，也不是所謂的妖術。正如本書的其他地方所說，大多數煉金術士都認為自己所從事的工作完全符合自然過程。

啟蒙理想的一些倡導者幾乎把消除製金看成衡量其自身成功的一項標準。於是，《德意志信使》（*German Mercury*）月刊的主編克里斯托弗・馬丁・維蘭德（Christoph Martin Wieland）對普萊斯的轉變報告做了言辭誇張的回應：

> 我現在面對著歐洲公眾，痛心疾首地呼籲所有開明人士！身著喪服，向真正智慧和啟蒙的神祇祈禱，願祂們將這一正在隱約迫近你們的黑色厄運扼殺在搖籃裡。請聽我說！真正智慧的宿敵，製金的古老幽靈，久已認為死亡，卻像末日審判的可怕的敵基督一樣興起，極力將智慧和啟蒙踐踏在地。③

金屬轉變真能成為這樣一種威脅嗎？維蘭德情緒激動的反應表明，到了十八世紀八〇年代，煉金術已經成為一切「愚昧」（unenlightened）事物的標誌。就像十八世紀初的化學家們開

---

① 關於「神祕科學」範疇的構建及其被學術界的拒斥，參見 Wouter J. Hanegraaff, *Esotericism and the Academy: Rejected Knowledge in Western Culture* (Cambridge: Cambridge University Press, 2012), esp. 184ff.。

② Johann Christoph Adelung, *Geschichte der menschlichen Narrheit; oder, Lebensbeschreibungen berühmter Schwarzkünstler, Goldmacher, Teufelsbanner, Zeichen-und Liniendeuter, Schwärmer, Wahrsager, und anderer philosophischer Unholden*, 7 vols.(Leipzig, 1785-1789)。

③ "Der Goldmacher zu London," *Teutsche Merkur*, February 1783, pp. 163-191。

始透過公開反對「煉金術」來定義自己一樣，那些用啟蒙修辭來定義自己的人也把煉金術的復興看成對自己身分的威脅。這種兩極對立在十八世紀以後持續了很久。正是在這樣的背景下，二十世紀的一些科學家和歷史學家才極力反對羅伯特·波以耳、艾薩克·牛頓等許多偶像式的科學人物曾經深深地浸淫於煉金術。①十八世紀這種兩極對立的修辭使得科學能力和理性似乎不可能與煉金術共存。

維蘭德要化學家約翰·克里斯蒂安·維格勒布（Johann Christian Wiegleb，一七三二—一八〇〇）針對普萊斯論文中任何一處可能涉及欺騙的地方都做了詳細的闡述。維格勒布的報告占去了《德意志信使》的二十頁篇幅。此時，他已經出版了自己的《煉金術的歷史批判研究》（*Historico-Critical Investigation of Alchemy*）。該書考察了製金的歷史，並對其種種說法做了冗長而激烈的反駁。在批判煉金術思想（既有歷史的也有科學的）時，維格勒布也像阿德隆一樣，將煉金術與巫術做了比較。②

---

① Lawrence M. Principe, "Alchemy Restored," *Isis* 102 (2011): 305-312。

② Johann Christian Wiegleb, *Historisch-kritische Untersuchung der Alchimie* (Weimar, 1777; reprint, Leipzig: Zentral-Antiquariat der DDR, 1965)。對這部著作的分析參見 Dietlinde Goltz, "Alchemie und Aufklärung: Ein Beitrag zur Naturwissenschaftsgeschichtsschreibung der Aufklärung," *Medizinhistorische Journal* 7 (1972): 31-48.Also, Achim Klosa, *Johann Christian Wiegleb* (1732-1800): *Ein Ergobiographie der Aufklärung* (Stuttgart: Wissenschaftliche Buchgesellschaft, 2009)。

但啟蒙運動是一個複雜的現象，在不同背景下產生了各不相同甚至相互排斥的運動。因此，製金在遭到某些派別拒斥的同時，也被另一些派別所調整適應。因此，雖然維蘭德和維格勒布等人一直強烈譴責製金，但經歷了之前半個世紀的攻擊，製金絕沒有就此死去。事實上，在十八世紀的最後幾十年裡出現了若干次「煉金術復興」中的第一次。在十八世紀七八〇年代，德語國家出版的煉金術文本的數量突然激增，致力於復興、重組和研究製金的一些團體和期刊紛紛建立（一般都很短命）。

這次復興的一個重要場所本身就是啟蒙運動的產物，那就是新成立的祕密社團，尤其是在德國，比如共濟會、玫瑰十字會，還有不斷被歪曲、只存在了很短一段時間的光明會（illuminati）等。有幾個這樣的團體均以某種方式支持煉金術。一些共濟會成員在其儀式中使用了（現在仍在使用）煉金術的象徵和語言。更富戲劇性的是，活躍於十八世紀七八〇年代的被稱為金玫瑰十字會（Gold-und Rosenkreutzer）的德國團體建立了私人的和公共的實驗室，其成員用實驗來研究醫學煉金術和轉變煉金術。十八世紀末在德國出版的許多支持轉變的書籍（常常是十六、十七世紀經典著作的新版）都與共濟會和玫瑰十字會有關。有趣的是，這些團體主要在實踐層面上致力於煉金術——它們所做的正是之前化學（煉金術）所特有的那些實驗室操作和實驗。①這些祕密社團與煉金術之間的連繫究竟是如何發展出來的，目前我們並不完全清楚，但煉金術保有古老特殊祕密的悠久傳統，與這些團體宣稱保有古老的神祕智慧非常一致。②

化學家安德里亞斯・魯夫（Andreas Ruff）在十八世紀末對煉金術做出了另一種評價，對維蘭德和維格勒布的啟蒙類型表達了不滿。一七八八年，魯夫出版了一本化學教科書，獻給紐倫堡的共濟會分會。該書在內容和風格上與當時的其他化學教科書並無二致，對十八世紀八〇年代的化學從業者來說同樣有用。然而在書的結尾，魯夫為實際從事轉變煉金術提供了「基本規則」，還列出了一些問題，讀者們由此可以評價一個自稱煉金術大師的人是否是冒牌的。在魯夫看來，就像在整個十七世紀一樣，製金的煉金術在很大程度上仍然是化學的一部分。他悲嘆

① 一個例子是*Das Geheimnis aller Geheimnisse ...oder der güldene Begriff der geheimsten Geheimnisse der Rosen-und Gülden-Kreutzer* (Leipzig, 1788)，它是實驗室配方以及製金和製造神祕藥物的建議的一個寶庫。

② 對這些團體的研究參見Renko Geffarth, *Religion und arkane Hierarchie: Der Orden der Gold-und Rosenkreuzer als geheime Kirche im 18.Jahrhundert* (Leiden: Brill, 2007); Christopher McIntosh, *The Rose Cross and the Age of Reason: Eighteenth Century Rosicrucianism in Central Europe and Its Relationship to the Enlightenment* (Leiden: Brill, 1992); Antoine Faivre, ed., *René Le Forestier, La Franc-Maçonnerie templière et occultiste aux XVIIIe et XIXe siècles* (Paris: Aubier-Montaigne, 1970), also available in German translation as Alain Durocher and Antoine Faivre, eds., *Die templerische und okkultistische Freimaurerei im 18. und 19. Jahrhundert*, 4 vols. (Leimen: Kristkeitz, 19871992); H. Möller, "Die Gold-und Rosenkreuzer, Struktur, Zielsetzung und Wirkung einer anti-aufklärerischen Geheingesellschaft," in *Geheime Gesellschaften*, ed. Peter Christian Ludz (Heidelberg: Schneider, 1979), pp. 153-202; and Hanegraaff, Esotericism, pp. 211-212。

煉金術如今的式微狀態，並把它歸咎於這樣一個事實：

我們如今生活在一個「啟蒙」的世界，在這個時代，任何一個十六歲的孩童就已經是批判的捍衛者，亦是迷信和古人的迫害者。他們痛斥其先輩過於盲信，對自己並不理解的諸多事物進行爭論，對只是相信卻給不出理由的諸多事物進行斷言。於是，孫子不尊重已經過世的祖父，兒子不尊重父親，但凡能夠毫無羞恥地說出這些事情的人，都會被認為「思想開明」。③

在魯夫看來，理性時代的那種蔑視態度，即嘲笑任何難以很快理解的事物，阻礙了人們對非同尋常的隱祕之物進行研究，這其中也包括煉金術。這種偏見可能會使世界陷入新的黑暗，而非啟蒙。啟蒙運動的放肆所引發的這種不安，成為十八世紀末煉金術的許多支持者的一個共同特徵。其他一些同時代人則開始批判對理性的盲目崇拜，從而產生了浪漫主義運動。④

③ Andreas Ruff, *Die neuen kürzeste und nützlichste Scheide-Kunst oder Chimie theoretisch und practisch erkläret* (Nuremberg, 1788), p. 200。

④ 這一時期與煉金術最著名的關聯之一是歌德在其自傳《詩與真》（*Dichtung und Wahrheit*）中對這一主題的研究，比如 vol. 1, bk. 8 和 vol. 2, bk. 10。另見 Rolf Christian Zimmermann, *Das Weltbild des jungen Goethe: Studien zur hermetischen Tradition des deutschen 18. Jahrhunderts*, 2 vols. (Munich: Wilhelm Fink, 1969-1979)。同樣值得指出的是，瑪麗・雪萊（Mary Shelley）筆下的科學怪人（Frankenstein）便是從閱讀著名煉金術作者的著作而開始其神祕研究的。

此後很久，某種反叛或「反權威」的特徵一直伴隨著煉金術（它已經是猛烈攻擊醫學事業的帕拉塞爾蘇斯主義著作的一個鮮明特徵）。到了二十世紀，那些對「現代性」及其放縱產生懷疑的人有時會把煉金術當成一種反文化立場。

十九世紀的煉金術

到了十九世紀，於十八世紀末復興的煉金術僅僅持續了幾年時間。不過在十九世紀上半葉，煉金術只是再次進入了休眠而非徹底死去。討論轉變的出版物還在零零星星地問世，其作者大致可以分為兩組。一批人繼續遵循著十七世紀（和更早）煉金術的傳統、方法和進路。該群體只有少數著作在十九世紀初問世。①然而到了十九世紀末，在巴黎學醫的學生阿爾貝・泊松（Albert Poisson，一八六四—一八九三）迷上了傳統煉金術，對其主張確信無疑。他在實驗室如飢似渴地做著研究，並且重新出版了若干部煉金術經典以及他自己的煉金術著作。泊松本打算寫一部多卷本的煉金術綱要，但此計畫因其二十八歲死於風寒而擱淺。②後來的出版物同樣遵循著現代早期製金的方法，它們在整個二十世紀仍然時有出現，其中許多繼續聲稱成功地製備出了賢者之石或其他煉金藥。③

十九世紀的另一批從業者則沿著新的方法論道路前進。他們仍然在研究金屬轉變，不過是以新的方式，即常常利用當時的科學發現。例如在十九世紀五〇年代中期，化學家和攝影師西普里安・泰奧多爾・蒂弗洛（Cyprien Théodore Tiffereau）向巴黎科學院提交了一系列論文，概述了他在墨西哥時如何用普通的試劑把銀變成了金。蒂弗洛堅持認為，金屬實際上是氫、氮、氧的化合物，因此可以透過改變這些成分的相對比例而實現金屬之間的轉化。④這種觀點當然類似於古代關於金屬構成的汞一硫理論，但也反映了當時的化學爭論。新近的發現已經迫使十九世紀中葉的化學家們重新思考金屬可能的複合本性。支持金屬複合本性的受人尊敬的化學家

① L. P. François Cambriel, *Cours de philosophie hermétique ou d'alchimie* (Paris, 1843) 和 Cyliani, *Hermès dévoilé* (Paris, 1832; reprint, Paris: Éditions Traditionnelles, 1975)。

② Albert Poisson, *Théories et symboles des alchimistes* (Paris, 1891)。他的去世時間有各種版本；參見 Richard Caron, "Notes sur l'histoire de l'Alchimie en France à la fin du XIXe et au début du XXe siècle," in *Ésotérisme, gnoses & imaginaire symbolique*, ed. Richard Caron, Joscelyn Godwin, Wouter J.Hanegraaff, and Jean-Louis Vieillard-Baron (Leuven: Peeters, 2001), pp. 17-26, esp. p. 20。Georges Richet ("La science alchimique au XXe siècle," in *Le voile d'Isis*, December 1922) 聲稱泊松死於一八九四年，年僅二十九歲。關於晚期煉金術的更多討論，參見 Caron, "Alchemy V: 19th and 20th Century," in *Dictionary of Gnosis and Western Esotericism*, ed. Wouter J. Hanegraaff et al. (Leiden: Brill, 2005), 1: 50-58。

③ 例如 Archibald Cockren, *Alchemy Rediscovered and Restored* (London: Rider, 1940)（該文本更多是醫藥化學的而不是製金的，但主要遵循了現代早期觀念）和 Lapidus, *In Pursuit of Gold: Alchemy in Theory and Practice* (New York: Samuel Weiser, 1976)。

④ Cyprien Théodore Tiffereau, *Les métaux sont des corps composés* (Vaugirard, 1855; reprinted as *L'or et la transmutation des métaux* [Paris, 1889])。他一八五三年發表的第一篇論文是一本八頁的小冊子 *Les métaux ne sont pas des corps simples*；他一八五五年的出版物收錄了提交給巴黎科學院的六篇論文；一八八九年的版本則包括了更多的資料以及他當年所作的一篇公眾講演的文字記錄。

們公開推測，關於金屬轉變的煉金術之夢也許很快就能實現。①因此，雖然煉金術和化學在十八世紀有所疏離，但在某些時期的確重新建立了思想接觸。一八五四年，一位新聞記者表達了這種友好關係在十九世紀中葉的明顯恢復，他寫道：「在對煉金術大加嘲諷之後，今天化學又向煉金術靠攏了。」②

在這種情況下，科學院比之前更願意接受關於金屬轉變的主張。它不僅邀請蒂弗洛參會展示成果，還成立了一個官方委員會來檢驗他的說法。不幸的是，在蒂弗洛看來，不論是他本人還是其他人都未能在巴黎複製出他的結果。於是他做了一名攝影師，回歸寧靜的個人生活。然而到了一八九九年，蒂弗洛又再次出現在公眾面前，開始宣講他的發現，展示他在墨西哥製成的黃金。大眾媒體歡呼雀躍，開專欄來討論這位「十九世紀的煉金術士」。一八九一年，蒂弗洛利用生物學和顯微技術的新近研究成果，提出他在墨西哥觀察到的轉變是微生物作用所致。他認為巴黎的實驗之所以失敗，是因為巴黎不像墨西哥那樣存在著由空氣傳播的必不可少的微生物（它們通常存在於貴金屬礦床附近）。③

---

① 例如 Alexandre Baudrimont, *Traité de chimie générale et expérimentale* (Paris, 1844), 1: 68-69 and 275。

② Victor Meunier, *La Presse*, June 24, 1854; reprinted in Tiffereau, *Les métaux sont des corps composés*, p. xix。

③ C. Théodore Tiffereau, *L'art de faire l'or* (Paris, 1892), pp. 61 and 89-102。他說自己受到了 Edouard Trouessart's *Les microbes, les ferments, et les moisissures* (Paris, 1886) 以及巴斯德發現的啟發。

十九世紀九〇年代，在大西洋對岸，一個名為斯蒂芬・艾曼斯（Stephen Emmens）的化學實業家和採礦工程師向美國財政部提供了一種把銀變成金的方法。美國和英國都對他的方法（包含錘擊墨西哥銀）做了獨立檢驗，但結果並不如人意。④

轉變煉金術在十八世紀「死亡」之後繼續存在的這些事例，或許只構成了冰山一角。檔案手稿見證了更多的實驗者，無疑有更多的人並未留下他們的活動記錄。一八五四年，路易・菲吉耶（Louis Figuier）撰寫其煉金術史時，增加了整整一章來討論十九世紀中葉那些有前途的從業者。他注意到，其中有很多人活躍於法國，尤其在巴黎。菲吉耶詳細描述了這些人的思想，並且造訪了他們的實驗室。⑤今天，仍然有一些嚴肅的（和一些不那麼嚴肅的）研究者在研究製金。

蒂弗洛的回憶錄和菲吉耶的書都是在煉金術再次復興之際出現的（他們自己對此一無所知）。這次復興比十八世紀末的那次廣泛得多，影響也大得多。它貫穿整個十九世紀下半葉，並且一直持續到二十世紀，與其說它是一次重生，不如說是對十八世紀之前的整個煉金術史進行徹底重新詮釋的一場運動。它將深刻地改變煉金術思想的方向以及後來的煉金術觀念。

④ George B. Kauffman, "The Mystery of Stephen H. Emmens: Successful Alchemist or Ingenious Swindler?," *Ambix* 30 (1983): 65-88。

⑤ Louis Figuier, *L'Alchimie et les alchimistes*, 2nd ed. (Paris, 1856), pp. 343-375。

作為自我轉化的煉金術：阿特伍德、希區考克和維多利亞時代的神祕學①

一八五〇年出版了《赫密士奧祕初探》（*A Suggestive Inquiry into the Hermetic Mystery*），煉金術的歷史由此開始了一個新的階段。該書的作者是居住在英吉利海峽戈斯波特的瑪麗・安妮・阿特伍德（Mary Anne Atwood，一八一七－一九一〇），她同父親托馬斯・索思（Thomas South）生活在一起。阿特伍德聲稱，她和父親發現了隱藏在早期祕密作品中的煉金術的真正含義和作法。然而在該書出版後不久，她將已經付印的書籍悉數買回，在她家門前的草坪上將其焚毀，同時付之一炬的還有她父親就同一主題所寫的名為《煉金術之謎》（*The Enigma of Alchemy*）的詩稿。②只有她本人收藏的幾本《赫密士奧祕初探》和已被購買或由出版社送到圖書館的少量副本倖

① Lawrence M. Principe and William R. Newman, "Some Problems in the Historiography of Alchemy," in *Secrets of Nature: Astrology and Alchemy in Early Modern Europe*, ed. William Newman and Anthony Grafton (Cambridge, MA: MIT Press, 2001), pp. 385-434 對維多利亞時代神祕學中的煉金術做了更詳細的考察。

② 一九一八年，托馬斯・索思的詩作殘篇被發現，當時它作為校樣夾在倫敦一家書店的一本二手書中。William Leslie Wilmshurst 將此殘篇發表於 *The Quest* 10 (1919): 213-225，並於一九八四年被 Alchemical Press (Edmonds, WA) 重印。

插圖1
「硫水」對銀的染色作用。左邊是一枚未經處理的銀幣，右邊則是用萊頓紙草中描述的硫水浸泡過的同樣硬幣。（作者的實驗室）

插圖2
現代早期的實驗室中常常會出現因為加熱密閉容器和使用未退火的玻璃而引起的爆炸。在不太顯著的位置，化學家（煉金術士）的妻子通過擦拭孩子的屁股來默默地評論其丈夫的失敗活動。Henrik Heerschop, @The Chymist's Experiment Takes Fire@, 1687。

插圖3
左邊是輝銻礦的樣品，它是天然硫化銻，也是現代早期作者所說的「銻」。右邊是作者製作的金色銻玻璃。上方則是作者製作的「星形銻塊」，其表現顯示出著名的晶體圖案。

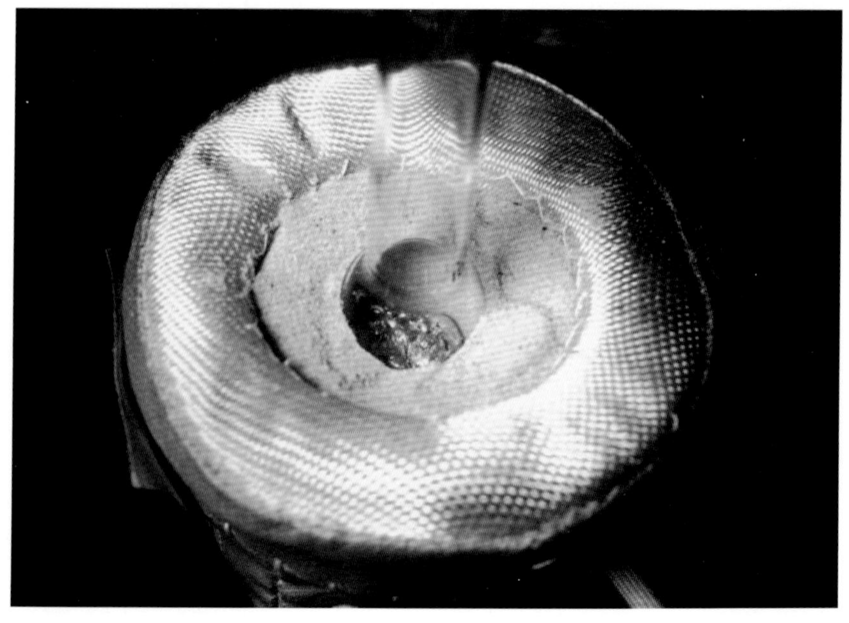

插圖4
製備賢者之石的過程開始時，將哲學汞與金的混合物密封在哲學蛋裡。（作者的實驗室）

插圖5
哲學蛋裡生長的哲人樹。短樹幹和枝條的展開清晰可見，與斯塔基的珊瑚比喻密切相關。（作者實驗室）

插圖6
哲學蛋裡生長的哲人樹特寫。閃亮的銀色和樹的複雜分叉清晰可見，樹的高度和寬度非常明顯。無定形的初始材料最初只填充了燒瓶的不到四分之一（與插圖4相比）。（作者實驗室）

插圖7
1716年的一塊金製獎章，據說由鉛轉變製得。圖中斜躺著的人通過攜帶薩圖恩的標誌即鐮刀和沙漏來寓意轉變的金屬（鉛），並以太陽（金）為頭。獎章上的銘文是：「鉛所生的金色後代」。

插圖8
Adriaen ven de venne, *Rijcke-Armoede* (Rich Poverty), 1632。

插圖9
Richard Brakenburgh, *An Alchemist's Workshop with Children Playing*，17世紀末。

插圖10
David Teniers the Younger, *The Alchemist*，17世紀。

插圖11
Thomas Wijck, *The Alchemist in His Studio*，17世紀。

插圖12
Thomas Wijck, *The Alchemistin His Studio*，17世紀。

存下來。阿特伍德後來的追隨者們聲稱，這種文學上的自我犧牲緣於「神聖技藝的實現」引發了「道德恐慌」以及擔心成為「神聖祕密的背叛者」。但阿特伍德和她的父親還是省錢為好，因為那些躲過一劫的副本被如飢似渴地閱讀和傳播，該書在二十世紀又重印了好幾次。③

《赫密士奧祕初探》先是粗略地概述了從古埃及到十七世紀的煉金術史，根據阿特伍德的說法，那時「從失望積累而來的不信任」慢慢演變成自那以後對煉金術及其從業者的「絕對憎惡」。阿特伍德斷言，整個世界「完全不知曉煉金術的真正要義」，因為它絕不像看起來的那樣是實驗室操作。煉金術著作的字面含義僅僅是「智慧的外衣，以防她的萬能靈藥被一個無能的、空想的世界竊取」。④接下來，阿特伍德以沉悶的維多利亞散文風格呈現了她的論點，其中夾雜著一些出自古典煉金術著作的脫離語境的引語，書中充斥著晦澀難懂的斷言、欣喜若狂的驚嘆，以及遭到奇特扭曲的科學觀點。她自稱揭開了煉金術的兩大祕密：正確的初始物質和

③ Mary Anne Atwood, *A Suggestive Inquiry into the Hermetic Mystery: With a dissertation on the more celebrated of the alchemical philosophers being an attempt towards the recovery of the ancient experiment of nature* (London: T. Saunders, 1850)。初印本（Belfast: William Tait, 1918）包含著 Walter Leslie Wilmshurst 寫的一篇導言，pp. 6-9 給出了對初印本被毀的上述解釋。修訂版於一九二〇年問世，一九六〇年出版了重印本（New York: Julian Press）。Yogi Publication Society 對一九一八年版做了重印，但未標日期。

④ Mary Anne Atwood, *A Suggestive Inquiry into the Hermetic Mystery: With a dissertation on the more celebrated of the alchemical philosophers being an attempt towards the recovery of the ancient experiment of nature* (London: T. Saunders, 1850)。初印本（Belfast: William Tait, 1918）包含著 Walter Leslie Wilmshurst 寫的一篇導言，p. 26 這條及以下諸條均指一九一八年的重印本。

製造賢者之石的方法。她寫道，初始物質是一種無所不在、沒有重量和接觸不到的以太。製造賢者之石的煉金術容器就是煉金術士本人，他在一種類似於恍惚出神的狀態中能以「磁力」吸入這種以太，將其凝聚成賢者之石。以太是「純粹精妙的自然」或「濃縮的光」，是帶來普遍變化與激奮的無形作用者，居於煉金術行家之內並使其覺悟。①正如阿特伍德所言，「人是這種赫密士技藝的真正實驗室；其生命是基體，是巨大的蒸餾器，是蒸餾物和被蒸餾物，自我認識是所有煉金術傳統的基礎。」②簡而言之，阿特伍德最先提出，煉金術是一種自我轉化的心靈修習。

在阿特伍德看來，煉金術過程與自我淨化有關，它使煉金術士有機會升到「更高的存在層面」。靈性化的煉金術內行不僅能在其自身內部控制以太來製造賢者之石，而且能用同樣的力量來操控普通物質，從而透過一種心靈的而非物理的操作把鉛轉化為金。她宣稱，一切事物，無論是礦物、植物、動物還是精神之物，都可以透過同樣的力量和過程，使其在自身領域內得到擢升。她甚至大膽斷言：「任何現代技藝或化學，即使有各種祕密的主張，都與煉金術毫無共同之處。」③就這樣，阿特伍德對煉金術的支持以及把化學斥為「僅僅是物理的」，加劇了一個多世紀以前所提出的煉金術與化學之間的分裂。

---

① Ibid., pp. 78-85, 96-98, 162, 454-455。

② Ibid., p. 162。

阿特伍德的思想並非源於古代晚期、中世紀或現代早期的煉金術，而是源於她本人的時代和地域，尤其是十九世紀四〇年代英國人對催眠術的狂熱。半個世紀前活躍於巴黎的瑞士醫生弗朗茲・安東・梅斯梅爾（Franz Anton Mesmer，一七三四－一八一五）提出了一種理論，認為有一種無形的流體滲透於整個宇宙，將人與人以及人與其餘的萬物連繫在一起。這種流體在體內的循環如果不當，就會引發疾病。一些人能夠用自己的身體或磁體來控制其流動，從而成為醫治者。該體系後來被稱為「動物磁學」（animal magnetism），其名稱和它的一些原理都來自當時的電學和磁學研究，當時這些研究被以科學的方式表達為「無重量流體」的運動。

梅斯梅爾的體系在法國得到了廣泛的研究，但結果卻含糊不清。一七八四年，皮塞居爾侯爵（marquis de Puységur）阿爾芒・瑪麗・雅克・沙特內（Armand Marie Jacques Chastenet）在一個年輕人身上使用梅斯梅爾的磁化原理時，引發了一種恍惚狀態，受試者顯示出了新的個性，據說能夠讀出周圍人的思想。沙特內稱這種狀態為「磁性夢遊」（magnetic somnambulism），在接下來的七十年裡，它在法國的科學界、醫學界和公眾引發了激烈的爭論。一八三七年，法國的一位「磁化者」來到英國，開始做公開演示。此後在整個十九世紀四〇年代，動物磁學在英國引

③ Mary Anne Atwood, *A Suggestive Inquiry into the Hermetic Mystery: With a dissertation on the more celebrated of the alchemical philosophers being an attempt towards the recovery of the ancient experiment of nature* (London: T.Saunders, 1850)。初印本（Belfast: William Tait, 1918）包含著 Walter Leslie Wilmshurst 寫的一篇導言，p. 143 這條及以下諸條均指一九一八年的重印本。

起了極大關注，也引發了一系列爭論、要求和譴責。①

只有在這種歷史背景下，才能正確理解阿特伍德的《赫密士奧祕初探》。她對煉金術的解讀所基於的以太，正是梅斯梅爾的動物磁學所說的無形流體。煉金術士的自我淨化和「物質」聚集所需的恍惚狀態正是催眠術的實踐者（阿特伍德補充說，古希臘參與厄琉息斯祕儀〔Eleusian mysteries〕的人也是如此）據說實現的「磁性夢遊」。② 類似地，一八四六年，阿特伍德的父親托馬斯・索思可能是同女兒合作，出版了一本名為《早期磁學，隱藏在詩人和先知中的它與人類的更高關係》（*Early Magnetism, in Its Higher Relations to Humanity as Veiled in the Poets and Prophets*）的冊子。該書聲稱，古希臘的荷馬史詩中影射性地隱藏著催眠術實踐。

這本較早的小冊子不僅見證了這對父女對於動物磁學的熱情，也為他們認為歷史文獻中隱藏著催眠術含義提供了一個先例。《早期磁學》出版之後，父女倆開始閱讀煉金術文獻，漸漸確信那裡隱藏著同樣的催眠術原理，煉金術士對動物磁學的運用為極為神祕的知識和實踐開闢了道路。用阿特伍德的話說：「事實上，當今被機械運用的催眠術只是第一步，一種更加科

---

① 關於梅斯梅爾和動物磁學，參見 Hanegraaff et al., eds., Dictionary of Gnosis, 1: 76-82 和其中的參考文獻；另見 Alison Winter, *Mesmerized: Powers of Mind in Victorian Britain* (Chicago: University of Chicago Press, 1998)。

② Atwood, *Suggestive Inquiry*, p. 543。關於將歷史文獻加到動物磁學中進行解釋的這種嘗試的更廣泛背景，參見 Hanegraaff, *Esotericism*, pp. 260-277, esp. 266-277 中所謂的「磁學編史學」。

學的手藝使古人能以實驗的方式進入那座瑰麗的神智之殿的大門，彷彿從它的地基處建立起一座光與真理的水晶大廈。」③

當然，阿特伍德關於煉金術士實際所為的說法的歷史有效性，就像認為荷馬史詩實際是在描述動物磁學一樣。她的工作使我們能夠一瞥流行於十九世紀中葉英國的觀念，也使（廣義理解的）煉金術朝著新的方向發展。然而，作為對十九世紀之前煉金術的歷史闡釋或敘述，它完全是錯誤的。儘管如此，她將煉金術活動理解成一種與特殊心靈狀態和無形動因有關的自我轉化過程，這使人們在維多利亞時代對煉金術重新產生了興趣，但——這是一個關鍵點——主要是在十九世紀下半葉席捲英國和歐洲其他地方的一場更廣泛的「神祕學復興」的背景下發生的。對阿特伍德之表述的各九十八種不同版本（遠離了她對催眠術的依賴）依然是今天流行的眾多煉金術觀點的基礎。她對煉金術的劃分，即公開的（exoteric，化學操作的語言）和祕傳的（esoteric，隱祕的靈性轉化），甚至被二十世紀的許多科學史家所採用，他們通常並不知道這種劃分的起源。

阿特伍德之後不久，美國將軍伊森・艾倫・希區考克（Ethan Allen Hitchcock，一七九八—一八七〇）獨立提出了類似的劃分，認為煉金術是用公開的物理語言來隱藏一種祕傳的靈性要義。他一八五五年出版的簡明的《評煉金術士》（*Remarks upon Alchymists*）試圖表明，「賢者之石僅僅象徵著某種如果公開表達就可能招致死刑判決（*auto da fé*）的東西」。一篇對其不利的

③ Atwood, *Suggestive Inquiry*, pp. 527-528。

書評問世之後，希區考克又發表了篇幅更長也更詳細的《評煉金術和煉金術士》（*Remarks upon Alchemy and the Alchemists*）。①與阿特伍德誇張的觀點不同，希區考克對煉金術文本的解讀完全是道德的和基督教的。他主張，煉金術純粹是對道德生活的寓意描述。但和阿特伍德一樣，希區考克也斷言，煉金術士完全不做類似於化學的事情，「人是煉金術的主體」；這門技藝的目標是人的完滿或至少是改進。金屬轉變象徵著人的拯救——他棄惡從善，或者從自然狀態過渡到恩典狀態」。②在他看來，煉金術士的追求完全是宗教性的。哲學汞代表著一種擺脫了不道德的清白良心，一旦獲得它，便會導向代表著完滿道德和神聖生活的賢者之石。希區考克認為，人的改進不是透過把心靈擢升到更高的存在層面，而是透過踐行真正的宗教和道德來實現的。根據他的論點，由於「眾所周知的……中世紀的不寬容」，煉金術追求的真正本性隱藏在祕密中，他斷言，「煉金術士若是公開表達意見，便會與當時的迷信發生衝突，從而被處以火刑」。遺憾的是，他並未確切解釋勉勵人道德和虔敬為何會被視為異端。③

---

① Ethan Allen Hitchcock, *Remarks upon Alchymists* (Carlisle, PA, 1855); *Remarks upon Alchemy and the Alchemists* (Boston, 1857; reprint, New York: Arno Press, 1976)，引文在 on p. 19。書評見於 *Westminster Review* 66 (October 1856): 153-162。參見 I. Bernard Cohen, "Ethan Allen Hitchcock: Soldier-Humanitarian-Scholar, Discoverer of the 'True Subject' of the Hermetic Art," *Proceedings of the American Antiquarian Society* 61 (1951): 29-136。

② Hitchcock, *Remarks upon Alchemy*, pp. iv-v。

③ Hitchcock, *Remarks upon Alchemy*, pp. viii and 30。

希區考克用寓意方式來詮釋煉金術的物質、理論和操作，如同布道者在解釋《聖經》中的寓意故事，或者學者在解釋文學中的比喻。事實上，十七世紀的布道者在做道德和靈性方面的布道時，有時的確會把當時的化學語言、過程和理論用作隱喻。像淨化和蒸餾這樣的主題很容易充當道德或精神上的象徵，有時一些化學（煉金術）作者也親自指出了這樣的關聯（此話題將在第七章討論）。然而，雖然希區考克的煉金術觀的確符合一些歷史先例，但他把煉金術解釋為僅僅是道德化的寓言卻是錯誤的。儘管如此，他的思想在十九世紀經常被引用，他認為煉金術主要是一種宗教追求，這種觀念在今天仍然普遍存在。

維多利亞時代的神祕學復興過於複雜和引人注目，這裡無法詳細討論。但是和當時流行的魔法、召鬼術、降神會以及其他神祕學活動一起，阿特伍德和希區考克所倡導的新煉金術在這場運動中扮演了關鍵角色。④一八九三年出版的《煉金術科學》（*The Science of Alchymy*）總結了這些神祕學表述，其作者威廉・韋恩・維斯特考特（William Wynn Westcott，一八四八—一九二五）是「英格蘭玫瑰十字會的最高魔法師，四冠會所（Quatuor Coronati Lodge）的主人」。⑤維斯特考

④關於煉金術在維多利亞時代神祕學圈子中的更多細節，參見 Principe and Newman, "Some Problems," pp. 388-401。

⑤ S.A.（Sapere Aude，威廉・韋恩・維斯特考特的筆名），*The Science of Alchymy* (London: Theosophical Publishing Society, 1893)。維斯特考特也是東北倫敦的驗屍官和 *The Extra Pharmacopaeia of Unofficial Drugs* (1883) 的合編者，他在一九二二年九月二日的 *The Chemist and Druggist*, p. 339 被提及（並附有照片）。

特將西方煉金術與他自己對猶太教卡巴拉的「赫密士主義」解釋，以及出自魔法書、新柏拉圖主義、佛教和印度瑜伽等諸多來源的觀念連繫在一起。之所以將佛教和印度瑜伽包含在內，無疑是受到了經過曲解的東方神祕主義的影響，維斯特考特當時是海倫娜・布拉瓦茨基（Helena Petrovna Blavatsky，一八三一－一八九一）「夫人」一八七五年創立的神智學會（Theosophical Society）的一員，這種東方神祕主義在該學會中被奉為神聖。一八八八年，維斯特考特幫助建立了金色黎明會（Hermetic Order of the Golden Dawn），這個祕密社團繁榮了十五年。該群體對詩人葉慈的重要影響已經得到公認，但它對維多利亞時代晚期社會更廣泛的影響才剛剛開始得到充分認識。① 法國和歐洲其他地方也建立了具有類似神祕學導向的包括煉金術在內的祕密社團。②

到了十九世紀末，將煉金術納入各種祕籍以及祕密社團的虛構歷史已經成為理所當然之

---

① Ellic Howe, *The Magicians of the Golden Dawn* (New York: Samuel Weiser, 1978); Ellic Howe, ed., *The Alchemist of the Golden Dawn: The Letters of the Reverend W. A. Ayton to F. L. Gardner and Others 1886-1905* (Wellingborough, UK: Aquarian Press, 1985); R. A. Gilbert, *The Golden Dawn: Twilight of the Magicians* (San Bernardino, CA: Borgo Press, 1988)。另見 Cauda Pavonis 的金色黎明會專號：new series 8, Spring and Fall 1989 and Spring 1990。

② 例如參見 Christopher McIntosh, *Eliphas Lévi and the French Occult Revival* (London: Rider, 1975)；在煉金術方面，參見 M. E. Warlick, *Max Ernst and Alchemy: A Magician in Search of a Myth* (Austin: University of Texas Press, 2001), pp. 21-33 中有用的概述。

事。一部關於玫瑰十字會士的通俗著作把煉金術內行表現為神祕的、不會變老的、近乎不朽的行跡飄忽之人，他們天賦異稟，遠超常人。在共濟會的背景下也是如此。③自那以後，在十九世紀與（一般所謂的）「神祕學」建立起來的這些連繫，為煉金術打上了深深的烙印。

亞瑟・愛德華・韋特（Arthur Edward Waite，一八五七—一九四二）是維多利亞時代最多產的煉金術作家。④他寫過二十多本神祕學主題的書籍，其範圍從共濟會和玫瑰十字會一直到魔鬼崇拜和塔羅牌。在這些著作中，韋特批評阿特伍德和希區考克都忽視了煉金術士用物質材料所做的實際的實驗室工作，（據韋特說）並由此成功地製造出一種能夠轉變金屬的物理上的賢者之石。⑤他稱自己的觀點是一種「中間路線」：煉金術士研究的是物理過程，但這些過程僅僅是一種既適用於金屬也適用於人的「普遍發展理論」的物質表現。這種觀點再次重複了十九世紀末的許多煉金術觀所特有的「祕傳／公開」的劃分。韋特同時把煉金術稱為「物理神祕主義」和「心靈化學」，將其定義為「一種宏大而崇高的絕對重建方案……透過一種從上界的湧

③ Hargrave Jennings, *The Rosicrucians* (London, 1870)；參見 esp. pp. 20-39; Albert Pike, *Morals and Dogma of the Ancient and Accepted Scottish Rite* (London, 1871)。

④ 參見 R. A. Gilbert, *A. E. Waite: Magician of Many Parts* (Wellingborough, UK: Crucible, 1987)。

⑤ Arthur Edward Waite, *Lives of the Alchemystical Philosophers* (London, 1888), pp. 9-37, 273。這部作品以 *Alchemists through the Ages* (New York: Rudolf Steiner Publications, 1970) 之名重新發行。

入使三位一體的人發生狹義的聖化或神化」。因此，韋特設想了一種「人的煉金術轉化」，透過喚起「人的身心未進化的可能性」來「永保青春」。①於是在韋特看來，煉金術代表著一種手段，整個人類藉此「精神進化」到一種更高形式的存在。

在維多利亞時代出版了一系列作品之後，在將近三十年的時間裡，韋特再沒有出版過有關煉金術主題的著作。直到一九二六年，他才出版了自己的最後一部著作——《煉金術的祕密傳統》（*The Secret Tradition in Alchemy*）。在這本書中，韋特的態度發生了驚人的重大轉變。他總結說：「從拜占庭時代到路德時代」，沒有任何歷史記錄表明煉金術不是一種「實驗物理學的記錄」。②韋特並沒有向讀者暗示他如何、為何以及何時改變了自己的想法，甚至沒有暗示自己已經改變了想法。他的這一戲劇性轉變是煉金術史上的又一個謎。③但事實證明，他的早期作品要更具影響力——也許是十九世紀神祕學圈子中諸多煉金術出版物中最有影響力的。

---

① Arthur Edward Waite, *Lives of the Alchemystical Philosophers* (London, 1888), pp. 30-37 and 273-275; A. E. Waite, *Azoth; or, The Star in the East, Embracing the First Matter of the Magnum Opus, the Evolution of the Aphrodite-Urania, the Supernatural Generation of the Son of the Sun, and the Alchemical Transfiguration of Humanity* (London, 1893; reprint, Secaucus, NJ: University Books, 1973), pp. 54, 58, and 60。

② A. E. Waite, *The Secret Tradition of Alchemy* (New York: Alfred Knopf, 1926), p. 366。

③ 對於一九一三年至一九一五年在化學學會會議上所提交的論文，韋特的口頭評論（記錄在其「日誌」〔Journal〕上）所指出的進路遠比他在十九世紀的出版物中顯示出來的進路更具批判性和歷史複雜性。

將煉金術視為作用於煉金術士本人的自我轉化過程、沉思過程或心靈過程，這種觀點源於十九世紀，但仍然廣泛流行。今天，世界各地的神祕學家還在繼續發展這些觀念。④維多利亞時代對煉金術的靈性／神祕學解釋的特徵，仍然是對整個煉金術的預設理解。作為煉金術悠久歷史的一部分，自我轉化的煉金術或心靈煉金術的種種觀念顯然有其內在的意義和重要性。但它們就早期煉金術士的活動所做的歷史論斷是無效的，因此，若想正確理解黃金時代或之前的煉金術，就必須將其置於一旁。

這種「靈性」解釋又進一步催生了新的煉金術形態。特別值得注意的是，它融合（和鼓勵）了一直在持續的實驗室製金的古老傳統，該傳統讓人回想起十八世紀之前的種種模型。弗朗索瓦・若利韋—卡斯特羅（François Jollivet-Castelot，一八七四—一九三七）便是一個出色的例子。他繼承了其前任和同事阿爾貝・泊松所開創的實際製金研究，但在其中混雜了神祕學復興所帶來的一些神祕學主題，這部分得益於其同伴格拉爾・昂科斯（Gérard Encausse，一八六五—一九一六）亦稱帕皮斯（Papus）的幫助，帕皮斯在法國創建了若干個神祕學組織。一八九六年，若利韋—卡斯特羅（與蒂弗洛等人一起）創建了法國煉金術協會（Société Alchimique de France），從一八九七年到一九一四年，再從一九二〇年到一九三七年逝世，若利韋—卡斯特羅一直擔任該協會所出版月刊的主編。⑤

④對這些作者的簡要論述，參見 Halleux, *Les textes alchimiques*, pp. 56-58。

⑤該期刊在不同時期有不同的名稱：*L'Hyperchimie*, *Les nouveaux horizons de la science et de la pensée*, *Rosa alchemica*, 1920 年以後是 *La Rose+Croix*。

若利韋─卡斯特羅的第一本書《怎樣成為煉金術士》(*How to Become an Alchemist*, 1897)將對實際金屬轉變的興趣與塔羅牌等神祕學主題結合在一起，並附有帕皮斯的序言。它還表達了其煉金術觀的兩個基本概念：一是物質的統一性，它重述了古代的一元論(因此他許多著作的封面上都印有銜尾蛇)；各種化學元素其實都是同一種基礎原料的變式。二是物活論，認為萬物都有生命；物質的演進和發展與動物和植物沒什麼兩樣。若利韋─卡斯特羅在實驗室中用汞、金屬、砷、銻甚至是新發現的鐳做了大量轉變實驗。他自視為一門新化學的先鋒，一場新化學革命的發起者，這場革命將會推翻由拉瓦錫(Lavoisier)所引領的錯誤理解化學元素的「誤導的」化學。這種未來的「超化學」(hyperchemistry)將會誕生於現代化學與古代煉金術和神祕學知識的結合。若利韋─卡斯特羅後來的著作猛烈批判科學權威，試圖「把各門神祕科學綜合在一起」。①若利韋─卡斯特羅將實際的實驗室工作與神祕學觀念相混合的作法，在二十世紀許多人的工作中得到延續，他創立的法國煉金術協會也與義大利、德國、英國的類似組織結合在一起。從一九一二年到一九一五年，煉金術協會(The Alchemical Society)在倫敦一直很活躍，並與法國煉金術協會建立了正式連繫，其成員的來源極為廣泛，包括化學家、歷史學家、神祕學家等等(以及所有這些身分的各種結合)。它的期刊曾短暫活躍過一段時間，發表了風格極為不同的文章。②不可否認，一九〇〇年以後，煉金術與化學恢復了某種程度的友好關係。新的科學發現使人們再次更加同情地看待傳統的煉金術主張。這始於一八九六年發現的輻射、放射性和元素衰變。元素轉變一經成為既定事實（既透過放射性元素的自發衰變，也透過用輻射轟擊較輕的元素），神祕學家和實際追求製金的人便認為這些發現證實了整個煉金術傳統，有少數人甚至聲稱，煉金術士們肯定在數個世紀以前就已發現了放射性。另一方面，即使是一些頭腦清醒的化學家也把新發現的鐳元素譽為「一種現代賢者之石」，因為它的輻射可以把一種元素轉變成另一種元素。③

① François Jollivet-Castelot, *Comment on devient alchimiste* (Paris, 1897); *La synthèse de l'or* (Paris: Daragon, 1909); *La révolution chimique et la transmutation des métaux* (Paris: Chacornac, 1925)，該書包含了「煉金術哲學」（La philosophie alchimique, pp. 46-52），簡明地總結了他的煉金術觀點，pp. 175-178 描述了他的協會；以及 *Synthèse des sciences occultes* (Paris, 1928); Richard Caron, "Notes," pp. 23-26 對此做了分析。

② 著名煉金術史家約翰・弗格森（John Ferguson）是主席，名譽副主席包括 A・E・韋特以及瑪麗・安妮・阿特伍德以前的夥伴 Isabelle de Steiger。《煉金術協會學報》總共出版了二十一期：第一期出版於一九一三年一月，最後一期（合刊）出版於一九一五年九月。

③ 關於二十世紀初的化學和物理學與維多利亞時代神祕學之間引人入勝的連繫，包括在倫敦煉金術協會內部，參見 Mark S. Morrisson, *Modern Alchemy: Occultism and the Emergence of Atomic Theory* (Oxford: Oxford University Press, 2007) 這一出色研究。關於當時對放射性和煉金術的概述，參見 Jollivet-Castelot, Révolution, "Les théories modernes de l'Alchimie," pp. 179-198。關於鐳與賢者之石的對比，例如參見 Fritz Paneth, "Ancient and Modern Alchemy," *Science* 64 (1926): 409-417, esp. 415。

幻覺和投射：心理分析的視角

這種靈性／神祕學的煉金術觀還引出了另一種極具影響力的詮釋，那就是瑞士精神分析學家卡爾・古斯塔夫・榮格（Carl Gustav Jung，一八七五—一九六一）的心理學表述。榮格聲稱，煉金術「完全不涉及或至少在很大程度上並不涉及化學實驗，而是可能涉及用偽化學語言表達的某種心靈過程」。①榮格說，煉金術士的心靈內容被無意識地「投射」到其容器中的材料上：「在實際工作中會產生幻覺，它們只可能是無意識內容的投射。」換句話說，在實驗室工作中，煉金術士們陷入了一種改變的意識狀態，在此狀態中，他們的無意識心靈會產生幻覺，所暗示的心靈內容、狀態和活動與夢境不無相似。於是榮格聲稱，煉金術其實是對無意識的描述，煉金術士的「經驗與物質本身毫無關係」。②煉金術的「真正根源」與其說在哲學的觀念和看法中，不如說在「個體研究者的投射經驗中」。③

① Carl Gustav Jung, "Die Erlösungsvorstellungen in der Alchemie," *Eranos-Jahrbuch 1936* (Zurich: Rhein-Verlag, 1937), pp. 13-111, quoting from p. 17。在後來的英文版本中，"The Idea of Redemption in Alchemy," in *The Integration of the Personality*, ed. Stanley Dell (New York: Farrar and Rinehart, 1939), pp. 205-280, quoting from p. 210，也許是在榮格的指導下，主張變得更強。榮格的所有煉金術文章可見於 *The Collected Works of Carl Gustav Jung* (London: Routledge, 19531979), vol. 9, pt. 2: Aion; vol. 12: *Psychology and Alchemy*; vol. 13: *Alchemical Studies*; vol. 14: *Mysterium Conjunctionis*。對榮格煉金術觀點的進一步分析，參見 Principe and Newman, "Some Problems," pp. 401-408。

榮格並不完全否認實驗室實驗在煉金術中的作用，但他斷言，煉金術的真正目標在於心靈的轉化。由於心靈可將其內容投射到任何一種物質上，煉金術士所使用的實際物質並不那麼重要。因此榮格認為，旨在製造賢者之石（或其他任何東西）的那些過程很少包含明顯的化學含義。因此，煉金術的寓意語言之所以產生，並不是作為隱藏的手段，而是因為正是透過這些意象，無意識才將自身投射到物質上。相應地，賢者之石的初始材料之所以有多種名稱，是因為「投射源於個體，所以每種情況都不相同」。④反過來，煉金術著作裡出現的象徵、符號和意象的統一性使榮格相信，它們是集體無意識的表達，所謂集體無意識是一種據說普遍存在於所有人心理當中的世代相傳的遺產，在某種意義上是遺傳本能的心靈類似物。於是，他聲稱用同一種心靈理論就能解釋過程上的相似性和細節上的迥異。

榮格的思想與十九世紀和二十世紀初的神祕學家們不無相似之處。兩者都認為，煉金術主要不在於物質轉化，而在於煉金術士內在的心靈轉化。兩者都把煉金術主要看成心靈發展的一種手段，都聲稱煉金術士的真正工作是在一種改變的意識狀態中發生的。有這種相似之處並不奇怪，榮格早在其職業生涯之初就研究過維多利亞時代的神祕學。其博士論文《論所謂神

② Jung, "Erlösungsvorstellungen," pp. 19, 20, 23-24; "Idea of Redemption," pp. 212, 213, 215。

③ Jung, "Erlösungsvorstellungen," p. 20; "Idea of Redemption," pp. 212-213。

④ Jung, "Erlösungsvorstellungen," p. 60; "Idea of Redemption," p. 239。

祕現象的心理學和病理學》（*On the Psychology and Pathology of So-Called Occult Phenomena*）便是基於他參與其表妹海利・普賴斯沃克（Helly Preiswerk）的降神會。韋特等人的作品曾於二十世紀初在榮格的蘇黎世心理學俱樂部流傳。榮格還大量借鑑了弗洛伊德派心理學家赫伯特・西爾伯萊（Herbert Silberer）關於煉金術象徵含義的早期研究。①

和阿特伍德的《赫密士奧祕初探》一樣，榮格的表述也激勵了一大批追隨者發展和改進其基本思想。其中最著名的旁系也許是比較宗教學家米爾恰・埃利亞德（Mircea Eliade，一九〇七—一九八六）於二十世紀三〇年代開創的。和榮格一樣，埃利亞德也受到各種神祕學運動的影響。他同阿特伍德和榮格都認為，煉金術主要關注的是自我轉化，煉金術士經歷了一種指引體驗（initiatic experience），該體驗導向了「外行無法達到的某些意識狀態」。雖然煉金術士可能忙於手頭的化學物質和金屬，但其真正追尋的東西卻與靈魂有關。埃利亞德寫道：「煉金術士雖然在研究金屬的『完滿』和如何『轉變』為黃金，但實際追求的卻是他自身的完滿。」②埃

---

① Luther H. Martin, "A History of the Psychological Interpretation of Alchemy," *Ambix* 22 (1975): 10-20, esp. 12-16; F. X. Charet, *Spiritualism and the Foundations of C. G. Jung's Psychology* (Albany, NY: SUNY Press, 1993); Herbert Silberer, *Hidden Symbolism of Alchemy and the Occult Arts* (New York: Dover, 1971; originally published 1917 as *Problems of Mysticism and Its Symbolism*); Richard Noll, *The Jung Cult* (Princeton, NJ: Princeton University Press, 1994), pp. 144 and 171; *The Aryan Christ* (New York: Random House, 1997), pp. 25-30, 37-41, 229-230。

利亞德補充說，煉金術基於這樣一種宇宙觀，認為世界和世間萬物都有生命——這種活力論或物活論的觀點類似於若利韋—卡斯特羅及其學派所倡導的思想。埃利亞德的觀點再次把煉金術與化學徹底分開。③

諸多現代煉金術流派在伊斯雷爾・雷加地（Israel Regardie，一九〇七—一九八五）富有影響的著作中匯集在一起。雷加地年輕時便與來自金色黎明會的群體和人物有過交往，後來他研究了心理治療，此後成為他的職業。他一九三八年出版的《賢者之石》（*The Philosopher's Stone*）將榮格對煉金術的闡釋與直接源自靈性／神祕學解釋的若干概念結合在一起，同時還包含了東方神祕主義、猶太教卡巴拉、催眠術和動物磁學等各種要素。④他的融合進路（有人會說它不加區

---

② Mircea Eliade, "Metallurgy, Magic and Alchemy," *Cahiers de Zalmoxis*, 1 (Paris: Librairie Orientaliste Paul Geuthner, 1938), quoting from p. 44。這一早期作品被加工成更流行的 The Forge and the Crucible (Chicago: University of Chicago Press, 1978 [first English publication, 1962]), quoting from p. 162，起初以 *Forgerons et alchimistes* (Paris: Flammarion, 1956) 出版；關於神祕學根源，參見 Mac Linscott Ricketts, *Mircea Eliade: The Romanian Roots, 1907-1945* (Boulder, CO: East European Monographs, 1988), pp. 141-153, 313-325, 804-808, 835-842；關於榮格的明確影響，例如參見 *Forge and Crucible*, pp. 52, 158, 161, 163, and 221-226。

③ 關於埃利亞德的更多討論，參見 Principe and Newman, "Some Problems," pp. 408-415, and Obrist, *Débuts*, pp. 12-33。

④ Israel Regardie, *The Philosopher's Stone: A Modern Comparative Approach to Alchemy from the Psychological and Magical Points of View* (London: Rider, 1938)。

別）堅持認為，整個煉金術史上的煉金術文本同時是化學的、靈性的和心理的，但其主要目的是將「意識的若干組分」統一在一起，發展出「覺悟的完整而自由的人」。①二十世紀七〇年代，為給他的綜合補充煉金術的材料方面，雷加地親自在實驗室中實踐煉金術，結果因通風不良，實驗產生的煙氣永久損傷了他的肺。②

今天，榮格、埃利亞德和雷加地及其追隨者的表述，仍在出版和被人堅持——不僅見於大量通俗文獻，也見於科學史家和其他一些學者的著作。然而，關於煉金術真正本性的這些說法根本得不到歷史記錄的支持，因此（雖然它們在二十世紀的一些背景下很有影響）現在不再被科學史家們視為對煉金術的有效描述。從各種不同的學科角度來研究煉金術的一批學者也得出了相同的結論。③

---

① Israel Regardie, *The Philosopher's Stone: A Modern Comparative Approach to Alchemy from the Psychological and Magical Points of View* (London: Rider, 1938), pp. 18-19。

② Morrisson, *Modern Alchemy*, pp. 188-191。

③例如參見 Obrist, *Débuts*, esp. pp. 11-21 and 33-36; Principe and Newman, "Some Problems," pp. 401-408; Dan Merkur, "Methodology and the Study of Western Spiritual Alchemy," *Theosophical History* 8 (2000): 53-70; Halleux, *Les textes alchimiques*, pp. 55-58; Harold Jantz, "Goethe, Faust, Alchemy, and Jung," *German Quarterly* 35 (1962): 129-141。

回到十六、十七世紀

本章描述的關於煉金術的所有重新定義和重新詮釋，都源於特定的歷史背景和潮流。因此，需要把它們當作其自身時代的產物來研究。然而，雖然它們關於十八世紀之前煉金術和煉金術士的歷史論斷是錯誤的，但它們仍然是煉金術悠久歷史的重要組成部分，而且對後來的藝術家、作家和其他許多人產生了很大影響。④這些重新定義和重新詮釋固然極大地影響了對早期資料的解讀和歷史分析，但目前方興未艾的第三次煉金術復興從根本上修正了我們對這一主題的理解。過去看似熟悉的東西已經不再熟悉。

煉金術的第一次復興發生在十八世紀末，它試圖沿著煉金術蓬勃發展的黃金時代的思路，來恢復製金和煉金術的實踐和追求。它反對煉金術在十八世紀初遭到的詆毀。煉金術的第二次復興始於十九世紀中葉，它對之前的煉金術士實際所做的事情提出了全新的解釋。它認為早期的煉金術士提出了積極的、自我轉化的甚至宏偉的宇宙設計，它本身也可以被視為對早期

④除了前面提及的金色黎明會對詩人葉慈的影響，若利韋—卡斯特羅的煉金術還吸引並影響了瑞典劇作家 August Strindberg（他們的通信以 August Strindberg, *Bréviaire alchimique*, ed. François Jollivet-Castelot (Paris: Durville, 1912) 出版，並參見 Alain Mercier, "August Strindberg et les alchimistes français: Hemel, Vial, Tiffereau, Jollivet-Castelot," *Revue de littérature comparée* 43 (1969): 23-46），神祕學煉金術構成了藝術家 Max Ernst 作品的一個背景；參見 Warlick, Max Ernst。

把煉金術斥為愚蠢、欺騙或唯利是圖的一種回應。煉金術的第三次復興始於二十世紀末，這次復興與之前非常不同，因為它發生在科學史家和其他學者當中。①它旨在用更加仔細和嚴格的歷史技巧來更準確地理解，在煉金術漫長動態發展的各個階段，從古代的希臘—埃及時期到現在，煉金術士們實際上在做什麼和想什麼（以及原因是什麼）。與目前正在進行的這場煉金術復興的目標相一致，我現在要回到十六、十七世紀，從新的角度、不帶偏見地審視那一時期的煉金術上，以了解他們的想法和行為，以及他們如何影響了當時的社會和文化。

①關於這第三次復興，參見 Bruce T. Moran, "Alchemy and the History of Science: Introduction," *Isis* 102 (2011): 300-304; Principe, "Alchemy Restored," ibid., 305-312；以及 Marcos Martinón-Torres, "Some Recent Developments in the Historiography of Alchemy," *Ambix* 58 (2011): 215-237。

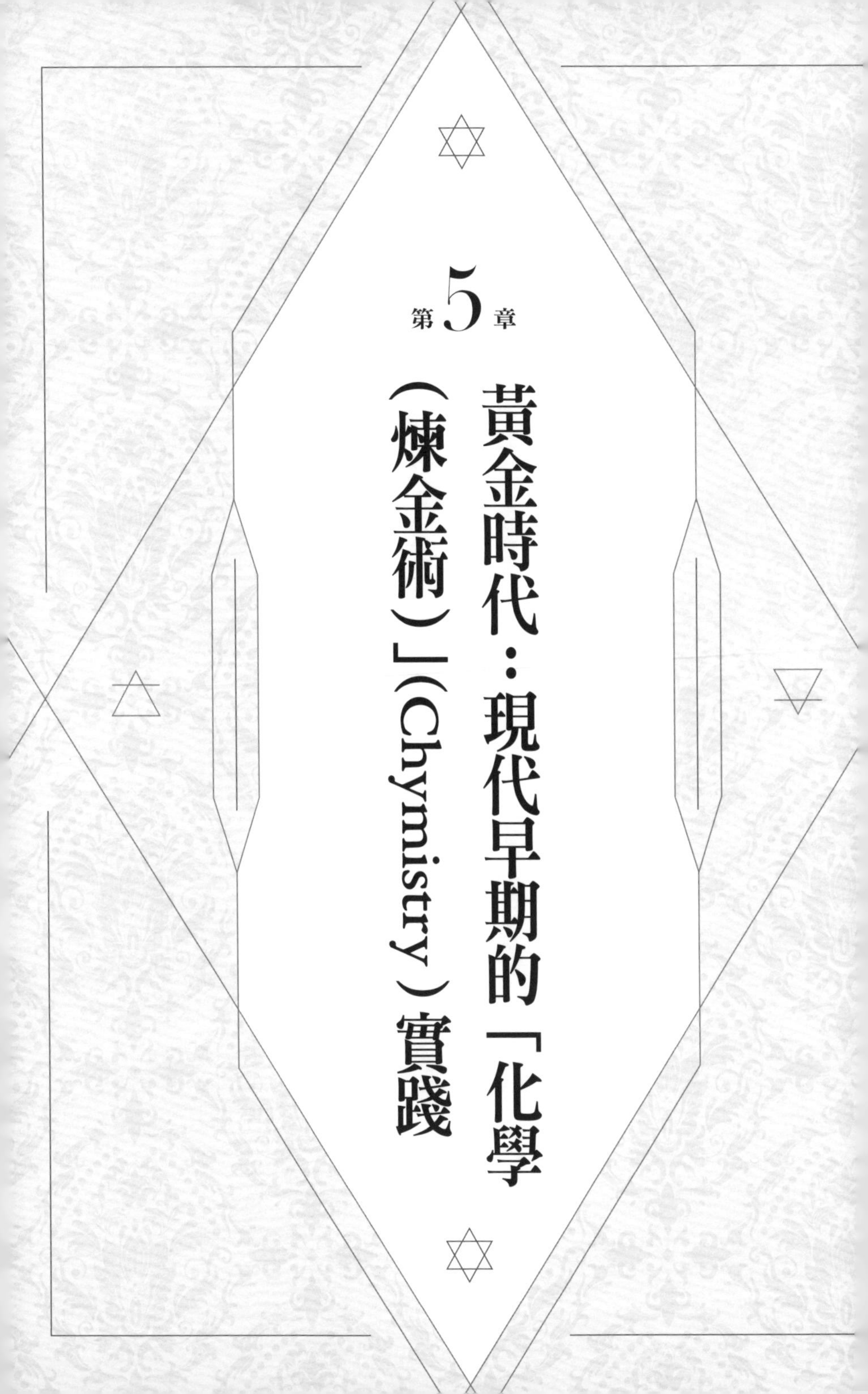

第5章

黃金時代：現代早期的「化學(煉金術)」(Chymistry)實踐

到了中世紀末，煉金術已經發展成熟並且在歐洲牢固確立。從一五〇〇年到一七〇〇年，即所謂的科學革命時期或現代早期，煉金術繼續擴展。①在此期間，煉金術的核心目標——實現金屬轉變、製造更好的藥物、改善和利用自然物質、理解物質變化——沿著許多方向得到發展。十五世紀中葉，在約翰尼斯・谷騰堡（Johannes Gutenberg）發明的印刷機的幫助下，出現了更多的煉金術文本，其偽裝形式也更為豐富，其中許多都有意使用寓意、「假名」、寓言圖像和知識分散等手段來保護它們的祕密。關於煉金術的目標和承諾的爭論繼續進行，與神學和哲學概念的新連繫被炮製出來。用於解釋結果和指導實踐研究的理論激增，從業人數大幅增加。這種爆炸式增長有雙重結果：首先，煉金術的思想和實踐將其文化影響力擴展到愈來愈多的思想家和實幹家；其次，煉金術的日益多樣化使得全面敘述其現代早期的歷史實際上變得不可能，或至少是過於倉促，因為煉金術已經變得相當多樣化，其中許多方面仍然有待探索。②

---

①對科學革命中科學史的方便導引可參見 Lawrence M. Principe, *The Scientific Revolution: A Very Short Introduction* (Oxford: Oxford University Press, 2011)；更多細節可參見 Margaret J. Osler, *Reconfiguring the World: Nature, God, and Human Understanding from the Middle Ages to Early Modern Europe* (Baltimore: Johns Hopkins University Press, 2010)。

②對現代早期煉金術所涵蓋的各種思想、人物和活動的廣泛概述，可參見 Bruce T. Moran, *Distilling Knowledge: Alchemy, Chemistry, and the Scientific Revolution* (Cambridge, MA: Harvard University Press, 2005)。

因此，以下各章僅僅涵蓋了現代早期煉金術的代表性片段，主要側重於其兩個核心目標：金屬轉變和製藥。這兩個話題並不構成當時這一主題的全部，但的確代表了它的大部分內容。接下來的兩章說明了製金和醫療化學（*chemiatria*）如何建立在連貫的理論和觀察的基礎上，以及為何許多煉金術工作者都是極好的實驗家。本章介紹了現代早期煉金術士的基本原理、目標和假設。如果你是一個十七世紀的煉金術士，你會知道什麼？做什麼？試圖實現什麼？下一章揭示了他們的實際作法，透過認真解讀寓言圖像和實驗室複製來揭示看似不可能的祕密說法（包括幾種關於賢者之石本身的說法）背後隱藏的東西。

必須強調現代早期煉金術中理論與實踐的相互作用。有時候人們以為，煉金術士的工作或多或少是「經驗性的」，也就是說相當隨意，沒有什麼理論原理或批判性的觀察。透過將煉金術與化學分開（將煉金術與用實物所做的嚴肅認真的實驗室研究工作分開），從而更普遍地與科學史分開，第四章談到的對煉金術的重新詮釋加強了這種印象。這種看法是錯誤的。現代早期的煉金術是心與手並用的努力，是理論與實踐的結合。它涉及對自然界中物質轉變的研究、理解和操縱。它完全是科學史的一部分，事實上是一個關鍵部分。③前面各章描述了「煉金術」和「化學」在十八世紀之前的同義，以及隱藏在幾個簡單的煉金術過程之中的化學，從

③關於煉金術從科學史領域的放逐和回歸，參見Principe, "Alchemy Restored"。

而有助於把這些術語再次組合起來。作為對這一點的提醒，我現在將愈來愈多地使用「化學（煉金術）」（chymistry）和「化學家（煉金術士）」（chymist）這兩個詞。

基礎：金屬和金屬轉變

十七世紀的化學家（煉金術士）和他們的中世紀前輩一樣認識到有七種金屬：金、銀、銅、鐵、錫、鉛、汞。①他們稱其中兩種——金和銀——為「貴」金屬，是因為這兩種金屬抗腐蝕，美麗而稀有，而稱餘下五種為「賤」金屬。這些化學家（煉金術士）認為金屬是複合物，而現在我們知道它們是元素。這種複合性意味著應當能將金屬分解為其各個成分，不過到了十七世紀，對於這些成分究竟是什麼，人們的意見有很大分歧。許多人繼續主張，金屬是由汞和硫這兩種成分按照不同比例和／或性質構成的，這個概念可以追溯到中世紀的伊斯蘭世界。圖5.1顯示了汞和硫的地下煙氣逐漸上升形成金屬。另一些人則採納了一種被歸於帕拉塞爾蘇斯的較新觀點（見下文），假設有汞、硫、鹽三種成分。還有一些人則更加固守亞里斯多德

①事實上，到了十七世紀末，化學家（煉金術士）也發現了鋅、鉍、可能還有鈷；但這些都沒有與古典七種金屬列在一起，它們有時被稱為「不純金屬」（bastard metals），因為它們並不完全像其他金屬那樣有典型的光澤和可鍛性。

主義思想，聲稱所有金屬（或所有物質）都是由一種可以被賦予不同「形式」的共同的「原初質料」(*materia prima*) 構成的。原初質料本身並沒有自己的性質，而只是提供物質和量，而形式則提供了特定材料的所有性質（顏色、硬度等）。對亞里斯多德來說，原初質料是一個概念，而不是某種可以放入瓶子的東西——它本身並不實際存在。但是，更專注於實際的實驗室操作的化學家（煉金術士）則傾向於更具體、更物質地看待原初質料。對他們來說，原初質料（如果可以孤立出來的話）提供了一種材料白板，可以為它賦予任何形式，從而產生任何所需的物質。

其他幾個流傳不太廣的系統與這些表述和平共處。需要記住的是，金屬作為複合體的概念支持了金屬轉變的可能性。改變各個成分的比例、性質或組成方式，就能改變金屬，將它變成另一種金屬。

對金屬轉變的信念也依賴於觀察證據：它似乎是一個自然而然的過程。在礦山中很少看到純粹狀態的金屬；鉛礦幾乎總是含有一些銀，銀礦幾乎總是含有一些金。這個眾所周知的觀察結果表明，隨著地下熱和水的作用使賤金屬的組成慢慢發生改變，賤金屬不斷被天然地轉化為更貴的金屬。數百或數千年來，滲透的地下水緩慢地沖走了賤金屬中的干擾雜質，而地球的溫熱則逐漸把賤金屬烹製成貴金屬所特有的、調製得更好、更加穩定和完全統一的組成。因此，製金者只需找到一種方法，在地面上迅速去做大自然總在地下慢慢做的事情。

早在古代，這七種金屬中的每一種就已經與特定的行星連繫在一起。如果將太陽和月亮列為行星（就像哥白尼之前的天文學那樣），那麼就有七顆行星，就像有七種金屬一樣（見下圖）。在煉金術的最初幾個世紀，每一對之間的關聯不斷變化，但在拉丁煉金術時代已經固定下來。①某些關聯的起源是顯而易見的：例如，基於光輝、色彩和相對價值，兩種貴金屬與兩大發光體——金與太陽，銀與月亮——連繫在一起。其他配對則不那麼明顯。鐵與火星相連繫，可能是因為鐵（以盔甲和武器的形式）天然與戰爭之神相關。具有諷刺意味的是，現代已經發現，這顆紅色行星可

圖 5.1　聖多瑪斯・阿奎那（被誤認為寫過煉金術文本）指出，被稱為汞和硫的排出物結合在一起，形成了地下的金屬。座右銘讀作：「如同大自然由硫和汞產生了金屬，技藝也是如此。」出自 Michael Maier, *Symbola aureae mensae duodecim nationum* (Frankfurt, 1617), p. 365。

以觀察到的顏色其實是因為鐵化合物。銅與金星配對，是因為維納斯女神的家和最豐富的古代銅礦都在賽普勒斯島（Cyprus）——這個島因此提供了「銅」的拉丁詞 *cuprum*。

現代早期的化學家（煉金術士）並不一定認為金屬和行星之間的這些關聯不是象徵性的或類比的，儘管有少數人的確提出，行星的影響對於地下相應金屬的形成起了作用。②部分基於七顆行星和七種金屬之間的相關性，最偉大的裸眼天文學家第谷・布拉赫（Tycho Brahe，一五四六—一六〇一）——他在丹麥的城堡天文台「天堡」（Uraniborg）中有一個化學（煉金術）實驗室——把化學（煉金術）稱為「地界天文學」（terrestrial astronomy）或「下界天文學」（astronomy below）。③「上界天文學」與「下界天文學」之間的這種關係與《翠玉錄》中說的「上者來自下界，下者來自上界」相呼應，這簡潔地表達了現代早期的人所理解的自然的相互連繫。

---

① Vladimir Karpenko, "Systems of Metals in Alchemy," *Ambix* 50 (2003): 208-230。

② 據我所知，最早提到這個想法的是歷史學家伊本・赫勒敦在一三六七年寫的一本著作（但他肯定是從以前的文本中借用的），他說金需要一千零八十年的時間才能形成，對應於一個太陽週期：The Muqaddimah, 3: 274。行星與相應金屬的形成之間的關係在Nicolas Lemery, *Cours de chymie* (Paris, 1683), pp. 69-71中遭到了誇大和嘲笑。

③ Alain-Philippe Segonds, "Astronomie terrestre/Astronomie céleste chez Tycho Brahe," in *Nouveau ciel, nouvelle terre: La révolution copernicienne dans l'allemagne de la réforme* (1530-1630), ed. Miguel Ángel Granada and Édouard Mehl (Paris: Les Belles Lettres, 2009), pp. 109-142; "Tycho Brahe et l'Alchimie," in Margolin and Matton, *Alchimie et philosophie à la Renaissance*, pp. 365-378。關於第谷的實驗室，參見Jole Shackelford, "Tycho Brahe, Laboratory Design, and the Aim of Science: Reading Plans in Context," *Isis* 84 (1993): 211-230。

金　太陽　☉
銀　月亮　☾
銅　金星　♀
鐵　火星　♂
錫　木星　♃
鉛　土星　♄
汞　水星　☿

每一對行星和金屬都被賦予了一個共同的符號，化學家（煉金術士）經常用行星名稱來指稱金屬。銅常被徑直稱為「金星」，鉛則常被徑直稱為「土星」。直到十八世紀，大多數化學家（煉金術士）——不僅是那些對製金感興趣的人——一直在使用這種命名。奇怪的是，直到今天，舊的行星名稱「水星」（汞，Mercury）仍然是我們其實應該稱之為「水銀」（quicksilver）的元素的正式英文名稱。為什麼水星是金屬的行星命名的唯一倖存者，這仍然是一個懸而未決的問題，不過這種異常的液態金屬對於眾多化學（煉金術）所起的核心作用可能是答案的一部分。

金屬轉變：殊劑（*particularia*）和異常金屬

對轉變感興趣的現代早期化學家（煉金術士）大都有特殊和普遍兩條路徑可以走。特殊的方法聚焦於數量巨大的具有各種不同效力和能力的轉化劑，它們被稱為「殊劑」（*particularia*）。這個名稱的意思是「特殊之物」（particulars），因為這些物質只能把特定的賤金屬轉變成銀或金。因此，一種殊劑能把銅變成銀，但對其他金屬沒有作用。與之暗中形成對比的是那種普遍的轉化劑，即能把任何賤金屬變成金或銀的賢者之石。殊劑據說更易於製備，但這種優越性被其特異性和低效力所抵消。於是，一些製金者告訴其讀者不要為殊劑操心，因為製造的金銀數量還不能補償所花費的勞動和材料。但也有許多化學家（煉金術士）廣泛地討論殊劑，一位條理謹嚴但不知姓名的倡導者甚至向讀者提供了材料成本的資產負債表，以及從製造和使用各種殊劑所能獲得的潛在總利潤和淨利潤。①

①關於對殊劑的警告，參見 Gaston Duclo, *De triplici praeparatione argenti et auri*, in *Theatrum chemicum*, 4: 371-388, esp. 374-375；關於資產負債表，參見 *Coelum philosophorum* (Frankfurt and Leipzig, 1739), pp. 60, 125-126。

著名英國化學家（煉金術士）羅伯特・波以耳（一六二七—一六九一）把殊劑的配方編成了他所謂的「赫密士遺產」（Hermetic Legacy）。他在這樣一本匯編集的序言中寫道：「大多數殊劑並不那麼有利可圖，除非製作的量很大，但有一些殊劑可以巧妙地製作出來，即使很小的量，也能使一個貧窮而勤奮的技師（特別是如果他單身）獲得謀生之道，雖然不會很富有。」因此，波以耳把殊劑的低轉變效力視為一種美德，因為「這些較為低賤的殊劑要想帶來利益，需要很多人、材料和儀器，這將使許多窮人有工作可做，從而救濟許多人，至少是幫助他們維持自己及其貧困的家庭」。① 換句話說，透過殊劑來實現金屬轉變可能產生煉金術的「家庭手工業」——窮人們勤勉地投身於製金，從而獲得適度的營生。雖然波以耳用煉金術來接濟窮人的慈善夢想從來也沒有實現，但它提醒我們，現代早期的煉金術不僅是就這一主題進行理論研究和著述的學者們所做的一種思想努力，形形色色的技師、企業主以及其他許多希望獲利的人也以不太複雜的形式追求它。

殊劑背後沒有統一的方法或理論。大多數殊劑據信是與銀或某種賤金屬融合在一起，以

①發表於 Principe，*The Aspiring Adept*, pp. 302-304。關於殊劑的更多內容，參見 Principe, *The Aspiring Adept*, pp. 77-80。關於波以耳殊劑清單的主要文本已經丟失，可能是被某個有志於金屬轉變、有機會接觸其文稿的人偷走了，今天只剩下一些前言資料。參見 Michael Hunter and Lawrence M. Principe, "The Lost Papers of Robert Boyle," *Annals of Science* 60 (2003): 269-311。

實現轉變。其他一些殊劑則與金融合以產生更多的金，這種過程被稱為增加（augmentation）或增殖（multiplication）。在某些情況下，這些程序之所以奏效，可能是因為產生了一種被誤認為是純金的合金。另一些殊劑是腐蝕性的溶劑（被稱為漸變劑〔gradators〕），據稱能使溶解在其中的一部分金屬發生轉變。還有一些溶劑透過僅僅溶解金屬的一個組分而不是整個金屬來產生「改性金屬」（modified metals）——不同於任何天然金屬的奇怪金屬物質。以這種方式，一些製金者努力從金中提取一種含有所有金屬典型顏色的「染色劑」，留下一種異常的白色金屬。化學家（煉金術士）認為這種染色劑是與金分開的硫，有時被稱為「金的『靈魂』」（*anima auri*）。然後他們用這種染色劑將白色金屬「染」成金。有些人認為這種材料就是那種渴望得到的金液（potable gold），一種據說由金製成的功能強大的藥液（也許是一種萬靈藥）。②金的藥用製劑問題是它們很容易重新分解為金——但真正金液的標誌是它無法變回金，因為金已被充分「解剖」，只保留了它的治療部分。「金的『靈魂』」正是金的這樣一種提取成分。

② 關於金液，參見 Angelo Sala, *Processus de auro potabili* (Strasbourg, 1630); *De auro potabili* in *Theatrum chemicum*, 6: 382-393; Francis Anthony, *The apologie, or defence of ...aurum potabile* (London, 1616); Guglielmo Fabri, *Liber de lapide philosophorum et de auro potabili*, in *Il Papa e l'alchimia: Felice V, Guglielmo Fabri e l'elixir*, by Chiara Crisciani (Rome: Viella, 2002), pp. 118-183, citing pp. 150-160（一部獻給敵對教皇菲利克斯五世〔Felix V〕的十五世紀中葉煉金術文本的拉丁文和義大利文翻譯）；以及 Ernst Darmstaedter, "Zur Geschichte des *Aurum potabile*," Chemiker-Zeitung 48 (1924): 653-655, 678-680。

一些作者宣稱成功地實現了這樣一個過程，但其他化學家（煉金術士）表示反對，指出從金融的角度來看，這種透過「移植」金的硫化物來實現轉變的方法是沒有用處的，因為它要求為獲得染色劑而摧毀的金與染色劑本身所產生的金同樣多。①頗具影響的法蘭德斯化學家（煉金術士）和醫生約安・巴普蒂斯塔・范・海爾蒙特（Joan Baptista Van Helmont，一五七九—一六四四）聲稱以類似的操作從銅中提取了一種綠油，留下了一種異常的「白銅」。②這個實驗以及其他種種理由促使范・海爾蒙特斷言，金屬的構成中必定有兩種硫，一種「內部」，一種「外部」。如果他的提取成功地移除了銅中所有的硫，殘渣應當是一種液態汞，但事實上留下的是一種固態的白色金屬，這表明必定還有一種更難提取的「內部」硫，正是這種硫使銅的汞保持為一種固體（但白色的）金屬。外部硫只提供金屬的顏色。

---

①博學的丹尼爾・喬治・莫爾霍夫（Daniel Georg Morhof）在一六七一年出版的簡短但內容豐富的製金研究中對這種提取做了一些記錄：*De metallorum transmutatione*, in *Bibliotheca chemica curisosa*, 1: 168-192, esp. p. 178。一六八〇年二月二十六日De Saintgermain 致 Robert Boyle 的私人信件中記述了將金幣中的染色劑移除，金幣變白，載於 *The Correspondence of Robert Boyle*, ed.Michael Hunter, Lawrence M. Principe, and Antonio Clericuzio (London: Pickering and Chatto, 2001), 5: 185-190。另見 Principe, *Aspiring Adept*, pp. 82-86。

②Joan Baptista Van Helmont, *Opuscula medica inaudita* (Amsterdam, 1648; reprint, Brussels: Culture et Civilization, 1966), "De lithaisi," pp. 69ff.; Principe, *Aspiring Adept*, pp. 88-89。

知道金屬是元素的現代讀者可能想知道這些化學家（煉金術士）究竟在做什麼。這很難給出令人滿意的答案。將那些關於異常金屬的報告斥之為故意欺騙或過度想像的產物太過容易了。其中一些報告可能屬於思想實驗——也就是說，給定流行的化學（煉金術）理論，說明應當發生什麼。但有些報告似乎更為具體，比如化學家（煉金術士）喬治・斯塔基（George Starkey，一六二八—一六六五）在十七世紀五〇年代所做的「固銀」（*luna fixa*）。③固銀據說是一種有著銀色外觀的白色金屬，但顯示出金的所有其他特性——密度大、熔點高、耐硝酸腐蝕等。幾位證人私下記錄說，他們看著斯塔基製造了這種異常的金屬，金匠發現這種金屬檢驗起來像金一樣。這些金匠還從斯塔基那裡購買了一些這種奇怪的金屬，價格是四〇先令一盎司，是當時銀價的八倍還多。斯塔基製造了什麼？我們幾乎給不出答案。但一種重如黃金、耐硝酸的白色金屬，讓我們想起了鉑和相關金屬的性質。考慮到勤勉的現代早期化學家（煉金術士）擁有令人驚奇的能力，能夠分離出僅以低濃度存在的物質，斯塔基是否可能獲得了天然含有少量這種金屬的礦石樣品或其他金屬材料，並成功地將其分離呢？

③關於斯塔基，參見 William R. Newman, *Gehennical Fire: The Lives of George Starkey, an American Alchemist in the Scientific Revolution* (Cambridge, MA: Harvard University Press, 1994) 和 Newman and Lawrence M. Principe, *Alchemy Tried in the Fire: Starkey, Boyle, and the Fate of Helmontian Chymistry* (Chicago: University of Chicago Press, 2002)；關於「固銀」，參見 George Starkey, *Alchemical Laboratory Notebooks and Correspondence*, ed. William R. Newman and Lawrence M. Principe (Chicago: University of Chicago Press, 2004), pp. xxiii-xxxiv, and Morhof, *De metallorum transmutatione*, 1: 187。

如何製造賢者之石：獲取指導

最有抱負的轉變者所著眼的目標超越了殊劑，指向了賢者之石。據說正確製備的賢者之石擁有一種非凡的效力，能將數千倍甚至數幾十萬倍於其重量的任何賤金屬變成黃金。尋找賢者之石的人主要面臨兩個障礙：確認正確的初始材料，然後找到正確的實踐操作將這些（這種）材料變成賢者之石。

尋求這兩個基本問題的答案是任何尋找賢者之石的化學家（煉金術士）的支柱。有幾種方法可以開始。一個人要碰見另一個有配方可售的人，或者更常見的情況是被後者所接近。顯然，這種獲取訊息的方法為欺騙性的交易提供了廣闊的空間，所以可以用兩個詞來總結這種事態：「請買家小心（*Caveat emptor*）」。一個看起來太好以致不可能為真的配方可能就是如此。然而，一些賣主可能真的相信自己擁有一個可行的配方，但無法用往往冗長而昂貴的程序來驗證其是否正當。①這些配方連同其擁有者的服務往往被提供給自願的主顧，他們通常是統治者或富有的私人。

①一個有詳實記錄的例子是，一六八四年，Gottfried von Sonnenberg 試圖以七千鎊的價格將一份賢者之石配方賣給波以耳或倫敦皇家學會的另一位成員；參見 Principe, *Aspiring Adept*, pp. 114-115 和 Boyle, *Correspondence*, 6: 52-86 and 116-121。

轉變配方（以及化學〔煉金術〕中的幾乎所有其他東西）的交易在整個現代早期都很活躍。在歐洲各地，配方以書信、口耳相傳和手稿收藏等方式得到傳播和交流。雖然現代學者的注意力往往集中於學者的書中所發表的更具理論性的闡述，但要知道，在對現代早期化學（煉金術）手稿的任何普查中通常都會發現，各種配方和過程的匯編占據著主導地位。現代早期學術文本的作者們大都是化學（煉金術）配方的收藏者和交易者。他們是交流化學（煉金術）的訊息、結果、方法和思想的重要途徑。

經驗性的實驗為尋找賢者之石提供了另一種選擇。這種研究（最好是借助於實踐經驗和對各種材料性質的廣泛了解）可能是幾乎無休止的勞動，因為有各種材料和可能的路徑要被檢驗。於是，古代的希波克拉底學派關於治療術的說法也適用於煉金術：「生命短暫而藝無窮（*Ars longa, vita brevis*）」。② 然而，許多可能性都可以透過基於觀察和理論思考的合理猜想而大大減少。因此，大多數現代早期的轉變追求者並沒有為了偶然發現賢者之石而將手頭的任何東西胡亂混合在一起。嚴肅的研究者以當時的理論和知識來指導自己的工作，就像今天的實驗工業化學家指導自己的研究一樣。③

②對這句話的引用見於 Thomas Norton, *Ordinall of Alchimy*, in Ashmole, *Theatrum chemicum britannicum*, pp. 1-106, on p. 87，儘管在那裡它被歸於「Maria Sister of Aron」。

③涉及對煉金術實驗室筆記的分析的一個現代早期例子參見 Newman and Principe, *Alchemy Tried in the Fire*, pp. 100-155。

另一種方法涉及在書本中尋找。與文本的關係標誌著現代早期的化學家（煉金術士）與現代化學家之間的一個重要區別。與現代科學家對待其同行的出版物相比，轉變尋求者賦予了「內行」（那些聲稱成功地製造了賢者之石的人）的文本以更大的權威性，並以更大的耐心來對待它們。製金者們認為，這些內行已經實際製備出賢者之石，他們的隱祕著作包含著其使用工序的隱祕線索，因此，細緻的文本研究成為他們尋找賢者之石的一個重要組成部分。當然，沒有一本書曾經為製造賢者之石提供直截了當的「配方」。所使用的各種保密方法意味著，每一個文本都需要做認真而耐心的詮釋，每一個步驟都可能是錯誤的。正如偽維拉諾瓦的阿納爾德所說：「我說話是為了嘲笑愚者，教導智者。」①然而，如果能夠得到正確的詮釋，書籍和手稿都可能為找到正確的工序提供線索。因此，有抱負的內行努力把文本研究和做實驗結合起來以製備賢者之石。

製金者們往往聲稱「所有內行說的都是同一件事」，這意味著無論各種表述表面上有什麼差異，所有作者都對如何製備賢者之石達成了一致意見。這種觀點催生了將各位作者的引語編在一起的「選集」和綱要。它也啟發熱切尋求煉金術祕密的艾薩克・牛頓爵士（一六四二—

---

① Pseudo-Arnald of Villanova, De secretis naturae, ed. and trans. Antoine Calvet, in "Cinq traités alchimique médiévaux," *Chrysopoeia* 6 (1997–1999): 154-206; "dicam ut fateos derideam, sapientes doceam," p. 178。

一七二七）編寫出龐大的「化學索引」（Index chemicus），試圖把他在一百多本書中發現的類似的術語和表述蒐集在一起並進行分組，從而拼湊出整個祕密。②然而在現實中，關於應當使用什麼正確材料以及如何處理它，的確存在著巨大分歧。事實上，基於製金者們對正確初始材料的看法，可以把他們歸入各種「學派」。③不幸的是，一些現代論述把化學（煉金術）作者理解得過於字面，誇大了製金在各個時間地點的同質性和一致性。這種誤解給人的印象是，一門鐵板一塊的、靜態的甚至僵化的學科一代代地不斷陷入困境。正如我們在前幾章中已經看到的那樣，這種描繪遠離了歷史真相。雖然認真閱讀原始文本的確表明了共同點，但它也揭示了方法、理論和實踐的廣泛多樣性。它還表明，思想和方法是根據實踐經驗而發生演變的。

---

② Richard S. Westfall, "Alchemy in Newton's Library," *Ambix* 31 (1994): 97-101；關於更一般的牛頓煉金術，參見 Betty Jo Teeter Dobbs, *The Foundations of Newton's Alchemy; or, Hunting of the Greene Lyon* (Cambridge: Cambridge University Press, 1975) 和 *The Janus Faces of Genius* (Cambridge: Cambridge University Press, 1991)。Dobbs 的許多結論都必須結合最新的研究進行修正；例如參見 Principe, "Reflections on Newton's Alchemy," 和 William R. Newman, "Newton's Clavis as Starkey's Key," *Isis* 78 (1987): 564-574。

③ 基於喜歡用的初始材料對製金者進行分類，這類工作特別見於 Georg Ernst Stahl, *Fundamenta chymiae dogmaticae* (Leipzig, 1723), translated by Peter Shaw as *Philosophical Principles of Universal Chemistry* (London, 1730)；參見 Kevin Chang, "The Great Philosophical Work: Georg Ernst Stahl's Early Alchemical Teaching," in López-Pérez, Kahn, and Rey Bueno, *Chymia*, pp. 386-396。

那些在實驗和閱讀方面不得志的人還可以採用另一個手段。某些製金者希望接觸到一個更直接的更高權威來吐露他們所需要的祕密。在最平凡的情況下，這意味著找到一個願意教導他們的內行。根據圍繞著偽盧爾的傳說，令修道院院長克里默感到沮喪的是，「我讀的書愈多，錯誤就愈多」，他遍訪歐洲以尋找一個內行，最終在義大利遇到了盧爾。① 圍繞著尼古拉・弗拉梅爾的傳說聲稱，他無法破解一本寓意煉金術著作的含義，遂到西班牙朝聖，以尋找一個知識淵博的人向他解釋這本書的含義。② 事實上，透過旅行來獲取知識成為虛構的煉金術自傳的一個常見特徵。但尋求內行的建議並不限於虛構。例如，羅伯特・波以耳就曾多次向他的訪客當面以及透過書信詢問轉變的祕密。一六七八年，他熱切期待一項承諾得到履行，即加入一個祕密的國際內行協會，這些人將與他分享他們的知識。不幸的是，他的熱切希望落了空，要麼因為這些內行聚會的城堡被一枚炸彈所炸毀，要麼因為整個事情都是一個精心設計的騙局。③

---

① Abbot Cremer, *Testamentum Cremeri*, pp. 531-544, quoting from p. 535。

② Pseudo-Nicolas Flamel, *Exposition of the Hieroglyphicall Figures* (London, 1624; reprint, New York: Garland, 1994), pp. 11-13。關於弗拉梅爾及其傳說，參見 Robert Halleux, "Le mythe de Nicolas Flamel, ou les méchanismes de la pseudépigraphie alchimique," *Archives internationales de l'histoire des sciences* 33 (1983): 234-255。

③ 關於這個精采的故事，參見 Principe, Aspiring Adept, pp. 115-134; "Georges Pierre des Clozets, Robert Boyle, the Alchemical Patriarch of Antioch, and the Reunion of Christendom: Further New Sources," *Early Science and Medicine* 9 (2004): 307-320；以及 Noel Malcolm, "Robert Boyle, Georges Pierre des Clozets, and the Asterism: New Sources," ibid., 293-306。

其他有抱負的製金者目標更高，試圖與天使精靈溝通或者祈求神的啟示。在透過靈媒愛德華・凱利（Edward Kelley）而與天使進行的著名對話中，伊麗莎白時代的數學家約翰・迪（John Dee，一五二七—一六〇八）不失時機地詢問了賢者之石的事情。波以耳本人也敘述了聯繫精靈的故事，如何製造賢者之石的話題則是其突出特徵。④波以耳甚至提出，天使與賢者之石之間有某種特殊的親和力。除了用文本和爐子勤奮地做實踐工作，許多（也許是大多數）化學家（煉金術士）作者都建議把祈禱作為一種獲取知識的技巧。這項建議對於現代早期歐洲任何一個從事艱苦或重要努力的人來說都是很自然的。海因里希・昆拉特（Heinrich Khunrath，一五六〇—一六〇五）不僅主張祈禱，還主張分步驟地聯繫天使，引出啟示性的夢（第七章將更詳細地討論煉金術知識與神的意志之間的關係）。

然而，這些方法都有潛在的陰暗面。在一些觀察者看來，以超自然的方式獲取知識是非法的，因為這可能使追求者受制於魔鬼的詛咒之力，而不是將其送到天使援助的安全港。學識淵博的耶穌會士阿塔那修斯・基歇爾（Athanasius Kircher，一六〇一／二—一六八〇）雖然對一

④關於約翰・迪和天使，參見 Deborah Harkness, *John Dee's Conversations with Angels: Cabala, Alchemy, and the End of Nature* (Cambridge: Cambridge University Press, 1999); 關於波以耳和天使，參見 Principe, *Aspiring Adept*, pp. 195-197 and 310-317 (Boyle's "Dialogue on the Converse with Angels"); and Michael Hunter, "Alchemy, Magic, and Moralism in the Thought of Robert Boyle," *British Journal for the History of Science* 23 (1990): 387-410。

般化學（煉金術）的力量和功用非常積極，但對追求金屬轉變很是擔憂。在他看來，這項任務非常困難，以致經過多年無果的勞動，沮喪的化學家（煉金術士）不可避免會訴諸任何幫助來源，包括求助於魔鬼。①他早期的同事馬丁・德・里奧（Martin Del Rio，一五五一－一六〇八）認為，雖然「人的勤勉和熱情」能夠實際揭示如何製造賢者之石，但在某些情況下，這種知識可以通過「以魔鬼為師」的捷徑來獲得。②簡而言之，長期的沮喪和不受控制的慾望為魔鬼利用痴迷的化學家（煉金術士）創造了可乘之機。早在一三九六年就有人提出了這種關切，當時的調查者尼古拉・艾米里奇（Nicolas Eymerich）指出，煉金術士們「很容易依附於邪靈並與之相溝通……就像占星術士在無法實現自己的渴望時很容易召喚和溝通魔鬼一樣」。③

---

① Athanasius Kircher, *Mundus subterraneus* (Amsterdam, 1678), pp. 301-302。

② Martin Del Rio, *Disquisitionum magicarum libri sex* (Ursel, 1606), bk. 1, chap. 5; *Investigations Into Magic*, trans. and ed. P. G. Maxwell-Stuart (Manchester, NY: Manchester University Press, 2000)，這本有用的書並非完整的翻譯，而是一系列翻譯的段落，以對中間文本的簡明概述相連接。Martha Baldwin, "Alchemy and the Society of Jesus in the Seventeenth Century: Strange Bedfellows?," *Ambix* 40 (1993): 41-64。對耶穌會士用來支持和反對轉變煉金術的文本所做的有價值的概述，參見 Sylvain Matton, *Scolastique et alchimie*, Textes et Travaux de Chrysopoeia 10 (Paris: SÉHA; Milan: Archè, 2009), esp. pp. 1-76。

③ Nicolas Eymerich, *Contra alchemistas*, ed. Sylvain Matton, *Chrysopoeia* 1 (1987): 93-136, quoting from pp. 132-133（拉丁文本與法文翻譯對開）。Newman, *Promethean Ambitions*, pp. 47-62 and 91-97 對魔鬼力量與煉金術之間的關係做了精采的考察。

如何製造賢者之石：選擇初始材料

現代早期的製金者大都認為，既然轉變的目標是改變金屬，那麼就有必要從金屬或金屬礦物開始。汞的流動性立即引起了人們的好奇和極大關注。至少從理論上講，金也是優先考慮的對象，但其成本和缺乏反應性使它實際上不那麼有吸引力。半金屬銻以其古怪的化學性質，「幾乎」是金屬的奇特地位——它像金屬一樣閃閃發光和可熔，但像玻璃一樣易碎，在火中會蒸發——有時在生產過程中，其表面會產生神祕的「星形」圖案，這些都使它特別受人喜愛（見插圖3）。一些文本聲稱鹽提供了正確的起點；有些人選擇了硫酸鹽（硫酸鐵或硫酸銅），有些人遵循著十七世紀初的波蘭煉金術士米沙埃爾．森蒂弗吉烏斯（Michael Sendivogius）的指導，把注意力集中在硝石（亦稱硝酸鹽或現代所說的硝酸鉀）或某種更一般的「硝石物質」上。④少數幾位賢者之石尋求者漫遊到了礦物界以外，進入了植物或動物王國。賈比爾派的著作早就主張使用有機物質，最早的一些拉丁作者也是如此。雞蛋、毛髮、血液等有機物質都被列為可能的起點；羅傑．培根在十三世紀倡導這條路線。但是到了十五世紀，非礦物的方法已

④ Newman, *Gehennical Fire*, pp. 87-90 and 212-226。關於森蒂弗吉烏斯的最新傳記訊息，參見 Rafal T. Prinke 的工作，例如 "Beyond Patronage: Michael Sendivogius and the Meanings of Success in Alchemy," in López-Pérez, Kahn, and Rey Bueno, *Chymia*, pp. 175-231 和其中的參考文獻。

經遭到人多數化學（煉金術）作者的廣泛拒斥甚至嘲笑。①然而，有機材料的使用在某些地方仍然存在著。也許是在嘗試製造賢者之石的過程中，亨尼希．布蘭德（Hennig Brand）在十七世紀六〇年代用蒸餾法從人尿中提取出殘留物，從而發現了磷元素。不大講求理論精良的研究者（這些人從來也不缺）一直在關注尿液和糞便等排泄物，它們作為初始材料至少有容易獲得和價格低廉的優點，在現代早期歐洲的街道上就可以大量獲取。把排泄物用作初始材料源於一則古代格言，即賢者之石的材料「價格低廉，無處不在」，「腳下即是」。②早在十四世紀，魯庇西薩的約翰就曾強烈批評過那些把這則格言解釋為意指排泄物的人：「賢者之石的物質價格低廉，無處不在……許多粗俗的人（*bestiales*）不理解哲學家們的意思，徑直在糞便中尋求它。」③

「假名」所引起的混亂加劇了關於正確初始材料的分歧。當一位備受尊敬的作者引述（例如）金屬鉛作為起點時，他的真正意思是什麼呢：是實際的鉛，還是其他某種僅僅被稱為「鉛」的物質？因此，方才提到的各個「學派」並不能維持明確或永久的邊界。例如，把硫酸

---

①關於中世紀尋求賢者之石的進路，參見 Michela Pereira, "Teorie dell'elixir"；各種初始材料的清單（和批評）可見於 Lorenzo Ventura, *De ratione conficiendi lapidis philosophici*, in *Theatrum chemicum*, 2: 215-312, on pp. 233-239。事實上，許多製金論著都是從分析各種初始材料開始的。

②這種思想來源於 Morienus, *De compositione alchemiae*, 1: 515; Morienus, *A Testament of Alchemy*, pp. 24-27。

③John of Rupescissa, *De confectione*, 2: 80-83, quoting from p. 80。

鹽（vitriol）當作初始材料的興趣部分源於十六世紀的一則格言式的建議——「造訪地球內部，通過淨化，你會發現那塊隱祕的石頭」（*Visita interiorem terrae rectificando invenies occultum lapidem*），這是一個離合字謎，可以拼出*VITRIOL*（見圖5.2）。④但「vitriol」總是意指硫酸鹽嗎？在使用這則座右銘時，約翰・魯道夫・格勞伯（Johann Rudolf Glauber，一六〇四—一六七〇）認為是這樣。另一方面，這則座右銘有時（錯誤地）與被認為出自神祕人物巴西爾・瓦倫丁（Basil Valentine）之手的著作連繫在一起。被歸於這個名字之下的一些著作的確為製造賢者之石的初始步驟規定了真實的硫酸鹽，但其他一些著作中使用的「vitriol」則必定是「銻礦」的「假名」。⑤

④關於這則格言及其變種的起源，參見Joachim Telle, "Paracelsistische Sinnbildkunst: Bemerkungen zu einer Pseudo-*Tabula smaragdina des* 16. Jahrhunderts," in *Bausteine zur Medizingeschichte* (Wiesbaden: Steiner Verlag, 1984), pp. 129-139; available also in French: "L'art symbolique paracelsien: Remarques concernant une pseudo-*Tabula smaragdina* du XVIe siècle," in *Présence de Hèrmes Trismégiste*, ed. Antoine Faivre (Paris: Albin Michel, 1988), pp. 184-208; Didier Kahn, "Les débuts de Gérard Dorn," in Analecta Paracelsica: Studien zum Nachleben Theophrast von Hohenheims im deutschen Kulturgebiet der fr. hen Neuzeit, ed. Joachim Telle (Stuttgart: Steiner Verlag, 1994), pp. 75-76, and "Alchemical Poetry in Medieval and Early Modern Europe: A Preliminary Survey and Synthesis; Part I: Preliminary Survey," *Ambix* 57 (2010): 263。

⑤比如在早期著作*Vom grossen Stein der Uhralten* (in *Chymische Schrifften*, 1: 94-98 [Hamburg, 1677; reprint, Hildesheim: Gerstenberg Verlag, 1976]; this section appeared first in 1602)中，vitriol被說成擁有只有銻才能顯示的性質，因此肯定被用作一個「假名」，但在後來的*Offenbahrung der verborgenen Handgriffe* (in *Chymische Schrifften*, 2: 319-340)中，*vitriol*明顯意指一種金屬硫酸鹽。

圖 5.2　一幅賢者之石的寓意畫，以硫酸鹽的離合字謎為座右銘。出自 *Von den verborgenen philosophischen Geheimnussen* (Frankfurt, 1613)。

憑借著對歷史的了解，我們可以將這種差異在一定程度上歸因於瓦倫丁著作的多重作者身分，但最初的讀者需要花費大量精力去試圖理解和協調這樣一些矛盾的說法。讓不同的資料彼此一致——不僅包括由單一作者所寫的資料，而且包括由多位作者所寫的資料——是一個耗時而令人沮喪的過程，但對於現代早期煉金術的實踐至關重要。

後來的作者重新詮釋前人，以表明他們「真正的意思」支持現在這位詮釋者自己的想法，成為常見的練習。於是，贊成把金屬當作正確初始材料的作者可能會重新詮釋森蒂弗吉烏斯對硝石的提及，說他暗示的並不是該名稱通常意指的鹽，而是在特定金屬中發現的某種「硝石本原」。一個特別難解的「假名」可能會引出隨著時間的推移而不斷變化的一系列詮釋，這取決於實驗結果和作者本人的信念。例如，十五世紀的製金者和奧古斯丁會的教士喬治・里普利（George Ripley）寫道：「sericon」是賢者之石的關鍵初始材料，但究竟什麼是sericon呢？一些最早的文本暗示它是一種氧化鉛，可能是一氧化鉛或紅鉛，而後來的讀者——也許是由於氧化鉛沒能產生所期望的結果——開始把它詮釋為各種其他物質。①重新詮釋早期的著作有時需要把祕密性和欺騙歸咎於並沒有這種意圖的作者。例如，經院學者蓋伯是非常明確和直截了當的，但透過假設他比實際上更加曖昧和祕密，後來的作者可以把他詮釋為正在主張他從未有過的各種觀念。結果是，文本的「正確含義」不斷地從其詮釋者腳下滑脫。站在穩定的位置來尋求賢者之石，就像為薛西弗斯的巨石找到一個休息處一樣艱難。

使用成分的數量也是一個爭論的話題。許多作者強調，只需用一物（one thing）——但指示愈是簡明，就愈是有詮釋的空間。「一物」可能並非指「一種物質」，而是指「一類物質」或「一種混合物」。同樣，所有物體的基質——無論是亞里斯多德主義者所說的原初質料，《創世記》1：1中所說的原始混沌，泰利斯所說的水，還是各種其他準物理實體——都可以被看成「一物」。於是，可以把「一物」巧妙地（或者欺騙性地）擴展到任何數量的離散物質，因為每一事物都共享著同一種最終的基本「原料」。因此，說賢者之石僅僅是由一物製成的，不過是

① Jennifer Rampling, "Alchemy and 'Practical Exegesis' in Early Modern England," *Osiris* 29 (2014)。

對一元論的重申罷了，對於實際工作沒有什麼幫助。

然而，關於製造賢者之石的大多數建議，都涉及兩種物質的組合（至少是在關鍵階段）。早期的《哲學家的玫瑰花園》描述了由兩種東西組成的二元混合物，這兩種東西在不同情況下被稱為「國王和王后」、「太陽和月亮」或「伽布里蒂烏斯和貝亞」。當賢者之石的成分沒有人格化時，汞和硫是最常用的術語，有時為了說明是特殊術語（也就是說，既非該名稱所指的那種常見物質，亦非金屬的成分），它們會被稱為哲學汞和哲學硫。這種雙重成分的初始材料有時被稱為「*rebis*」，它源自用來表示「雙物」的拉丁語。

從邏輯和實踐的觀點看，二元混合是有道理的，因為新物質通常來自兩種不同材料的相互作用，而不是只來自一種材料的轉變。兩種物質的組合也很容易與生物學中需要雙親的有性生殖做類比。① 製造賢者之石時，硫的熱—乾性質代表「男性」要素，汞的冷—溼性質則代表「女性」。然而，這些二元類比還可以進一步擴展。普通的硫會把普通的汞凝結成固體的朱砂（硫化汞，HgS），正如乾的硫本原會把溼的汞本原凝結成金屬，男性的精液會把女性的經血凝結成胎兒一樣。對於化學（煉金術）作者來說，硫和汞代表著一對互補原則：固—液、乾—溼、凝結劑—凝結物、形式—質料、主動—被動，等等。事實上，必須把汞和硫這兩個術語看成是由彼此的反應性所確認的兩組物質（實際的或理論的）。類似地，現代化學家用「酸—鹼」或「氧化—還原」等二元類別來稱呼相互反應的物質。嚴格說來，並不存在什麼孤立的酸，酸只是就它相對於扮演鹼的角色的另一種物質的反應性而言的。當然，一個主要區別是，現代化學家不會故意用這個系統來讓人費解或產生誤導，儘管一些初入門的化學學生可能不這樣認為。

此外還出現了其他數量的成分。喬治・里普利的一首流傳甚廣的韻律詩《煉金術的複合物》（*Compound of Alchymie*）似乎規定了三種物質的混合，甚至給出了彼此之間的恰當比例：

一份為日，二份為月，
直至全部如膏。
水星於日為四，
於月為二。
汝手之工當依此而行，
三位一體乃其所喻。

---

① 然而，聰明的煉金術士設法描述了由三個均為男性的父母不太可能的結合所產生的「後代」。參見 Principe, "Revealing Analogies," pp. 211-214。

（*One of the Sonn, two of the Moone,*
Tyll altogether lyke pap be done.
Then make the Mercury foure to the Sonne,
Two to the Moone as hyt should be,
And thus thy worke must be begon,
In fygure of the Trynyte.）①

透過暗示事實上需要三種不同的汞，里普利進一步加劇了混亂。②

---

① George Ripley, *Compound of Alchymie*, in Ashmole, *Theatrum Chemicum Britannicum*, pp. 107-193, quoting from pp. 130-131。

② George Ripley, *Compound of Alchymie*, in Ashmole, *Theatrum Chemicum Britannicum*, p. 124。

如何製造賢者之石：婦女的工作和兒童的遊戲

與圍繞著初始材料的曖昧不明相比，關於將這種（這些）材料轉化為賢者之石的一般方法，（至少到了現代早期）人們的意見非常一致。所製備的物質或混合物被置於一個瓶身為卵形的長頸玻璃容器中，由於其腹部的大小和形狀，也因其功能在於「分娩」（再次讓人想起生殖隱喻）賢者之石，它常被稱為「哲學蛋」（*ovum philosophicum*）。然後製金者將長頸瓶的頸部密封，以防物質揮發。這種對容器的密閉通常是將瓶頸兩側熔在一起，被稱為「赫密士的密封」（seal of Hermes），指的是那位傳說中的煉金術創始人（我們今天仍然能從「hermetically sealed」〔密封〕這一表述中回想起製造「賢者之石」過程中這一非常實際的步驟）。然後將密封的「蛋」置於爐子中加熱（正確的溫度是另一個引發混亂的來源）。加熱密閉容器通常是一個糟糕的主意，因為隨著密閉的空氣在加熱時膨脹，沒有預先為釋放壓力做準備，肯定有很多關於裝置爆炸的記載（插圖2）。這個問題在現代早期更為糟糕，因為當時的玻璃容器有很厚的器壁，所以更容易發生開裂和熱衝擊。

如果材料得到正確選取和製備，並且避免了爆炸，那麼三、四十天以後，密閉的物質會變黑。黑色是賢者之石的第一種「原色」，有「烏鴉頭」（*caput corvi*）、「比黑更黑的黑色」（*nigredo nigrius nigro*）或「黑色」（*nigredo*）等許多名字。這種顏色不僅標誌著物質的「死亡」和腐敗，而且表明程序是正確的。《哲學家的玫瑰花園》引用維拉諾瓦的阿納爾德的話說：「當你看到物質變黑時，欣喜吧：因為這是工作的開始。」①此後，持續的加熱將使賢者之石趨向完成，化學家（煉金術士）只需把火調節好就可以了。因此，這部分工序有時被稱為「婦女的工作和兒童的遊戲」，但這個義務本身——就像現代早期「婦女的工作」一樣——實際上是一項繁重的勞動負擔，因為每次需要使熱量保持數月恆定。今天，借助於電和恆溫器，我們可以透過切換開關而輕鬆地做到這一點。而現代早期的化學家（煉金術士）只能日夜不停地定期加入認真量取尺寸的木炭，並且在磚爐或鐵爐上操縱通風口，以保持和控制熱量。在發明溫度計之前的時代，化學家（煉金術士）不得不依靠觸摸、視覺和氣味來測量溫度。

一旦繼續加熱，黑色據說會在接下來數週內褪去，取而代之的是許多短暫且常常變化的顏色，被稱為「孔雀尾」（*cauda pavonis*）。漸漸地，這塊半流體的物質變得愈來愈輕，最終變成一種光彩的白色，這是賢者之石的第二種原色。這種變白或白化（*albedo*）標誌著白色賢者之石或白色煉金藥已經完成——這是通往完全的賢者之石道路上的一站。此時，（現在想必很開心的）製金者可以選擇打開容器，移除部分或全部的白色材料。經過進一步的處理，包括添加銀，這種白色的賢者之石能將所有賤金屬變成銀。

---

① *Rosarium*, 1: 59。

然而要想達到最終目標，需要持續加熱，直至超出白色階段。大多數作者都建議在這一點上逐漸增加熱量，使白色的材料變黃，然後顏色加深變成深紅色。終於，材料進入了它的最後階段，也變成了最後的顏色，即紅色賢者之石或紅色煉金藥。孵化賢者之石的漫長過程一旦完成，就可以打開燒瓶，取出賢者之石。與白色賢者之石的情況一樣，此時還需要做幾項操作。紅色賢者之石必須用金來「發酵」，即與真正的金混合，以便將其他金屬轉化成金。此外還需要將它「浸蠟」（incerated），也就是透過添加一種液體本原（通常是哲學汞），使之像蠟一樣易於熔化，從而可以透過金屬，將其成功地轉化成金。完成的賢者之石似乎是一種極為稠密、易碎易熔的深紅色物質，能像油透過紙一樣透過金屬。②

當製金者準備實現他期盼已久的轉變時，他把鉛或錫這樣的賤金屬放入坩堝，加熱它，直到金屬熔化（或將汞加熱至接近沸騰）。然後他取少量的紅色賢者之石或白色賢者之石，有時用紙或蠟將它包裹好，丟入坩堝並加火。這個過程被稱為「投射」（projection），來自拉丁詞 *projicere*，意思是「投射到……上」。過了幾分鐘，當坩堝中的所有物質再次熔化之後，可以把

②十七世紀末的一部匿名著作 Stone of the Philosophers, printed in *Collectanea chymica* (London, 1893), pp. 55-120, on pp. 113-120 特別簡明地描述了賢者之石的各個顏色階段。Eirenaeus Philalethes [George Starkey], *Secrets Reveal'd; or, An Open Entrance to the Shut-Palace of the King* (London, 1669), pp. 80-117 則以更加冗長的方式對此做了描述。

產物——金或銀，取決於投射的是什麼樣的賢者之石——倒出來澆鑄成錠。這項操作中使用的賢者之石的量取決於它的轉變能力。據說，新製的賢者之石能使大約十倍於其自身重量的賤金屬發生轉變，但增殖過程可以大大增加這一比例。透過將賢者之石重新溶解在哲學汞中，並透過黑白紅三色對它進行重新吸收，據說可以增加十倍的效力。於是，重複這一過程可以產生一種極為強大的轉化劑。據說，約翰・迪在一個主教墳墓中發現的賢者之石樣本曾將272330倍於其重量的鉛變成了金。①

解釋賢者之石的作用

製金者們提出了各種理論來解釋賢者之石的奇妙作用。他們都同意，賢者之石的作用是純粹自然的，也就是說，僅僅透過自然法則來運作。強調這一點很重要，因為現代人常常會設想轉變過程是「魔法的」或「超自然的」。儘管一些評論家試圖把製金描述成以非自然的方式來運作，涉及魔鬼的作用和詭計，因此是應當避免的，但幾乎所有倡導者都堅持做純粹自然的

① Elias Ashmole, annotations, *Theatrum Chemicum Britannicum*, p. 481。

解釋。② 一些常見觀察為賢者之石的轉化作用提供了明確範例。每一個現代早期的人都知道，將少許的醋投入一桶葡萄酒，很快就會把整桶酒變成醋。同樣，微量的凝乳即可將數加侖的牛奶凝結成奶酪，正如一粒賢者之石即可將千百倍於其重量的汞凝結成金。將一小塊酵母揉進一大塊新鮮麵團，很快就會將整個麵團變成酵母。諸如此類的常見自然事件為類似的材料轉化提供了具體實例，這些材料轉化儘管不那麼有利可圖，但與賢者之石的作用同樣驚人、同樣強大。

一些作者聲稱，賢者之石的作用就像一團特別強大的清洗之火，將阻礙賤金屬達至純金的雜質和冗餘焚燒殆盡。另一些作者則認為，賢者之石可能擁有過多的亞里斯多德所說的金的「形式」，因此在投射到賤金屬上時，可能會破壞金屬的舊形式，而代之以金的形式。一個密切相關的觀點是，賢者之石帶有程度極強的熱和乾（金的典型特性）等性質，因此少量賢者之石即可扭轉（例如）大量鉛的冷和溼。該主題的另一種形式是，煉金藥是「超完美的」

② 認為賢者之石的作用是非自然的（也許是被魔鬼精心安排）批評者中包括 Meric Casaubon, *A True and Faithfull Relation* (London, 1659), preface, p. xxxx 以及阿塔那修斯・基歇爾等幾位耶穌會士，儘管耶穌會士們的觀點大相徑庭；參見 Baldwin, "Alchemy and the Society of Jesus," and Margaret Garber, "Transitioning from Transubstantiation to Transmutation: Catholic Anxieties over Chymical Matter Theory at the University of Prague," in *Chymists and Chymistry*, ed. Lawrence M. Principe (Sagamore Beach, MA: Chemical Heritage Foundation and Science History Publications, 2007), pp. 63-76。

（plusquamperfect），也就是說，在礦物領域，賢者之石不只是完美的——它是比通常的完美級別更高的金。因此，當賢者之石以適當的比例同一種不完美的金屬相混合時，金屬的不完美與賢者之石的超完美最終等於完美，即等於金。①

還有一些作者斷言，賢者之石含有能把其他金屬變成黃金的金的「種子」。現代讀者不應過於從字面來解釋「種子」，以為這個術語意指一種有機或有生命的物質。在現代早期，「種子」指的是一種在微觀層次轉化物質的強大作用物，一種進行組織的本原。考慮該隱喻在植物領域的起源。植物是如何將從大地吸收的水分轉化成植物中的種種物質，再將這些物質組織成葉、花、莖、果的複雜結構的呢？植物內部必定有某種本原能將這些轉化引向其固有目標，既作為藍圖，又充當實現必要轉化的機制。現代早期的思想家（其中許多人遠遠超出了化學〔煉金術〕的界限）將這些進行組織的本原稱為「種子」（拉丁文是 *semina*），認為它們不僅存在於植物中，而且存在於動物和礦物中。② 在一些人看來，這些「種子」轉變是透過對元素進行重組或者對構成金屬的微小顆粒進行重新排列而發生的。

---

① 超完美性的一個例子可見於 *Rosarium*, in *Bibliotheca chemica curiosa*, 1: 662-676, on p. 665。

② 關於對「種子」的全面論述，參見 Hiro Hirai, *Le concept de semence dans les théories de la matière à la Renaissance de Marsile Ficin à Pierre Gassendi* (Turnhout, Belgium: Brepols, 2005)。

最後，身分並不亞於羅伯特·波以耳的一些人承認，他們無法對賢者之石的作用給出完全令人滿意的解釋。但波以耳表示，他那個時代的任何人都無法對發酵給出令人滿意的理論解釋——但他並不懷疑釀酒師釀造啤酒的能力！③

化學（煉金術）醫學、帕拉塞爾蘇斯和帕拉塞爾蘇斯主義

到了現代早期，製備藥物已經成為煉金術的一個重要部分。魯庇西薩的約翰在十四世紀中葉提出的起防腐作用的「精華」（quintessence）概念，以及他用化學（煉金術）方法從礦物、金屬和植物中製造更好的藥物，已經被偽盧爾等後來的作者所繼承和發展，從而廣為傳播。藥水和香精的蒸餾，醫用鹽的生產，將新的物質和製備技術引入藥用，所有這些東西構成了十五世紀煉金術的一個重要方面。然而，對於化學（煉金術）醫學的這種早期興趣，在很大程度上籠罩在一位即將到來的十六世紀人物的陰影中：他就是特奧弗拉斯特·馮·霍恩海姆，也被稱為帕拉塞爾蘇斯（一四九三／九四—一五四一），是現代早期最豐富多彩的人物之一。

---

③ Boyle, *Dialogue on Transmutation*, pp. 254-255。

終其一生，帕拉塞爾蘇斯多半在顛沛流離。他性急易怒，常常以偶像破壞式的方式挑起麻煩。有人錯誤地聲稱，「bombastic」（誇誇其談）一詞便源自他的名字。帕拉塞爾蘇斯以激烈批判傳統醫學而聞名——他的著作充滿了對醫生、藥劑師和整個醫學事業的諷刺和譴責，其風格經常被後來的追隨者效仿。據說他曾公開燒毀當時醫學教育的標準教科書——伊本・西那的醫學著作以示輕蔑。帕拉塞爾蘇斯的其他挑釁習慣包括以其母語瑞士德語而不是拉丁語來演講（曾在巴塞爾做過短暫的醫學講座）和寫作，並倡導使用德國的藥用植物，而不是用基礎更為牢靠的地中海植物。他強烈支持煉金術，但只是把它看成「醫學的支柱」之一，也就是說，因其能夠製備藥物和解釋身體功能。他對製金沒有興趣，偶爾還會表現出蔑視。

帕拉塞爾蘇斯的創新之一是他為金屬的兩種本原（汞和硫）添加了第三種本原：鹽。此外，阿拉伯人的這個二元組只適用於金屬和一些礦物，而帕拉塞爾蘇斯則把他的三元組——被稱為「三要素」（*tria prima*）——擴展為一切事物的基本組分。這三種化學（煉金術）「本原」提供了一種地界的、物質性的三位一體，既反映了天界的、非物質的三位一體，也反映了人的身體、靈魂和精神的三位一體。不僅如此，帕拉塞爾蘇斯還努力創造包含神學和自然哲學在內的整個世界體系，希望最終可以取代當時流行的體系。對他來說，化學（煉金術）過程為解釋物理宇宙和人體內的自然過程提供了基本模型。例如在帕拉塞爾蘇斯看來，經過海洋、空氣和陸地的雨水循環是一場偉大的宇宙蒸餾。地下礦物的形成，植物的生長，生命形態的產生，以及消化、營養、呼吸和排泄等身體功能本質上是化學（煉金術）過程。神自己就是化學（煉金術）大師；神從原始混沌中創造出一個有秩序的世界，這類似於化學家（煉金術士）提取、淨化並把普通材料製作成化學（煉金術）製品，神用火對世界的最後審判就像化學家（煉金術士）用火來清除貴金屬中的雜質。帕拉塞爾蘇斯的體系被稱為一種「化學（煉金術）世界觀」，事實證明，它對後世非常有影響力。①

帕拉塞爾蘇斯認為，透過化學（煉金術）的「分離」（Scheidung）手段，即使是用有毒物質也能製造出強大的藥物。可以用蒸餾、昇華、腐敗、溶解等方法將天然存在的物質分成它的汞、硫、鹽三種原始要素。他認為這三者是有用和有益的部分，並認為它們的分離會留下該物

---

① 關於帕拉塞爾蘇斯的文獻浩如煙海且仍在增加，這裡只能提到少數幾部作為入門。經典研究參見 Walter Pagel, *Paracelsus: An Introduction to Philosophical Medicine in the Era of the Renaissance* (Basel: Karger, 1958), and Allen G. Debus, *The Chemical Philosophy: Paracelsian Science and Medicine in the Sixteenth and Seventeenth Centuries*, 2 vols.(New York: Science History Publications, 1977)。更近的出版物包括以下論文集：Joachim Telle, ed., Analecta Paracelsica: Studien zum Nachleben Theophrast von Hohenheims im deutschen Kulturgebiet der frühen Neuzeit (Stuttgart: Franz Steiner Verlag, 1994); Ole Peter Grell, ed., *Paracelsus: The Man and His Reputation, His Ideas and Their Transformation* (Leiden: Brill, 1998); Heinz Schott and Ilana Zinguer, eds., *Paracelsus und seine international Rezeption in der frühen Neuzeit* (Leiden: Brill, 1998), as well as Didier Kahn, *Alchimie et Paracelsisme en France (1567-1625)* (Geneva: Droz, 2007); Charles Webster, *Paracelsus: Medicine, Magic, and Mission at the End of Time* (New Haven, CT: Yale University Press, 2008); and Udo Benzenhöfer, *Paracelsus* (Reinbek: Rowohlt, 1997)。

質的有毒「殘渣」。三要素淨化後可以重新結合，以產生沒有雜質和毒性的原始物質的「高級」形式，從而作為藥物更有力和有益地發揮作用。帕拉塞爾蘇斯始終喜歡發明新詞，他將這個分離和重新整合的過程稱為 *spagyria*。這個詞的含義被解釋為「分離和（重新）結合」，它源自希臘詞 *spān* 和 *ageirein*，意思是「取出」和「集合」。

在後來的帕拉塞爾蘇斯主義評註者中，過程獲得了明確的神學意味。人死之後，靈魂和精神同人體分離，身體在墳墓中腐敗。末日世界被大火燒毀，一個新的靈體起於最後的復活，現已滌淨罪孽的靈魂和精神被神重新灌注其中，由此創造出一個榮耀、不朽、完美的個體。①類似地，化學家（煉金術士）用火將揮發性的硫和汞與鹽分離，分別淨化之，然後將其重新結合成有益健康的完善物質。於是，神在時間的開端和結束都是一個化學家（煉金術士），回想起來，化學家（煉金術士）改進材料物質的工作被神化了，因為他在以神一般的能力改進自然世界。一些帕拉塞爾蘇斯主義者甚至認為，所有毒物和毒素是隨著原罪才進入了世界。因此，透過用化學（煉金術）將現在有毒的物質淨化成藥物，化學家（煉金術士）使之回到了它們起初被神創造時健康而純淨的原始狀態。因此，化學（煉金術）過程是救贖性的，化學家（煉金術士）是墮落世界的一個救贖者。

①例如參見 Basil Valentine, *Vom grossen Stein der Uhralten*, in *Chymische Schrifften*, 1: 12-14。

帕拉塞爾蘇斯遠遠不是一個條理清晰的作者，甚至有一位同事聲稱，其所有論著都是喝醉時口授的，而且他很少有作品是在生前出版的，所以他的直接影響並不很大，而且局限於本地。但在十六世紀下半葉，帕拉塞爾蘇斯去世後，亞當・馮・博登施坦（Adam von Bodenstein）、米沙埃爾・托克斯特（Michael Toxites）、格拉德・多恩（Gerard Dorn）、約瑟夫・迪歇納（Joseph du Chesne，或稱 Quercetanus）等追隨者蒐集和編輯了他的手稿，組織、編纂和重新加工了他那些常常混亂和互相矛盾的說法。② 正是經過他們的工作，帕拉塞爾蘇斯才在整個歐洲廣為傳播。由於崇拜者和評論家對帕拉塞爾蘇斯的遺產做了各種重新安排，事實證明，揭示出歷史上真實的帕拉塞爾蘇斯是非常困難的。在許多人心目中，他成了一個富有傳奇色彩的反權威偶像，對科學、醫學、政治、神學等領域予以思想和文化上的藐視。③ 這種態度與新教改革和科學革命的態度非常一致，這部分解釋了為什麼帕拉塞爾蘇斯的形象比他的具體思想更為流行。當然，與帕拉塞爾蘇斯主義的聯盟在業已確立的正統圈子之外——激進的新教徒、醫學上的「江湖醫生」（意指那些沒有接受正規訓練的人）等——要更為普遍。因此，在十六世紀末和整個十七世紀出現了多種「帕拉塞爾蘇斯主義」。

② 關於法國的這個過程，特別參見 Kahn, *Alchimie et Paracelsisme*。

③ 參見 Stephen Pumphrey, "The Spagyric Art; or, The Impossible Work of Separating Pure from Impure Paracelsianism: A Historiographical Analysis," in Grell, *Paracelsus*, pp. 21-51，以及 Andrew Cunningham, "Paracelsus Fat and Thin: Thoughts on Reputations and Realities," in ibid., pp. 53-77。

各種帕拉塞爾蘇斯主義者及其批評者對醫學和化學（煉金術）產生了重大影響。但要意識到，並非所有倡導用化學（煉金術）來輔助醫學的人都自視為帕拉塞爾蘇斯主義者，帕拉塞爾蘇斯的學說也並不就是整個化學（煉金術）甚或醫療化學。例如在義大利，藥液和酒精的蒸餾在帕拉塞爾蘇斯之前有悠久的傳統。在這個反對傳統習俗的瑞士人被接受之前很久，魯庇西薩的約翰、偽盧爾等人就已經開創和延續了獨立的化學（煉金術）醫學傳統。①

「帕拉塞爾蘇斯主義者」和詆毀者之間爆發了更加激烈的爭論。這種批評的部分原因在於對特定醫學主張和實踐的不同意見。一個關鍵議題是，帕拉塞爾蘇斯主義者認為恰當的化學（煉金術）處理可以使有毒物質擺脫毒性，將它們變成保健藥品。因此，他們主張使用汞、砷、銻等有毒物質作為藥物。在一個多世紀的時間裡，論戰性的著作層出不窮，要麼贊成要麼譴責把銻作為醫用，從而將帕拉塞爾蘇斯主義者與其更傳統的醫學同行之間的所謂「銻戰」（antimony wars）延續了下去。②直到一六五八年以後，這場論戰才在法國結束，當時路易十四在一次戰役期間病倒了，皇家醫師採用的傳統治療方法無濟於事，當地的一名醫師用一劑銻誘

① 特別參見 Moran, *Andreas Libavius*, esp. pp. 291-302。

② Allen G. Debus, *The French Paracelsians* (Cambridge: Cambridge University Press, 1991), pp. 21-30。一份非常有用的文獻清單可見於 Hermann Fischer, *Metaphysische, experimentelle und utilitaristische Traditionen in der Antimonliteratur zur Zeit der "wissenschaftlichen Revolution": Eine kommentierte Auswahl-Bibliographie*, Braunschweiger Veröffenlichungen zu Geschichte der Pharmazie und der Naturwissenschaften (Brunswick, 1988)。

發嘔吐而治癒了他。此前譴責使用銻的巴黎醫學院只得投票支持將這種催吐酒（*vin émetique*）的使用合法化。

另一部分批評更廣泛地集中在帕拉塞爾蘇斯主義者的反權威態度及其化學（煉金術）觀。許多醫生當然反對自己被公開宣布為傻瓜，其正規的訓練、學識和執照被視為一文不值。但一切帕拉塞爾蘇斯主義事物的最多產的對手，也許是教育者和化學家（煉金術士）安德烈亞斯·利巴維烏斯（一五五五—一六一六）。利巴維烏斯特別反對帕拉塞爾蘇斯主義者藐視正規研究和古典學問，而試圖規避教育、公民、職業和社會方面的機制。他譴責帕拉塞爾蘇斯主義者的新詞和蒙昧，嘲笑他們的著作雜亂無章、不優雅、不精確。在諷刺地譴責化學（煉金術）作者的同時，他也為傳統化學（煉金術）的各個方面做辯護。他支持製金、製金行家及其保密措施。同樣，他也促進了醫療化學實踐，批評有些醫生在譴責帕拉塞爾蘇斯主義者時走得太遠，以致完全拒絕了化學（煉金術）的效用和尊嚴。利巴維烏斯的巨著《煉金術》（一五九七年，增補版為一六〇六年）將數百種化學（煉金術）製備方法和實驗室操作組織在一起，其中許多針對的是化學（煉金術）藥品的生產。作為化學（煉金術）的熱情支持者，利巴維烏斯試圖保護其領域不受那些卑劣的搗亂者的侵害，界定合法的和非法的化學（煉金術），從而使合法的化學（煉金術）能在學術界贏得一席之地。③

③ Moran, Andreas Libavius。

其他雄心勃勃的化學（煉金術）方案

將化學（煉金術）應用於醫學，並且用化學（煉金術）的思想來解釋宇宙論主題，是帕拉塞爾蘇斯工作的兩個關鍵方面。然而，經常與他的名字連繫在一起的還有其他一些化學（煉金術）努力。（由帕拉塞爾蘇斯和／或他的追隨者所著的）小冊子《論事物的本性》（*On the Nature of Things*）講述了化學（煉金術）如何能在實驗室中甚至製造出活物。這種技藝的頂峰是製造出一種類似於人的生物，被稱為「侏儒」（*homunculus*，源自表示「矮人」的拉丁詞）。基於以下一些想法，如新的生命始於腐敗，種子永遠在努力產生出某種東西等，作者聲稱，若將人的精液密封在一個瓶子裡，用文火使其腐敗變質，那麼四十天之後它就會開始移動，產生出一種人形生物。用化學（煉金術）製備的人血餵養它四十週，這種生命形態就會發育成侏儒。雖然看起來像孩子，但侏儒擁有很高的知識和能力。由於是技藝的產物，侏儒從生下來就了解所有技藝。他也擁有普通人所沒有的一些特殊能力和稟賦，因為他的純潔沒有因為摻合了女性要素而受到汙染（作為對比，同一文本聲稱，如取經血而非精液以同樣的方式進行處理，那麼最後產生的就不是侏儒而是蛇怪——一種有毒的可怕怪物，憑目光就能殺死人）。①

① Paracelsus [?], *De rerum natura*, in *Sämtliche Werke*, ed. Karl Sudoff; *Abteilung* 1: *Medizinische, wissenschaftliche, und philosophische Schriften* (Munich: Oldenbourg, 19221933), 11: 316-317。

對於中世紀和現代早期的思想家來說，在實驗室製造生命的可能性似乎並不成為問題。生命自發地起源於無生命的物質，這被認為是理所當然之事——腐爛的牛的屍體會產生蜜蜂，腐敗變質的泥漿會產生蠕蟲和昆蟲。按照神學家們的解釋，《創世記》1：24中神命令「地要生出活物來」，意思是神從一開始就賦予了各種成分以自行產生活物的能力，神所賦予的能力繼續存在於物質中。②引出許多道德和神學議題的是人工製造一種類似於人的理性生命形態。直到十七世紀，侏儒的故事一直伴隨著驚奇和憤怒。③

很少有（如果有的話）化學家（煉金術士）對複製像製造侏儒那樣古怪的配方顯示出很大興趣，但用化學（煉金術）手段引起再生（palingenesis）——使死亡的材料起死回生——卻引起了更多關注。這種興趣再次發端於《論事物的本性》這一帕拉塞爾蘇斯主義文本。其作者寫道，透過化學（煉金術）手段可以使植物和動物「復活」。化學家（煉金術士）需要將木頭燒成灰，將這些灰與從同一種木頭中提取的水狀和油狀餾出物混合，再將此混合物放在溫暖的地

---

②例如參見St. Augustine, *The City of God*, bk. 16, chap. 7；關於創世的自然主義敘述，即神首先創造物質，然後自發地繼續產生宇宙，包括地上的生命，例如參見十二世紀夏特聖母主教座堂學校的作者們的作品，比如夏特的蒂埃利（Thierry of Chartres）的《創世六日》（*Hexaemeron*）。

③關於侏儒，參見William R. Newman, "The Homunculus and His Forebears: Wonders of Art and Nature," in *Natural Particulars: Nature and the Disciplines in Renaissance Europe*, ed. Anthony Grafton and Nancy Siraisi (Cambridge, MA: MIT Press, 1999), pp. 321-345，更長的討論見*Promethean Ambitions*, pp. 164-237。

方，直至它變成黏稠的材料。待這種材料腐敗變質之後，將它埋在肥沃的土中，它最終會長成一棵與該木頭同樣種類的樹木，但比之前更為「強大和高貴」。①此過程顯然是對木材的一種化學（煉金術）製備。透過蒸餾使木頭經受「分離」（Scheidung），三種成分是木頭的三要素。這棵樹「復活」成一種榮耀的形式，顯然類似於人在最後復活之後將會享有的完美本性。同一文本聲稱可以對小鳥實施類似的過程。

然而，這種「化學（煉金術）復活」的一個更廣泛的版本來自帕拉塞爾蘇斯主義者約瑟夫·迪歇納。他描述了植物形態被火毀滅之後表現出來的兩種截然不同的方式。據他所述，一個朋友將大量蕁麻燒成灰，用水從灰分中提取鹽，並且在一個寒冷的夜晚敞開窗戶，溶液過濾後（稱為「浸濾液」〔*lixivium*〕）將它置於水池中。一夜之後，浸濾液凍成了固體；早上，約瑟夫·迪歇納和他的朋友（以及其他許多證人）在冰塊內看到了蕁麻的形象，根、莖、葉完好無損。約瑟夫·迪歇納認為這個實驗證明了，燒成灰的植物所殘留的鹽保留著該植物的形態和生命本原，在正確的條件下，此生命本原可將植物形態重新表達出來。他還認為這是世界被大火燒毀後，身體在世界末日復活的一項物理證據。②

---

① Paracelsus [?], *De rerum natura*, 11: 348-349。

② Joseph Duchesne, *Ad veritatem Hermeticae medicinae* (Paris, 1604), pp. 294-301。關於在冰凍的浸濾液中看到的植物形象，一則更早的說法可見於他1593年出版的 *Grand miroir du monde*；相關文本重印於 *Ad veritatem*, p. 297。

雖然約瑟夫・迪歐納（等人）經常能夠重複冰凍浸濾液的實驗，但他還講了一個更引人注目的實驗；他自己從未做過該實驗，其論述也沒能啟發其他任何化學家（煉金術士）。一位來自克拉科夫的波蘭醫生曾經向他展示過一系列帶有標籤的密封燒瓶，其中包含著用化學（煉金術）製備的各種植物的灰分。用蠟燭輕輕地加熱其中一個燒瓶，完整植物的朦朧形象便從灰分粉末中生長出來。把熱移開，植物形象便慢慢縮回到灰分中。③

在十七世紀接下來的時間和十八世紀，一些化學家（煉金術士）以各種方式嘗試過「再生」。④博學多才的耶穌會士阿塔那修斯・基歇爾蒐集並發表過若干「再生」配方，並聲稱一六五七年在其羅馬的博物館中向許多訪客成功地展示了一個實驗，其中包括瑞典女王克里斯蒂娜。⑤一六六〇年，曾經拜訪過基歇爾的凱內爾姆・迪格比（Kenelm Digby，一六〇三—一六六五）爵士向聚集在倫敦格雷欣學院（Gresham College）的學者們描述了「再生」實驗，在會上他也成功地重複了約瑟夫・迪歐納用冰凍的蕁麻浸濾液所做的實驗。他還報告說，透過一種本質

③ Joseph Duchesne, *Ad veritatem Hermeticae medicinae* (Paris, 1604), pp. 292-294。

④對再生的討論參見Joachim Telle, "Chymische Pflanzen in der deutschen Literatur," *Medizinhistorisches Journal* 8 (1973): 1-34, and Jacques Marx, "Alchimie et Palingénésie," *Isis* 62 (1971): 274-289。現代早期所做的長篇概述，參見Georg Franck de Franckenau and Johann Christian Nehring, *De Palingenesia* (Halle, 1717)。

⑤ Kircher, *Mundus subterraneus*, 2: 434-438。

上是化學（煉金術）的過程，螯蝦也得以成功再生。①

化學家（煉金術士）范・海爾蒙特徑直否認了約瑟夫・迪歌納冰凍蕁麻的意義：「誠實的人不知道，冰開始形成時，會產生蕁麻葉形狀的鋸齒狀的點。」②但范・海爾蒙特（Van Helmont）啟發人們去尋找最終源於帕拉塞爾蘇斯的另一種化學（煉金術）藥劑——萬能溶劑（alkahest）。帕拉塞爾蘇斯用「alkahest」這個詞來指一種用來治療肝臟的特殊藥物，而范・海爾蒙特則用這個詞來指一種能夠溶解任何物質的液體——帕拉塞爾蘇斯稱這種材料為「循環鹽」（*sal circulatum*）。萬能溶劑在范・海爾蒙特的體系中占據著重要地位。

范・海爾蒙特全面而頗具影響的世界觀統一了化學（煉金術）、醫學和神學的思想。他拒絕承認帕拉塞爾蘇斯所說的三要素的元素地位，而是主張一元論，和古代的泰利斯一樣認為，水是構成所有物質的基本材料。他將這一理論基於水在《創世記》第1章中的突出地位以及實

---

① Kenelm Digby, *A Discourse on the Vegetation of Plants* (London, 1661)；一份略有不同的配方可見於 *A Choice Collection of Rare Chymical Secrets* (London, 1682), pp. 131-132。關於迪格比的化學（煉金術），參見 Betty Jo Teeter Dobbs, "Studies in the Natural Philosophy of Sir Kenelm Digby: Part I," *Ambix* 18 (1971): 1-25; "Part II," ibid.20 (1973): 143-163; and "Part III," ibid.21 (1974): 1-28。

② Joan Baptista Van Helmont, "Pharmacopolium ac dispensatorium modernum," in *Ortus medicinae* (Amsterdam, 1648; reprint, Brussels: Culture et Civilisation, 1966), no. 13, p. 459。

驗室實驗。在他最著名的實驗中，他在兩百磅土壤中種下了一棵五磅重的柳樹苗，並且用水澆灌。五年後，柳樹已經有一百六十四磅，而土壤重量幾乎保持不變。於是范・海爾蒙特斷言，柳樹的各種物質都是由水變成的。他認為，水的各種變化都是由能將水組織成其他物質的種子（*semina*）來管理的。大多數材料都可以透過熱和冷而重新變成原始的水，從而建立一個創造和毀滅的持續循環。火摧毀物質，將它們變成氣體（Gas，范・海爾蒙特根據「混沌」〔chaos〕創造了這樣一個詞），一種比任何蒸氣都更精細的不可凝結的物質。氣體上升到大氣層頂部，在那裡暴露於嚴寒，隨雨落下，重新變成水。③萬能溶劑使這種水的回歸發生得更為快速有效。

任何與萬能溶劑一起加熱的物質首先會分解為其最直接的成分（三要素），進一步加熱會被還原成水。因此，萬能溶劑有希望成為進行化學（煉金術）分解的最終手段——這是范・海爾蒙特及其追隨者獲得知識的一個關鍵手段。他寫道：「獲取知識最確定的類型就是知道一個事物中包含著什麼以及各有多少。」④在正確的時刻停止這個過程，並把萬能溶劑蒸餾掉，被

③關於柳樹實驗，參見 Van Helmont, "Complexionum atque mistionum elementalium figmentum," in *Ortus*, no. 30, p. 109，以及 Robert Halleux, "Theory and Experiment in the Early Writings of Johan Baptist Van Helmont," in *Theory and Experiment*, ed. Diderik Batens (Dordrecht: Rediel, 1988), pp. 93-101。關於一般的海爾蒙特實驗，參見 Newman and Principe, *Alchemy Tried in the Fire*, pp. 56-91。對海爾蒙特的概覽，參見 Lawrence M. Principe, "Van Helmont," in *Dictionary of Medical Biography*, ed. W. F. Bynum and Helen Bynum (Westport, CT: Greenwood Press, 2006), 3: 626-628；更多細節可見於 Walter Pagel, *Joan Baptista Van Helmont* (Cambridge: Cambridge University Press, 1982)。關於種子，參見 Hirai, *Le concept de semence*。

④Van Helmont, *Opuscula*, "De lithiasi," chap. 3, no. 1, p. 20。

溶解物質的「原質」(*ens primum*)就會作為一種結晶的鹽留下來。這種原質包含著被溶解物質的濃縮藥力，沒有毒性，很像一種化學(煉金術)製劑，但(據說)更容易製備。

范．海爾蒙特聲稱已經製備了萬能溶劑，但關於如何製備，他只是給出了一點暗示。萬能溶劑的承諾引起了強烈的興趣；許多化學家(煉金術士)都曾力圖理解范．海爾蒙特的暗示，直到十八世紀都在親自製備。①

尋求這些化學(煉金術)藥劑是與現代早期化學(煉金術)的兩個主要分支——製金和醫療化學——共存的。這些更宏大的目的還伴隨著試金、熔煉、金屬精煉、玻璃製造等許多日常的化學(煉金術)技術。隨著商業和製造業變得對歐洲經濟日益重要，化學(煉金術)的重要性和應用在整個十七世紀與日俱增。在對化學(煉金術)誹謗者連篇累牘的抨擊中，十七世紀中葉生活在威尼斯的德國化學家(煉金術士)奧托．塔亨尼烏斯(Otto Tachenius)使我們看到了化學(煉金術)的廣度。他斷言，沒有化學(煉金術)，不會有建房所用的磚、石灰和玻璃，不

---

①關於萬能溶劑，參見 Bernard Joly, "L'alkahest, dissolvant universel, ou quand la théorie rend pensible une pratique impossible," *Revue d'histoire des sciences* 49 (1996): 308-330; Paulo Alves Porto, "'Summus atque felicissimus salium': The Medical Relevance of the Liquor Alkahest," *Bulletin of the History of Medicine* 76 (2002): 1-29; Principe, *Aspiring Adept*, pp. 183-184; and Newman, Gehennical Fire, pp. 146-148 and 181-188。關於當時的討論，參見 George Starkey, *Liquor Alkahest* (London, 1675); Otto Tachenius, *Epistola de famoso liquore alcahest* (Venice, 1652); Jean Le Pelletier, *L'Alkaest*; ou, Le dissolvant universel de Van Helmont (Rouen, 1706); and Herman Boerhaave, *Elementa chemiae* (Paris, 1733), 1: 451-461。

會有印刷和著色所用的墨水、紙張、染料和顏料，不會有啤酒和葡萄酒等酒精飲料，不會有足夠的藥物、鹽和金屬。他總結說：「但我為什麼要花時間提及這些事物呢？在義大利，連任何一位老婦人都會痛斥這種技藝的反對者，因為沒有這種技藝，她們就找不到任何東西來染頭髮。」②因此，十七世紀的「化學（煉金術）」——我們今天所說的煉金術與化學的統一領域——遍及很廣的領域：從尋求賢者之石、金屬轉變、萬能溶劑和其他誘人的祕密，到解釋身體和宇宙的自然功能，到闡明神學真理，再到精煉金屬、製藥和製造化妝品，可以說包羅萬象，應有盡有。

現代早期化學（煉金術）活動目錄中的第一批項目，引發了一些可能會使某些讀者感到困擾的問題。為什麼這麼多人相信像賢者之石那樣的化學（煉金術）藥劑真的存在？製金者們為何能夠如此精確地描述賢者之石和萬能溶劑等物質的製備、外觀和性質？討論賢者之石的書籍究竟是異想天開或是用從一本本書中借用的花哨語詞所做的練習，還是包含著實驗的實踐基礎？在多大程度上可以將這些內行的加密語言破譯出來，以揭示實驗室的實踐？在醫療化學方面，相信有毒物質可做藥用是否有實際基礎？所有這些問題都圍繞著製金者和醫療化學家在實驗室中實際做了什麼、如何做的、實際看到了什麼和實現了什麼等核心議題。下一章的任務便是解決這些難題。

② Otto Tachenius, *Hippocrates chymicus* (London, 1677), preface。

第6章

揭開祕密

現代早期的化學（煉金術）包含著今天通常被視為獨立學科的許多主題，如化學、醫學、神學、哲學、文學、藝術等。因此，其實踐者實際在做什麼和想什麼的問題可以以各種不同進路來處理。實際上有必要採用若干種平行的進路來把握該主題極為多樣的特徵。其中一條進路與化學有關。雖然現代早期的化學（煉金術）置身於一個從現代化學的角度來看非常不同，由假設、理論、目標、社會結構和哲學信念所組成的網絡中，但化學仍然是最類似於現代早期的製金和醫療化學的現代學科。兩者都使用結合和分離的操作來轉變物質，製造新的材料。

雖然將現代早期的化學（煉金術）歸結為某種「原始化學」（protochemistry）是一個嚴重的錯誤，但十七世紀的從業者與二十一世紀的化學家所做的事情之間仍然存在著共同之處。當然，物質的表現和反應方式依然是相同的，即使人類觀察者解釋和理解它們的方式已經改變了。因此，現代化學可以以兩種方式幫助煉金術史家。首先，了解物質的化學和物理屬性，可以幫助歷史學家把握早期作者不完整或暗示性地描述的過程和觀念。其次，對化學有起碼的了解可以使研究者嘗試複製——從而更好、更深入地理解——歷史上的過程和結果。基於三十年這樣的工作，我的經驗是，按照歷史訊息在實驗室複製這些過程的確能使我們洞悉煉金術的實際作法和內容及其從業者的活動。因此，本章借助於化學——特別是關於現代早期醫療化學和製金過程的現代解釋與複製——來揭示十六、十七世紀從業者的思想和活動。

歷史學家（或其他任何人）並不容易理解現代早期的化學家（煉金術士）實際在做什麼。許多人並沒有留下工作記錄，或者，這些文件隨著時間的推移而不復存在。在我們擁有的數以千計的書籍和手稿中，許多都有意寫得很隱晦和保密，似乎很難使我們清晰地理解作者的理論和實踐。即使是現代早期的化學家（煉金術士）也往往難以理解其同行的著作。文化、思維方式和言說方式經過數個世紀的深刻變化，要想理解這些東西就更難。長期以來，化學（煉金術）文本（尤其是製金文本）的神祕風格使嚴肅的學術研究望而卻步，或者導致非歷史的解讀盛行於世。甚至看似寫得清晰的資料也常常會主張今天似乎不可能的結果。因此，過去有許多人不得不得出結論說，這些描述根本不是實驗室實踐的產物。然而，輔以化學仔細閱讀，將會給出一幅不同的畫面。

醫療化學：不可能的結果？

現代早期化學（煉金術）中最著名的人物之一被歸於一個不大可能是真實的名字——巴西爾・瓦倫丁（Basil Valentine）（圖6.1）。瓦倫丁似乎是萊茵河上游的當地人，他後來成為本篤會修士，空餘時間研究化學（煉金術），以便為他的修道士弟兄製備藥物。隨著他的著作日漸普及，更多的傳記細節開始出現，到了十七世紀末，圍繞其詳細身世形成了各種傳說。根據這種

圖 6.1 "Brother Basil Valentine, Monk of the Order of St. Benedict and Hermetic Philosopher," 他的 *Chymische Schrifften* (Hamburg, 1717) 的扉頁。桌子上的賢者之石（由一個蛇怪來象徵）擱在一個哲學蛋裡。

敘述，瓦倫丁是十五世紀德國北部艾福特鎮聖彼得修道院的一名修士。在一個多世紀裡，他的作品一直不為人知。其中最長的作品《最後的遺囑》（*Last Will and Testament*）被藏在修道院教堂的高壇中，為其作者臨死之前所藏。某些敘述聲稱，一道霹靂擊中並損毀了教堂裡的一根柱子，其內部的祕密手稿暴露出來——這個故事讓人聯想起《自然事物與祕密事物》中的說法。①另一個故事是修道院院長在一七〇〇年左右講的，聲稱瓦倫丁的手稿藏在修道院食堂牆內。②

歷史學家和化學家（煉金術士）都力圖了解關於瓦倫丁更多的故事，但沒有定論。現代學術研究表明，有幾位作者隱藏在巴西爾·瓦倫丁（這個筆名很可能源於 *basileos valens*，它是希臘語和拉丁語的混合，意為「強大的國王」）的面具背後。瓦倫丁的寫作年代不早於十六世紀九〇年代，儘管有些作品可能包含更早的材料。德國中部的鹽製造商約翰·托爾德（Johann Thölde，約1565 － 1624）幾乎肯定是作者之一，他以瓦倫丁的名字出版了前五本書。③

---

① Olaus Borrichius, *Conspectus scriptorum chemicorum celebriorum*, in *Bibliotheca chemica curiosa*, 1: 38-53, esp. p. 47 。

② Georg Wolfgang Wedel, "Programma vom Basilio Valentino," in *Deutsches Theatrum Chemicum*, 1: 669-680, esp. pp. 675-676 。

③ Claus Priesner, "Johann Thoelde und die Schriften des Basilius Valentinus," in Meinel, *Die Alchemie in der europäischen Kultur-und Wissenschaftsgeschichte*, pp. 107-118; Hans Gerhard Lenz, "Studien zur Lebensgeschichte des Basilius-Herausgebers Johann Thölde," in *Triumphwagen des Antimons: Basilius Valentinus, Kerckring, Kirchweger; Text, Kommentare, Studien*, ed. Lenz (Elberfeld, Germany: Humberg, 2004), pp. 272-338; and Oliver Humberg, "Neues Licht auf die Lebensgeschichte des Johann Thölde," in ibid., pp. 353-374 。

瓦倫丁作品中最著名的書於一六〇四年問世，它有一個宏大的標題——《銻的凱旋戰車》（*Der Triumph-Wagen Antimonii*）。第一部分基本上是理論性的，第二部分則包含著二十多種以銻為基礎的實際製劑，描述得似乎非常清晰。今天，銻被認為是一種非常稀有的、帶有一定毒性的半金屬元素（與砷有許多共同性質），但對於現代早期的化學家（煉金術士）來說，銻有無窮無盡的魅力。④儘管銻化合物有毒，但大多數瓦倫丁製劑都是藥物（後來的一則故事說，銻元素的名字「antimony」來源於瓦倫丁的製劑對其本篤會弟兄的作用：「anti-moine」，即「反對修士」。這個詞源雖然有趣，但並不真確）。⑤《銻的凱旋戰車》強調把毒物變成藥物，強烈譴責醫學權威，這些都使它牢固地置身於帕拉塞爾蘇斯主義傳統。⑥

《銻的凱旋戰車》將帕拉塞爾蘇斯學說中的「分離」原則用於銻，以去除其有害的性質，產生有效的藥物。瓦倫丁首先描述了一種隔離銻的硫（Sulfur of antimony）的方法（圖6.2）。⑦他

---

④應當指出的是，在現代早期的術語中，「antimony」一詞並非是指今天所稱的銻元素，而是指其主要礦石輝銻礦，它是銻的三硫化物。

⑤這個故事通常出現在十九世紀的化學教科書中：例如參見 Robert Kane, *Elements of Chemistry* (New York, 1842), p. 384。

⑥與帕拉塞爾蘇斯思想的相似性，加之關於瓦倫丁生活在十五世紀即帕拉塞爾蘇斯之前的說法，兩相結合便激起了一項長期的優先權爭論，其中帕拉塞爾蘇斯被批評為巴西爾・瓦倫丁的剽竊者。例如參見 Van Helmont, *Ortus medicinae*, p. 399。

⑦瓦倫丁的配方可見於 *Triumph-Wagen antimonii*, in *Chymische Schrifften*, 1: 365-371。

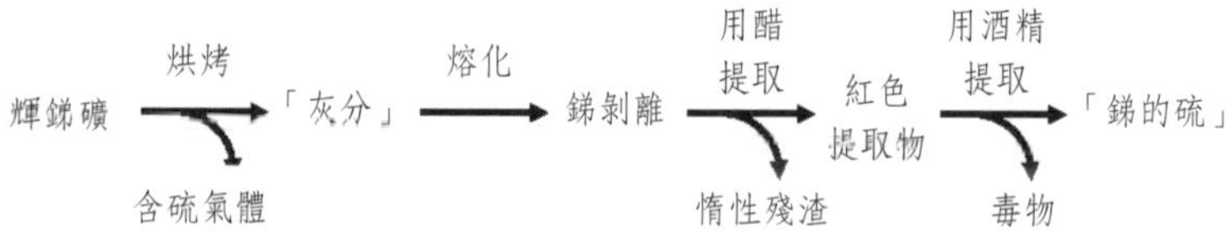

圖 6.2　瓦倫丁用化學（煉金術）將有毒的銻轉化為藥物的示意圖。據說每一步都有有毒的或無活性的材料被分離—這顯示了帕拉塞爾蘇斯學說中的「分離」原則。

先是製造了「銻玻璃」（*vitrum antimonii*）——一種玻璃狀的物質，通常（危險地）用於催吐。他用醋提取這種玻璃，得到一種紅色液體，將液體蒸發成一種黏性的殘餘物，然後用酒精提取殘留物，得到一種甜的紅油。這種油據說就是銻的硫，它不再是催吐藥或瀉藥，因為所有毒性都已經分離了。

對於現代化學家來說，這種敘述似乎極不可能是真實的。有毒元素的毒性根本不可能被「去除」。而且，沒有任何銻化合物可以溶於酒精和水，顏色也不是紅的。那麼，這種敘述僅僅是虛構嗎？還是說可能是一種想像的過程，它基於帕拉塞爾蘇斯學說的概念，但從未得到實際確證？要想就這些問題給出可靠的答案，我想最好的辦法就是嘗試自己製造出「銻的硫」。①

製造銻玻璃似乎無足輕重，這種材料通常出現在現代早期的藥典中。瓦倫丁甚至為從這麼不費力的東西開始表示歉

①複製瓦倫丁過程的以下論述在 Principe, "Chemical Translation and the Role of Impurities in Alchemy" 中有更詳細的討論。

意，但複製其工序的最初結果表明，這種道歉是不必要的。瓦倫丁指示讀者研磨銻礦（輝銻礦，本地的硫化銻（插圖3）），慢慢地烘烤，直到它變成淺灰色，在坩堝中將這種「灰分」熔化，然後倒出熔融的材料，製造出「一種美麗的黃色透明玻璃」。②於是，我將硫化銻烘烤成（很費力，因為需要溫和加熱兩三個小時並持續攪拌，這種程序被稱為「鍛燒」）一種淺灰色的「灰分」。這種灰分——主要是氧化銻——要很費力才能熔化，倒出來時則凝固成一個髒兮兮的灰色團塊。經過多次反覆嘗試，調整了溫度、焙燒的持續時間以及灰分保持熔融的時間長度，總是給出同樣的不幸結果。正當無計可施之時，我從東歐獲得了一個礦石樣本（瓦倫丁指定使用「匈牙利銻」），按照和以前完全相同的工序，將其磨碎、烘烤，熔化灰分——這次得到了美麗的黃色透明玻璃（插圖3）。

最終什麼做對了？對礦石的分析表明，它含有少量石英，這是地球上最常見的礦物之一。事實證明，占礦石總重量大約1%－2%的少量石英是關鍵；沒有它，就不會形成玻璃。③事

② Valentine, Triumph-Wagen antimonii, in *Chymische Schrifften*, 1: 367。

③ 除了現代早期文獻中描述的「銻玻璃」，還有另外一種「銻」。它是紅寶石色的，含有更高比例的硫，在十九世紀中葉之後的化學文獻中被稱為煉金術士的「銻玻璃」：參見J. W. Mellor, *A Comprehensive Treatise on Inorganic and Theoretical Chemistry* (London: Longmans, 19221937), 9: 477 和 *Gmelins Handbuch der anorganischen Chemie* (Leipzig: Verlag Chemie, 1924), 18B: 540。所有金色玻璃的蹤跡，現代早期真正的銻玻璃，在這項研究之前已經從目前的化學知識中消失了。我們很容易忘記，科學知識絕不只是一代代的積累，而總是有些知識被遺忘、分裂、記錯或遺失。

實上，當我把那個醜陋灰色團塊從失敗的試驗中拿出來，將其重新熔化，並加入一點粉狀的石英（或二氧化矽）時，它們也變成了美麗的金色玻璃。瓦倫丁的配方最初總是失敗，也許可以使我們得出結論，他的工序是錯誤的或虛構的，甚至是他在隱藏「祕密」。但是當他給出的條件得到精確複製時——使用礦石，而不是它在現代化學中的「等價物」——這一工序就會如他所述完全管用。雜質是至關重要的。①

接下來，瓦倫丁告訴讀者將玻璃磨成粉末，用醋提取，產生一種紅色溶液。這道工序再次失敗了。甚至經過數週的攪拌，加入石英所製成的黃色玻璃也沒有給醋染上顏色。幾天之後，由礦石製成的玻璃只產生了一種淺紅色。化學分析的結果令人驚訝：這種紅色不是由於任何銻化合物，而是由於醋酸鐵，它無疑來自礦石中微量的鐵。這種紅色材料形成的量極少，似乎不可能令瓦倫丁把它看得那麼重。這一次的關鍵在於，他的配方中有一個細節被忽視了：瓦倫丁寫道，他先用鐵鈎攪拌焙燒的礦石，然後用鐵棒攪拌熔融的玻璃。銻化合物很快就把鐵腐蝕了。因此，瓦倫丁的鐵工具用鐵化合物改進了他的玻璃。它們所提供的正是他正在分離的「銻的硫」。瓦倫丁的銻的硫實際上根本不含銻。它並不是從銻中提取的，而是從他的實驗用

① 對於現代早期的化學家（煉金術士）來說，不含所需量的二氧化矽的礦石可能仍然管用，因為他們使用黏土坩堝而不是現代的瓷坩堝——所需的二氧化矽可以從黏土中的礦物中熔出。

具中提取的！

這個有趣的結論完全解釋了瓦倫丁的說法和觀察。醋溶解了玻璃中的鐵，但也溶解了一些銻化合物，因此，醋提取物仍然具有瓦倫丁所指出的催瀉性。但醋溶液蒸發後，用酒精提取出黏性殘渣，只有醋酸鐵溶解了，所有銻都留在了不溶的殘留物中。瓦倫丁（正確地）寫道：「剩下的殘留物包含毒物，提取物只作藥用。」②酒精提取物是完全無毒的，正如瓦倫丁所說，是「甜的」，因為醋酸鐵帶有些許糖精的味道。

只有耐心地嘗試複製瓦倫丁的過程才可能揭示這些發現。它們表明，雖然瓦倫丁對其過程的理論解釋是有缺陷的，但他仍然非常精確地講述了自己觀察到的結果。儘管這些結果似乎不太可信，而且在認識到雜質的作用之前，這些過程是行不通的，但現在很清楚，瓦倫丁的確描述了他認真執行和觀察的實驗室操作。在他看來，化學（煉金術）處理幾乎肯定會使有毒的材料變得無害，這顯然確證了帕拉塞爾蘇斯的理論。我的複製表明，連一些明顯不大可能為真的化學（煉金術）說法也是基於實際的實驗室操作。這些操作不僅顯示出了技術水平，而且也支持了理論原則。不過，這個例子並未涉及最難解釋的化學（煉金術）部分：金屬轉變。因此，現在我們就來轉向這個話題。

---

② Valentine, Triumph-Wagen antimonii, in *Chymische Schriffen*, 1: 371。

製金：破解隱祕知識

討論轉變的寓意文本背後的化學含義和成就可以找到嗎？那些神話般的敘述以及滿是蟾蜍、正在交配的配偶和飛龍的怪異的寓意插圖，有什麼實際意義嗎？十九世紀中葉，大多數關於「煉金術」的詮釋都是要麼不考慮這些寓意文本，要麼試圖透過幾乎與化學無關的非歷史的猜測來解釋它們。有趣的是，製金者們用來掩飾其含義的方法（只有最聰明的讀者才能讀懂）仍然能夠很好地起作用，也許比他們想像得更好。然而，撰寫製金文本不僅是為了隱藏，也是為了揭示。化學可以幫助我們更好地理解這些文本。

巴西爾．瓦倫丁的第一本書——《論古人的偉大石頭》（*Of the Great Stone of the Ancients*）——提供了一個很好的研究案例。[1] 前半部分提出了關於賢者之石的一般原理和神祕建議。後半部分帶有「十二把鑰匙」的附標題，因為它有十二短章，用寓意形式講述了賢者之石的製備，「通往我們前輩的古代石頭的大門由此得以打開」。[2] 每一把「鑰匙」都揭示（和隱藏）了工序的一個部分，這意味著如果讀者可以正確地破譯祕密語言，他大概就會懂得整個程序。製金文本往往使用類似形式的有待破解的相繼步驟或階段。例如，十五世紀喬治．里普利的《煉金術的複合物》是以十二扇「大門」的形式撰寫的，每一扇門都神祕地描述了製作賢者之石所需的一個操作（例如溶解、昇華、腐敗）。里普利本人的這種形式是從更早的蒙塔諾的圭多（Guido of Montanor）那裡調整而來的，圭多描述了通往賢者之石的一層層「梯級」，里普利的風格被許多後來的作者所模仿。③

瓦倫丁的《論古人的偉大石頭》是一個特別好的研究案例，因為一六〇二年版增加了一幅寓意性的木刻畫來說明每一把鑰匙。④和（第三章討論的）《哲學家的玫瑰花園》一樣，它也是先有文本後有插圖。也就是說，在大多數（並非所有）包含寓意圖像的原作中，文本是首要的。因此，如果脫離語境，就不可能理解這些圖像。不幸的是，只發布圖像而不附上它們所屬的文本乃是一種常見的做法，特別是在流行書籍中，現在也在網站上。於是，對這些圖像的詮釋充斥著各種想像，不會受到諸如歷史背景或理論意圖等小麻煩的約束。

---

① Basil Valentine, *Ein kurtz summarischer Tractat ...von dem grossen Stein der Uralten* (Eisleben, 1599)。後來有無數版本和譯本。

② Valentine, *Von dem grossen Stein der uhralten Weisen*, in *Chymische Schrifften*, 1: 1-112, quoting from p. 24。

③ 直到最近，里普利仍然是一個未被充分研究的人物。最出色的工作可參見 Jennifer Rampling, "Establishing the Canon: George Ripley and His Alchemical Sources," *Ambix* 55 (2008): 189-208, and "The Catalogue of the Ripley Corpus: Alchemical Writings Attributed to George Ripley," *Ambix* 57 (2010): 125-201。George Ripley's *Compound of Alchymie* 的最佳版本目前可見於 Ashmole, *Theatrum Chemicum Britannicum*, pp. 107-193。它也於一五九一年被 Ralph Rabbards 刊印，現在也有 Stanton J.Linden (Burlington, VT: Ashgate, 2001) 所作的再版。

④ Leipzig, 1602。它曾以無插圖的形式在 *Aureum Vellus ...Tractatus III* ([Rorschach am Bodensee; i.e.Leipzig?], 1600), pp. 610-701 中出版，然後又在 Joachim Tanckius, *Promptuarium alchemiae* (Leipzig, 1610 and 1614; reprint, Graz: Akademische Druck, 1976), 2: 610-702 中出版。Lambsprinck's De *lapide philosophico*, in *Musaeum hermeticum*, pp. 337-371 是十六世紀末的作品，它也有類似的「梯級」形式：15 篇短章，每一章都有一幅寓意插圖和神祕詩句。

我們只需詳細考察前三把鑰匙就夠了。圖6.3顯示了嵌入第一把鑰匙中的圖像。相應的文本教導說：「所有不純潔的受汙染之物都不值得我們研究。」在繼續討論純潔這一主題時，作者就醫生如何清除病體中的疾病發表了評論。與圖像直接相關的部分建議說：

國王的皇冠應該是純金，一個貞潔的新娘應該與他結婚。貪婪的灰狼因其名稱而隸屬於好戰的瑪爾斯（Mars，火星），但天生卻是老薩圖恩（Saturn，土星）的孩子，飢腸轆轆地生活在世界的山谷和山脈裡。將國王的身體扔在它面前，也許可以從他身上得到營養。當它吞噬國王的時候，再燃起篝火，把狼扔進火中，使之完全燃燒；這樣國王便得到了救贖。如果這樣做三次，那麼獅子就征服了狼，狼身上將不再有什麼東西可吃；於是我們的身體在我們工作的開始就完成了。①

① Basil Valentine, *Von dem grossen Stein der uhralten Weisen*, in *Chymische Schrifften*, 1: 7-112, quoting from p. 26。

Der Erste Schlüssel.

圖 6.3　巴西爾・瓦倫丁的第一把鑰匙的寓意畫。出自 *Von dem grossen Stein der Uhralten* (Leipzig, 1602)。

這幅木刻畫顯示了國王、他貞潔的新娘以及正在跳過火焰的狼（戴著項圈，看起來更像是一隻賽狗）。父親薩圖恩（由他的拐杖和鐮刀可以確認）站在一旁。所有這些是什麼意思呢？這個謎比較容易解答。文本清晰地描述了一個提純過程。在金屬轉變的背景下，國王很可能是「金屬之王」，也就是金。此金（國王的身體）被餵給一匹貪婪的狼，它是薩圖恩的孩子。在標準的行星命名中，土星是鉛；他的孩子將是某種密切相關的東西，可用來提純金。答案是瓦倫丁最喜歡的物質——銻礦或輝銻礦。輝銻礦被廣泛認為與鉛有關，被用來提純金。①凡是見過輝銻礦與金屬發生反應的人，都會理解為什麼會把輝銻礦稱為一匹貪婪的狼。熔化時，輝銻礦會以驚人的速度熔解——「吞噬」——金屬。證據來自於「因其名稱而受制於好戰的瑪爾斯」這一暗示。在德語中，表示輝銻礦名稱的詞是「*Spiessglanz*」，其字面意思是「矛的光澤」，指的是它閃亮的針狀晶體。和所有武器一樣，矛隸屬於戰神瑪爾斯。

今天，這個過程運作得很好。把一塊不純的金（比如十四克拉的金戒指或金項鍊，其中含有58%的金和42%的銅）扔進熔融的輝銻礦，它幾乎會瞬間熔解。金以外的金屬會變成硫化物漂浮在表面。銻與金的白色合金沉到熔融物底部，坩堝冷卻後很容易將它取回。當這種合金（即狼與它胃中的國王）被烘烤（「燃起篝火，把狼扔進火中」）時，銻會蒸發，留下提純的

---

①羅馬博物學家普林尼曾經寫道，銻礦石很容易被轉化成鉛（*Historia naturalis*, bk. 33, sect. 34）。

金。現在金是純的，「狼身上將不再有什麼東西可吃」；就這樣，「獅子（野獸之王＝金屬之王）征服了狼」。

第二把鑰匙指出，「新郎阿波羅」在與「新娘狄安娜」結婚之前必須小心地用水沐浴，「你必須學會用各種蒸餾方式來準備」這些水。阿波羅是太陽神，太陽與金有關，所以這把鑰匙可能始於從第一把鑰匙中提純的金。金以前被稱為國王，現在則被稱為阿波羅。「假名」即使在同一本書中也不是一成不變的——狡猾的（也許是俏皮的）製金作家不斷增加「假名」，有時是在同一句話中。這位作者繼續說：

> 新郎所需的珍貴的洗澡水必須由兩位鬥士最為聰明和小心地製得（理解成兩種相反的東西）。……老鷹獨自在阿爾卑斯山頂築巢是無益的，因為雛鷹在高山上會凍僵。但是當你向老鷹引介長期居住在岩石之間，並從地穴中爬入爬出的老龍，並把兩者置於一個地獄位置時，冥王普魯托就會猛烈吹氣，從冷龍中遣出一種飛行的、火熱的精神，其巨大的熱量將會燒掉老鷹的羽毛，準備好一場蒸氣浴，因此高山上的雪必定會完全融為水，從而正確地準備了礦泉浴，可以給國王以好運和健康。②

② Valentine, *Von dem grossen Stein*, 1: 30-32。

該文本令人暈眩地從一幅圖像肆意跳躍到另一幅圖像，其作者似乎精神不大正常。但它實際上也可以得到破解。新郎的洗澡水是透過鷹和龍這兩位鬥士的戰鬥而製備出來的一種液體，這兩種動物顯示在圖6.4中格鬥者的劍上。幸運的是，瓦倫丁在書中另一處再次提到了一隻鷹（也許是知識分散的一個例子）。在那裡，他將鷹等同於「salmiac」，即今天被稱為氯化銨的一種鹽。①氯化銨的一種典型特徵是易於昇華，即溫和加熱後，這種鹽會蒸發，然後在燒瓶較冷的位置重新凝聚成一種白色的鹽。鑒於氯化銨的昇華能力，鷹是它的一個合適「假名」——這種鹽和這種鳥都能飛到空中（現代術語「*volatilize*」（揮發）源自拉丁「*volare*」（飛））。因此，「高山上的雪」必定是指純淨的白色氯化銨的沉積物，它在這種鹽昇華時聚集在容器頂部。

識別龍是什麼需要一些礦物學知識。龍居住在洞穴和石頭周圍，這暗示了硝石（硝酸鉀），這種鹽作為一種結晶沉積物天然地存在於洞穴壁上和馬廄的石基中。說龍是「冷」的進一步暗示了硝石，因為它嘗起來舌頭上是冷的，它溶解時會明顯降低水的溫度。最後，透過熱可以從硝石中遣出「一種飛行的、火熱的精神」——我們稱之為「硝酸」——它使我們最終確

① Valentine, *Von dem grossen Stein*, 1: 96。

Der ander Schlüſſel.

圖 6.4　巴西爾・瓦倫丁的第二把鑰匙。出自 *Von dem grossen Stein der Uhralten* (Leipzig, 1602)。

認了龍是什麼。

對此過程的複製證明這種解釋是正確的。把氯化銨和硝酸鉀混合起來（「向老鷹引介老龍」），將其放入熔爐中的蒸餾器（「一個地獄位置」），並強勁加熱（地獄之神普魯托開始吹氣），的確會發生猛烈的反應（一場戰鬥），一種高腐蝕性的酸被蒸餾出來。這種「礦泉浴」是一種王水，一種能夠溶解金的酸性混合物。伴隨的圖像顯示，墨丘利位於兩位鬥士之間，站立在羽翼上。這裡的意思似乎是，鬥士之間的中介是一個有翼的墨丘利——也就是說，一種從正在戰鬥的鹽中飛出的液體。

第三把鑰匙的文本（圖6.5）描述了水如何征服火，

> 必須為這種技藝準備好火熱的硫，並且用水來征服……以使國王……被徹底粉碎，變得看不見。但此時他的可見形態必須再次出現。①

這些難以捉摸的指導似乎描述了製備的酸（「水」）對提純的金（「硫」）的作用。也就是

① Valentine, *Von dem grossen Stein*, 1: 32。

Der dritte Schlüssel.

圖 6.5　巴西爾・瓦倫丁的第三把鑰匙，隱藏著其精餾過程的主要祕密。請注意，一位早期讀者在這幅木刻畫上記錄了他自己的破解結果；他在狐狸身上寫下了金的符號（☉），在公雞旁寫下了汞合金（*amalgam*）的縮寫（aaa）。這個解釋與我自己的解釋有所不同。出自 *Von dem grossen Stein der Uhralten* (Leipzig, 1602)。

說，金被酸溶解（「徹底粉碎」）成一種透明的溶液（「變得看不見」）。「他的可見形態……再次出現」意指金再次出現，表明溶液應當蒸發掉，留下殘餘物，這裡是氯化金。氯化金在受熱的情況下是不穩定的，所以當其溶液蒸發時，殘餘物迅速發生分解，再次產生金——於是，國王的「可見形態」再次出現。

瓦倫丁繼續說，「製備我們不可燃的聖人硫（Sulfur of the Sages）的人必須在它不可燃的某種東西中尋找我們的硫，除非鹹海已經吞掉屍體，然後再將它完全吐出來，否則這是不可能做到的」。①聖人硫是十二把鑰匙的目標，即賢者之石的一個名稱。瓦倫丁暗示，為了達到這個目的，必須使用更多的酸（鹹海）來重新溶解金（屍體，也就是蒸發第一種溶液所留下的殘餘物），然後再次將它蒸餾掉，以恢復（「吐出」）金。這一指導在化學上似乎沒有意義，對我們毫無益處。但它描述了一種被稱為「精餾」的常見的化學（煉金術）操作，今天的化學家已經不再使用這項技術。在此過程中，從某種物質中蒸餾出液體，再將這種液體倒入殘餘物並再次蒸餾出來——這樣的過程往往要持續數十次。圖6.6用寓意畫的現代等價物說明了這個過程的無

---

① Valentine, *Von dem grossen Stein*, 1: 34。

用循環。這種重複可能會得到什麼結果呢？

接著，瓦倫丁說了些最為怪異的話：

> 然後把它升到很高的地方，使它的亮度遠遠超過所有其他星辰。……這是我們主人的玫瑰，猩紅的顏色，紅龍的血。……按照它的需要給它賦予鳥的飛行能力，所以公雞會吃掉狐狸，淹死在水中，用火使公雞死而復生，再被狐狸吃掉，因此相同與不同變得相似了。②

對瓦倫丁古怪的意象和誇張的語言大加嘲笑是可以理解的。然而，這種語言乃是十七世紀製金的典型。第三把鑰匙（圖 6.5）顯示了前方的紅龍，那隻奇怪的食肉公雞既在吃狐狸，在後方又被狐狸吃掉。

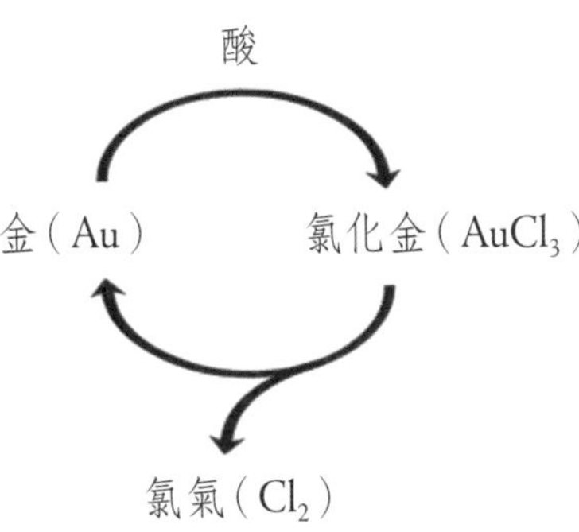

圖 6.6　表達第三把鑰匙祕密的一幅現代「寓意畫」。金在酸中溶解，形成氯化金；當酸被蒸餾出來時，氯化金受熱分解為金和氯氣；所得到的金在酸中再次溶解，如此等等。

② Valentine, *Von dem grossen Stein*, 1: 34-35；一六七七年版缺少了關鍵一行，插入了一個錯誤的詞。正確的文本參見一五九九年版，folio Fv；製金文本的困難難道沒有盡頭嗎？

現代早期的人所熟知的什麼關聯可以構成這些隱喻的基礎呢？長期以來，公雞一直與太陽相連繫（牠們在日出時打鳴），而太陽又與金相連繫。於是，公雞將是「金」的第四個「假名」，以前分別被稱為國王、阿波羅和硫。狐狸專吃家禽（如「雞舍中的狐狸」），因此必定是一個新「假名」，用來表示「吃」金的酸。於是，瓦倫丁的寓意可以破解如下：金飲入酸（公雞吃狐狸），被它溶解（淹死在水中），當熱蒸發酸（用火使公雞死而復生）時再次出現，然後在精餾期間被新的酸重新溶解（狐狸吃雞）。這種解釋看起來似乎合理——它既符合文本，在化學上又是可能的——但整個過程仍然像是原地踏步。

然而，賦予金以「飛行能力」，使之升高到星辰以上，這種指令似乎是完全荒謬的。這些說法暗示，要把金變得可揮發。要使某種像金一樣沉重、堅固、耐火的東西蒸發，這似乎是不可能的！事實上，金的揮發在現代早期既代表一種要求，又是一個嘲笑的對象。「使固定者揮發，使揮發者固定」，這是製造賢者之石的一條指導性格言，幾乎沒有什麼物質比金更「固定」（即不易揮發）。因此，使之變得可揮發似乎朝著履行從「古代聖人」傳下來的指令邁出了巨大一步，是走上正確道路的明確標誌。與此同時，評論家們嘲笑這種觀念是愚昧的「煉金術幻想」的一個例子。比如在一七一七年的喜劇《婚後三小時》（*Three Hours After Marriage*）中，一個自稱波蘭煉金術士的角色吹噓自己的轉變技能。一位博士問他是如何做到的，這位假冒的煉金術士流利地說出了一系列對金的操作，包括其揮發性。這位研究過製金的博士此時起了疑心，警告他「要小心自己的斷言。金的揮發並不是一個明顯的過程。能實現它是透過被稱為『fortitudo fortitudinis fortissima』①的特別高雅的誇張言辭」。②

儘管是「難度最大的困難」(the most difficult difficulty of the difficulty)③，但在一八九五年，在煉金術聲稱金會揮發以及對它的嘲笑早已淡出人們的記憶之後，三百年前由巴西爾・瓦倫丁做過寓意描述的這個過程，實際上被獨立地重新發現了，並且得到了化學解釋。④瓦倫丁似乎已經成功地使金揮發。在瓦倫丁之後七十年，羅伯特・波以耳也做到了這一點。在他自己嘗試製備賢者之石的過程中，波以耳成功地破解並且用實驗揭示了瓦倫丁十二把鑰匙中至少前三把。⑤我已經親自試驗了這個過程，發現它極難實現，但最終還是獲得了美妙的成功。⑥

---

① *fortitudo* 是表示 courage 的拉丁語名詞，*fortitudinis* 是表示 courage 的拉丁語名詞的屬格，*fortissima* 則是表示 the most courageous 的義大利語形容詞或副詞，所以 *fortitudo fortitudinis fortissima* 譯成英語就是 the most courageous courage of courage。把這三個夾雜著拉丁語名詞和義大利語最高級的詞放在一起僅僅表明語言的優雅和誇張。——譯者

② John Gay, Alexander Pope, and John Arbuthnot, *Three Hours After Marriage*, ed. John Harrington Smith, Augustan Reprint Society, no. 91-92 (Los Angeles: Clark Memorial Library, 1961), p. 171。

③ 這是作者仿照前面 *fortitudo fortitudinis fortissima* 所寫的一種誇張言辭。——譯者

④ Thomas Kirke Rose, "The Dissociation of Chloride of Gold," *Journal of the Chemical Society* 67 (1895): 881-904。

⑤ 波以耳在其 *Origine of Formes and Qualities* (1666), in *Works of Robert Boyle*, 5: 424 中提到了「被巴西爾・瓦倫丁神祕描述的『鬥士之水』(*Aqua pugilum*)」及其「提升」黃金的能力。

⑥「鬥士之水」中銨鹽的存在進一步有助於金鹽的成功昇華。

瓦倫丁令人驚訝的成功依賴於那種看似無用的精餾。氯化金的反覆形成和分解使蒸餾裝置中充滿了氯氣。這種有毒氣體阻止了本來極不穩定的氯化金的分解，使之能夠作為紅寶石色的美麗晶體昇華，或如瓦倫丁用更生動的語言所描述的，作為「我們主人的玫瑰……和紅龍的血」昇華。

對十二把鑰匙中第一把的這種考察和複製，可以使我們得出四點歷史教益。首先，至少某一些討論製造賢者之石頭的神祕文本和寓意畫，的確對其作者完成的實際化學過程進行了加密。第二，這些怪異的象徵和寓意畫可以得到理性的、有條理的破解，這意味著其作者之所以認真地構造它們，不僅是想掩蓋他們的知識，也是為了以一種慎重的方式將其透露給最有天賦從而最有價值的讀者。第三，讀者們期望這樣的語言和意象具有明確可辨的含義；他們力圖理解它，至少有一些人成功地複製了這些過程。第四，至少某些製金者顯然具有真正卓越的實踐技能——即使是今天，巴西爾·瓦倫丁（無論他究竟是誰）也會是一個備受讚譽的實驗家。即使使用現代設備，氯化金的揮發也是一項極為困難、需要精湛技藝的操作——而我們這位自稱的本篤會修士卻在十六世紀末相對原始的工作條件下（比如劣質玻璃和炭火）完成了這一驚人壯舉。

接下來的幾把鑰匙仍然難以完全破解。一個神祕之處是最終與「國王／新郎／阿波羅／硫／公雞」結婚，也就是與昇華的金結合的「王后／新娘／狄安娜／汞」的身分。第六把鑰匙（圖6.7）描述了他們的婚姻（或結合）。

Der sechste Schlüssel.

圖 6.7　巴西爾・瓦倫丁的第六把鑰匙；王后（和主教？）的身分仍然不清楚，儘管有一位早期讀者在圖中寫下了他自己的猜測。出自 *Von dem grossen Stein der Uhralten* (Leipzig, 1602)。

一六一八年，製金作者米沙埃爾・邁爾（Michael Maier）出版了一本對瓦倫丁著作的拉丁文翻譯，並用優雅的雕版畫取代了原始的粗糙木刻畫。① 引人注目的是，透過對第一把鑰匙默默做出重新安排（圖 6.8；與圖 6.3 對比），邁爾插入了他自己關於王后身分的想法。他把狼移到國王左前方，把正在橫跨小烤爐的薩圖恩置於王后右前方。雕刻的這些微小變化大大改變了它的含義！現在，該圖像描繪了金和銀的提純——用輝銻礦對金的提純（和以前一樣），以及透過所謂的灰吹法（cupellation）用鉛對銀的提純。在灰吹法中，用鉛把不純的銀熔於一個被稱為灰皿（cupel）的由骨

圖 6.8　米沙埃爾・邁爾重新雕刻的巴西爾・瓦倫丁的第一把鑰匙，發表於 *Tripus aureus* (Frankfurt, 1618)。

灰製成的淺盤中。氣流吹過熔融的混合物，讓鉛和所有與銀融合的賤金屬發生氧化，使它們要麼被灰皿吸收，要麼被吹走。純銀被留了下來。在邁爾的雕版畫中，薩圖恩不再是狼的父親，而是鉛；王后不再是接下來要與提純的金相結合的一種未被確認的材料，而是銀。邁爾顯然相信他已經正確地破解了王后的意思，並決定將其重新雕刻成一幅寓意畫，作為對讀者的「饋贈」。

圖6.7所屬著作的一位早期擁有者得出了不同的結論，他在木刻畫上匆匆寫下了這個結論。他在王后頭頂上方寫下了用鐵製備金屬銻的符號。這些不同解釋表明，聰明的讀者可以從同一個神祕文本和圖像中得出多麼不同的結論（我並不認為邁爾或這位匿名讀者是正確的）。

然而，讀者可能更有理由支持他的而不是邁爾的觀點，因為瓦倫丁本人在關於王后線索的第九把鑰匙中可能給出了暗示。那裡的文本討論了顏色，描述了製造賢者之石的一個階段，密封在燒瓶中的材料由黑變白再變紅。伴隨的插圖（圖6.9）寓意著賢者之石的成熟。國王和王后赤身裸體，他們的頭上和腳上棲息著四隻鳥，象徵著製造賢者之石的各個階段——頂部是黑色的烏鴉，底部是五彩繽紛的孔雀，左邊是白色的天鵝，右邊是火紅的鳳凰。但如果我們後退一點，忽略細節，則總體圖案就會變成一個圓，其頂端是國王和王后奇異扭曲的身體所組成

① Basil Valentine, *Practica cum duodecim clavibus* in Maier, *Tripus aureus*, pp. 7-76; reprinted in *Musaeum hermeticum*, pp. 377-432。

圖 6.9　巴西爾・瓦倫丁的第九把鑰匙，顯示了賢者之石成熟過程中的各種顏色，也許是在暗示一種關鍵成分。出自 *Von dem grossen Stein der Uhralten* (Leipzig, 1602)。

的十字架：簡而言之，是銻（輝銻礦）的化學（煉金術）標誌。

和通常的製金文本一樣，瓦倫丁著作的結尾最容易理解。第十一和第十二把鑰匙描述了賢者之石達到紅色階段之後的操作。在最後一把鑰匙中，瓦倫丁決定不採用「任何花哨的或比喻的哲學語言，而是在一個真實的完整過程中沒有任何缺陷地揭示這把鑰匙」，然後給出一個透過與金融合來「發酵」賢者之石的簡單配方。雖然有明確的指導，紅石與金的這種結合仍然被寓意性地描繪成（圖 6.10）獅子吃蛇——也許吃的是蛇怪，常與賢者之石相連繫的一種動物。①

① Valentine, *Von dem grossen Stein*, 1:72。

圖 6.10 巴西爾．瓦倫丁的第十二把鑰匙，描繪了賢者之石的「發酵」，使其能將賤金屬轉化為金。出自 *Von dem grossen Stein der Uhralten* (Leipzig, 1602)。

製金說法的來源

現在可以肯定，《論古人的偉大石頭》中奇異的寓意文本和木刻畫實際蘊含著當時具有開創性的化學。瓦倫丁的追求在多大程度上得到實現了呢？他不可能成功地製造出引發轉變的賢者之石，除非我們目前的化學知識有很大缺陷。如果不是來自實驗室的結果，那麼其餘的鑰匙來自哪裡呢？我主張，瓦倫丁的著作——以及其他製金文本——匯編了三個不同來源的訊息。瓦倫丁的第一批鑰匙基於他自己的實驗室經驗，並以金的揮發為頂點，此結果令人驚訝，大有希望，它必定使作者異常興奮，使他確信自己正走在製造賢者之石的正確道路上。中間的鑰匙更為晦澀難懂，較少有明確的破解，蘊含著作者基於理論思考做出預言但尚未完成的進一步過程。最後也是最簡單易懂的鑰匙展示了或多或少直接從早期著作中借來的材料。由於將製備材料密封於「哲學蛋」之後的步驟在十六世紀末已經幾乎成為標準，所以沒有理由對它們進行加密。因此，利用實驗室結果、理論推斷和文本慣例，瓦倫丁繪製出了一條通往賢者之石的「貌似合理」的路線，並將其加密為十二把鑰匙。他的實驗室結果非常符合「使固定者揮發」的格言，這使他確信自己在進步，而「古代聖人」的書則使他確信，前人曾經達到過目標。剩下的僅僅是這個過程中間的「缺失環節」。他在寫《十二把鑰匙》時也許仍然在努力研究這些操作。

雖然是猜想性的，但這種詮釋至少為某些製金作品提供了一種看似合理的解釋。有多少這樣的文本能夠透過它來解釋，這仍然是一個懸而未決的問題，但在聲稱成功地製備出賢者之石的文本中，建立在令人鼓舞的實驗室結果基礎上的我所謂「化學（煉金術）樂觀主義」（chymical optimism）必定起著重要的作用。確證這種觀念的另一個例子引出了十七世紀化學（煉金術）中最引人注目的角色之一——喬治・斯塔基。

種植自己的金：斯塔基與哲學樹

斯塔基代表著十七世紀化學（煉金術）的縮影。他製作和銷售香水、精油、化妝品等商業產品，努力發現萬能溶劑，沿著海爾蒙特的思路行醫和製備新藥，設計新的儀器，提出新的化學（煉金術）理論，研究動物的起死回生，從事精煉和採礦業務，熱情探索金屬轉變，還努力製備賢者之石。他著述甚多，（也許無意中）成為十七世紀最受尊敬和影響最廣的製金作者之一。

喬治・斯塔基一六二八年生於百慕達。他的父親是一位遷到該島的蘇格蘭牧師，去世時斯塔基年齡還小。監護人發現斯塔基表現出了相當的智力才能，遂送他到麻薩諸塞灣殖民地（Massachusetts Bay Colony）新建的哈佛學院接受教育，斯塔基於一六四六年從那裡畢業。本科期間，斯塔基對化學（煉金術）產生了濃厚的興趣，很快便因其超常的知識和成就而聞名遐邇。①一六五〇年，部分是由於對用劣質的材料和設備做化學（煉金術）實驗感到失望，斯塔基離開美國前往英格蘭。他在倫敦定居，遇到了幾位對各種新知識感興趣的思想家，其中包括同樣年輕（但要富裕得多）的羅伯特・波以耳。斯塔基似乎鼓勵了波以耳對化學（煉金術）剛剛萌生的興趣，並把自己貯備的許多訊息和經驗傳授給他。大約在同一時間，斯塔基開始講述他在美國遇到的一個內行的引人入勝的故事，這個人同時擁有紅色和白色的賢者之石，並把一部分白色賢者之石給了他。這位神祕的內行名叫「埃里奈烏斯・菲拉勒蒂斯」（Eirenaeus Philalethes，

---

①關於斯塔基生平和思想的更多內容，參見 Newman, *Gehennical Fire*。

意為「真理的和平愛好者」），還與斯塔基分享了他的若干手稿。斯塔基在倫敦私下流傳了這其中的一些作品，在那裡激起了很大興趣。

雖然看起來充滿希望，但斯塔基的生活絕不容易。在做起了賺錢的行醫買賣之後，他最終把病人打發走，全身心地致力於追求「自然祕密」，即各種形式的化學（煉金術）。但和現在一樣，實驗研究在當時代價高昂且充滿風險，斯塔基很快就被債務人告上了法庭並坐了牢。釋放後，他重新尋找更好的藥物和金屬轉變，製造和銷售藥劑、油、香水為他的實驗提供資金。令人驚訝的是，他在十七世紀五〇年代保存的幾本實驗室筆記留存至今。這些文件異乎尋常地見證了一位十七世紀化學家（煉金術士）的日常工作和思想，記錄了他的成功和失敗，對自己計畫和進展的反思，如何基於當時最好的理論提出實驗，以及如何用實驗來修正這些理論。這些筆記甚至記錄了他如何將寓意作品變成了實際的實驗室指導。①

一六六五年，倫敦大瘟疫——歐洲爆發的最後一場大瘟疫——爆發時，執業醫師們逃離了這座城市。但斯塔基和那些同樣倡導醫療化學的人留了下來。他們向逃離的醫生發起挑戰，看

① Starkey, *Alchemical Laboratory Notebooks and Correspondence* 對這些材料作了編輯、翻譯和註解；Newman and Principe, *Alchemy Tried in the Fire* 對其中一些內容作了認真分析，並且提供了關於斯塔基在倫敦的科學互動（包括與波以耳的互動）和背景的更多訊息。

誰的藥物能夠治癒更多染上瘟疫的人。挑戰無人應答。瘟疫達到高潮期間，斯塔基不幸染上了瘟疫，沒過幾天便離開了人世，年僅三十七歲。

雖然斯塔基的人生過早地結束了，但內行埃里奈烏斯・菲拉勒蒂斯仍然活著。斯塔基所流傳的菲拉勒蒂斯手稿開始出版，很快就變得極為流行。艾薩克・牛頓爵士便是認真的讀者之一，他不僅按照菲拉勒蒂斯的建議做了實驗，還接受並且進一步發展了菲拉勒蒂斯的物質結構理論。②人們不僅希望找到這位神祕的內行本人，還希望找到更多手稿。直到十八世紀，關於菲拉勒蒂斯及其下落的新鮮傳聞仍然層出不窮。當然，這些珍貴的手稿其實出自斯塔基本人之手。他的一本筆記裡實際上包含著一些未完成的「菲拉勒蒂斯」短篇論著的草稿。③但他很好地隱藏了自己的作者身分，而且顯然非常令人信服地講述了菲拉勒蒂斯的事蹟，即使他的朋友波以耳也被蒙在鼓裡。斯塔基以自己的名義出版了幾本書和小冊子，但從未獲得像埃里奈烏斯・菲拉勒蒂斯的著作那樣的名聲。即使在沉迷於整個製金文獻中一些寓意過強的作品時，斯塔基也熱衷於提出連貫的化學（煉金術）理論。在其菲拉勒蒂斯著作中，斯塔基概括、分類、

② Newman, *Gehennical Fire*, pp. 228-239；關於化學（煉金術）在微粒物質理論的發展中所起的更大作用，參見 Newman, *Atoms and Alchemy*。

③ Starkey, *Alchemical Laboratory Notebooks and Correspondence*, pp. 228-260; Newman and Principe, *Alchemy Tried in the Fire*, pp. 188-197。

批判了關於賢者之石及其製備的各種同時代思想。就像關於這位想像的作者的引人入勝的故事一樣，這些令人欽佩的品質肯定也有助於這些著作的普及。

對於如何製備賢者之石的問題，菲拉勒蒂斯或者毋寧說斯塔基的處理方法與巴西爾・瓦倫丁有很大不同。《十二把鑰匙》例證了製備賢者之石的一條主要途徑，被稱為「溼法」（*via humida*），因為它運用了水性溶劑——這裡是鬥士的酸性水。斯塔基則例證了另一條主要途徑，被稱為「乾法」（*via sicca*），它並不使用這些水性腐蝕劑，而是只使用一種「乾水」（dry water），或如一句習語所說，「一種不會弄溼手的水」。斯塔基的工作屬於一個名叫「汞派」（mercurialist）的製金學派。對於汞派來說，實現賢者之石的關鍵是透過一種提純和「賦予靈魂」（animation）的過程，由普通的汞製備出一種哲學汞。[①]這種「賦予靈魂」並非是指像法蘭克斯坦博士（Dr. Frankenstein）的實驗那樣的東西，而是指將「靈魂」植入普通的汞，以一種內熱修改其通常的冷和溼。這種「靈魂」並不像第五章提到的「金的靈魂」（*anima auri*）那樣是一種精神實體，而是指一種能夠「加熱」汞、賦予它新的性質的物質。該術語類似於只要動物活著就會為之提供「生命熱」的動物靈魂。

---

①關於汞派，參見 Georg Ernst Stahl, *Philosophical Principles of Universal Chemistry*, trans. Peter Shaw (London, 1730), pp. 401-416，以及 Lawrence M. Principe, "Diversity in Alchemy: The Case of Gaston 'Claveus' DuClo, a Scholastic Mercurialist Chrysopoeian," in *Reading the Book of Nature: The Other Side of the Scientific Revolution*, ed. Allen G. Debus and Michael Walton (Kirksville, MO: Sixteenth Century Press, 1998), pp. 181-200。

為普通汞「賦予靈魂」以提供哲學汞，這種興趣顯見於十六至十八世紀的數十種文本，並且形成了一種融貫的「研究綱領」，一代代有希望的汞派都在致力於這種綱領。有些人選擇用金來提供賦予靈魂的熱，比如十六世紀末的加斯東·杜克洛（Gaston Duclo）。其他人則選擇用生石灰、鹽或——與斯塔基類似——銻等各種金屬。②事實上，斯塔基製備出「星形銻塊」（表面有醒目結晶圖案的元素銻；見插圖3）用於這個過程，美妙地例證了化學（煉金術）作者如何能夠根據其目標讀者而使用極富寓意的或完全平易的語言。保密的風格適用於出版物，必須採用一些保密手段來屏蔽那些配不上祕密或可能濫用祕密的讀者。直接的風格則被用於私人文件，這時讀者已經受到限制，比如斯塔基的實驗室筆記和他的個人信件。有必要對這一點做出強調；有時有人說，「煉金術士們」（好像他們都一樣似的！）無法做出清晰的表達，因為他們的思想和過程沒有明確的含義，或者他們的語言在某種意義上是一種「迷狂」的宣告，而不是有意加密的言辭。這樣的斷言是毫無根據的。

在菲拉勒蒂斯的《通往國王封閉宮殿的開放入口》（*Open Entrance to the Closed Palace of the King*, 1667）中，題為「用飛鷹製備智慧汞的第一步操作」的一章，告訴讀者如何開始那個「賦予靈魂」的過程。

腹內藏魔鋼（magical steel）的火龍取4份，磁鐵取9份，將它們與炙熱的武爾坎（Vulcan）

---

② Principe, *Aspiring Adept*, pp. 153-155。

混合在一起，……扔掉外殼，取出內核，用火和太陽清洗三次，如果薩圖恩在瑪爾斯的鏡子裡看到他的形態，這將很容易做到。由此便製成了變色龍（Chamaeleon）或我們的混沌，所有祕密都潛在地而不是實際地隱藏其中。這是一個感染了狂犬病的雌雄同體的嬰兒。……但狄安娜的木頭中有兩隻鴿子緩解了他瘋狂的狂犬病。①

在這些模糊不清的指導被刊印之前數年，斯塔基在給波以耳的一封信中已經給出過同樣的指導。一六五一年春，斯塔基告訴他的朋友：

取銻9盎司，鐵4盎司（這是正確的比例）……加強火力使物質流動……將它注入一個角形物，底部將是銻塊，其上有閃亮的礦渣。待冷卻後將它們分離。……你必須有貞女狄安娜即純銀的調解。……現在，先生，取此銻塊1份，純銀2份，……②

在同一封信中，我們還看到了該銻塊為什麼被稱為「雌雄同體」和「狂犬病」，特別是如

① Eirenaeus Philalethes [George Starkey], *Introitus apertus ad occlusum regis palatium*, in *Musaeum hermeticum*, pp. 647-699, quoting from pp. 658-659。

何用它來製備哲學汞。波以耳認為這一過程的結果大有前途，以至於實驗了近四十年，試圖將它產生的汞轉化為賢者之石。他還允許部分信件被複製（可能會令斯塔基感到恐懼），這些副本傳到了歐洲各地。牛頓自己就擁有一個副本，但那時它已過許多人之手，以致原先與斯塔基的連繫被忘記了。③

為什麼對這種哲學汞有這麼大的興趣？汞派認為，哲學汞和普通的金是製備賢者之石的兩種初始材料。若密封在哲學蛋中，兩者會發生反應，顯示出所需的黑色、白色和紅色，並產生煉金藥。許多汞派（包括斯塔基）的賢者之石理論都建立在種子（*semina*）概念的基礎上，這些種子本原可以將物質組織成特定的實體和形式。他們透過類比指出，既然蘋果的種子只見於蘋果，那麼金的種子也必然只見於金。但經驗教導我們，將金與鹼金屬簡單地混合或熔化不會導致轉變；金的種子不能作用於其他金屬，而是仍然鎖藏在金的金屬體內，在那種狀態下它是休眠和疲弱的。哲學汞釋放並活化了金的種子。汞會溫和而自然地溶解金（而不是以酸的劇烈的破壞性方式），盡所有的力量將種子完好無損地從金體中釋放出來。汞「滋養」種子，在燒瓶中長時間加熱，使種子得以加強和繁殖，最終獲得賢者之石，其主動本原（active principle）是

② Starkey, *Alchemical Laboratory Notebooks and Correspondence*, pp. 12-31, quoting from pp. 22-23; Boyle, *Correspondence*, 1: 90-103。

③ Principe, *Aspiring Adept*, pp. 158-179; Newman, "Newton's *Clavis* as Starkey's *Key*"。

具有高度活性的金的種子。賢者之石中的種子不再像處於金中時那樣疲弱和缺乏活性，現在可以透過將賤金屬的基本物質重新組織成金來實現轉變。

如前所述，「種子」一詞在這種語境下是隱喻性的；許多支持關於賢者之石作用的這種理論的人都強調了這一點。一般來說，他們並不認為金屬像植物一樣是「活的」，也不認為金屬是透過某種像園丁植入土地的種子一樣的東西來增殖的。但金屬「種子」與植物種子之間的相似性還是引出了一系列輔助解釋和插圖——這乃是隱喻的主要目的，也正因如此，它們在今天的科學中仍然至關重要。因此，汞派文本經常利用與「種子」概念有關的額外的園藝圖像。正如普通的水對於普通種子的膨脹和發芽以及它們在地面上長成植物是必不可少的，哲學汞也被認為是金「發芽」以及「長」成賢者之石所需的一種「水」。於是，斯塔基所青睞的作者喬治·里普利寫道：有了哲學汞，

> 赫密士可以滋養他的樹，
> 在他製作的玻璃器皿中直直地生長，
> 開出賞心悅目的純色花朵。①

---

① Ripley, *Compound of Alchymie*, p. 141。

十五世紀上半葉的汞派讓・科萊松（Jean Collesson）寫道，哲學汞的價值在於它能「使金像植物一樣生長和發芽」。他向讀者保證，如果一種製備出來的汞不能使金「明顯生長」，那它就不是真正的哲學汞。② 菲拉勒蒂斯（或者更確切地說是斯塔基）也大量運用農業隱喻，並對更早作品中出現的這類隱喻做了編目。斯塔基注意到，許多作者都在賢者之石的語境下提到了植物和樹木，他寫道：

> 有人將我們的這棵樹比作一個事物，有人將它比作另一個事物；有人將它比作柏樹或杉樹，後者看起來也許的確像它；另一些人則將它比作山楂樹，比如「加添之門」（Gate of Cibation）中的里普利；有人將它比作灌木，另一些人將它比作密林。……我承認我們所說的發芽和所有這些東西之間有一種相似性；……還有一些人稱之為珊瑚，這的確是最恰當的比喻，因為我們的樹有嫩芽和小枝，而沒有任何可能被比作葉子的東西：由於珊瑚是植物性與石性的結合，所以它在我們的樹中……③

② Jean Collesson, *Idea perfecta philosophiae hermeticae*, in *Theatrum chemicum*, 6: 143-162, quoting from pp. 146 and 149。

③ Eirenaeus Philalethes [George Starkey], *Ripley Reviv'd* (London, 1678), p. 65。

在現代早期大體上農業社會的背景下，人們比我們今天的大多數人更接近於農業和園藝經驗，此時植物比喻為賢者之石概念的形成以及哲學汞對於製造賢者之石的作用，提供了一個容易理解的類比。但是，單憑隱喻的生動性就能解釋斯塔基、波以耳等許多人對哲學汞配方的長期迷戀嗎？一些對製金持暗淡看法的作者曾將這種持續的興趣歸因於痴迷——儘管痴迷通常是認真學習和發現的一個先決條件——或某種幻想或「失敗循環」。在它背後還有什麼更多的東西嗎？

再次，我認為回答這些問題的最好方法，就是重複這些作者所「痴迷」的實驗，看看他們自己看到了什麼。斯塔基的實驗室筆記提供了一個起點。不幸的是，他只有少數幾本筆記留存下來，因此對其工作的完整的純文本描述並不存在。部分根據他倖存的筆記和信件，並且用業已出版的對菲拉勒蒂斯文本的解釋來填補空隙，我得以對他製作和使用哲學汞的方法進行較為完整的描述。和瓦倫丁的製備過程一樣，從現代化學的角度來看，斯塔基的一些程序沒有任何意義。但些許的痴迷大有幫助，經過一個月艱苦的重複工作，我製備出了斯塔基聲稱令人嚮往的少量「被賦予靈魂」的哲學汞，雖然它看起來與開始時幾乎沒有什麼不同。

根據斯塔基的提示，我將這種汞與金混合在一起，產生了一種油狀的混合物，我把它放在一個形狀接近哲學蛋的燒瓶中。將「蛋」密封，埋在沙浴中並加熱（插圖4）。幾個星期之後，我改變了熱量，因為原始文本並未（在實驗室溫度計發明之前實際上也不可能）明確指出原先使用的溫度。在這段時間內，混合物只是略有膨脹，增加了流動性，然後部分被疣狀贅生物所覆蓋。最後，在似乎達到正確溫度的幾天之後，一天早上我來到實驗室，發現混合物一夜之間有了全新的（極為驚人的）面貌。前一天，只有一塊灰色的無定形物位於燒瓶底部，然而到了第二天早晨，一棵閃閃發光、完全形成的樹充滿了整個容器（插圖5和插圖6）。

對於這一景象，我的第一反應是完全不敢相信，在確信自己沒有發瘋之後，我感到了敬畏和好奇。想像一下，當十七世紀的某位製金者看到這種景象時，他會想到什麼。這幾乎肯定能強有力地證實他的信念，即哲學汞能夠釋放、活化和滋養金的「種子」。這可能會立即使他想起以前的作者談到過金的「生長」和「赫密士樹」。簡而言之，這可能會生動和毫無疑問地證明，他已經發現了「國王宮殿的入口」，這是通往賢者之石的至關重要的門檻。對歷史學家來說，這棵實實在在的哲學樹清楚地表明，至少有某些製金意象儘管看似怪異，卻直接源於化學反應物的外觀。①

斯塔基倖存下來的一個筆記片段明確指出，這位美國煉金術士看到了同樣的哲學樹。一六五二年三月五日星期二，他記錄說，他的汞金混合物「有十二整天基本上保持樹狀」，也就是

①該成果（附照片）最初發表於 Lawrence M. Principe, "Apparatus and Reproducibility in Alchemy," in *Instruments and Experimentation in the History of Chemistry*, ed. Frederic L. Holmes and Trevor Levere, (Cambridge, MA: MIT Press, 2000), pp. 55-74, the proceedings of a conference held at the Dibner Institute at MIT in April 1996。

說，像是「正在生長的樹」。①從複製其過程的結果來看，我們現在知道，必須從字面上來理解他所說的：「現在火中有幾杯金子和汞在以樹的形狀生長。」②考慮到這個結果如此具有視覺衝擊力，我們可以更好地理解對這條通往賢者之石的道路的頑強追求，這類景象必定為繼續進行實驗提供了巨大鼓勵。

儘管十七世紀的化學（煉金術）還知道其他一些樹狀（或樹枝狀）的化學「生長」，但它們與插圖6中顯示的截然不同。最為人所知的是「狄安娜樹」，這是從硝酸銀溶液中析出的銀的結晶。這些「生長」是十七世紀所熟知的特技，今天仍然存在於「化學魔法」（chemical magic）節目中。③從化學和歷史的意義上來說，這些雕蟲小技不能與被小心守護著的汞派的哲學樹——與製金緊密相關——的祕密相比，在密封容器中，哲學樹完全出乎預料地從高溫的無定形金屬混合物中生長出來。

斯塔基的繼續實驗似乎並沒有使他獲得賢者之石，否則他可能就不會被債務人告上法庭而坐牢了。儘管像金的揮發或發芽長成一棵閃閃發光的樹這樣的結果令人鼓舞，但最終未能獲

① Starkey, *Alchemical Laboratory Notebooks and Correspondence*, pp. 84-85。

② Starkey, *Alchemical Laboratory Notebooks and Correspondence*, p. 21; Boyle, *Correspondence*, 1: 95。

③ Lemery, *Cours de chymie* (Paris, 1675), pp. 68-69。

得賢者之石還是引出了一個問題：為什麼有這麼多人確信，賢者之石能夠製備而且實際上已經製備出來？是什麼證據支持人們普遍相信它的存在？

賢者之石的證據

今天，對賢者之石存在性的懷疑主要基於這樣一個事實，即它所謂的能力違反了公認的科學物質理論。然而在現代早期，賢者之石非常符合當時盛行的物質理論。轉變並不違反當時的科學思想體系。沒有任何強有力的理論能夠拒斥賢者之石的真實性。恰恰相反，關於賢者之石的能力，當時存在著各種看起來合理的解釋。金屬轉變雖然緩慢，但似乎是自然中自發發生的；製金者只是嘗試使用更快的手段即我們所說的（帶有某種時代誤置）催化劑來實現它。人們普遍相信，所有事物都是由同一種基本「原料」構成的——這種觀點可見於古老的銜尾蛇圖案（圖1.1），並且在十七世紀最新的物質觀念中得到復興——這種信念至少保證了把任一事物轉變成另一事物的理論可能性。

雖然這些理論思考使賢者之石有可能存在，但要說服現代早期的人相信它是真實的則需要花更多功夫。第二個支持來源是目擊證人的證詞。煉金術的文學遺產包含對賢者之石及其近一千年的影響的描述。十七世紀出現了一種新的文本證據——「轉變誌」，即公認的轉變目擊者的證詞。這些目擊者的報告既有單個人的也有結集出版的。選集的一個早期例子是一六〇四年出版的《金屬轉變誌種種……捍衛煉金術，反擊其瘋狂敵人》(*Histories of Several Metallic Transmutations ...for the Defense of Alchemy against the Madness of its Enemies*)，其作者是荷蘭人埃瓦爾·范·霍格蘭德(Ewald van Hoghelande)。在十八世紀末的德國，這類選集在製金的復興期間重見天日，在我們這個時代甚至被煉金術的信徒和那些努力兜售「奧祕」的人編輯出版。①

許多報告都涉及一些匿名行家，他們當著有志於製金或持懷疑態度的人的面，在熔化金屬上加入點金石粉。有一些故事非常離奇，現代讀者讀來幾乎肯定會發出得意的嘲笑(對現代早期的人也許有同樣的效果)，但也有很多故事極為精確，它們指出了準確的時間、地點、出席者、產生金銀的量、轉化劑的外觀(幾乎總是一種紅色的粉末)，等等。事實證明，其中一些演示有損於演示者的健康。一七〇一年，一位名叫約翰·弗里德里希·伯特格爾(Johann Friedrich Böttger，一六八二—一七一九)的藥劑師學徒要在柏林演示轉變的消息，不僅把數學家

---

① Ewald van Hoghelande, *Historiae aliquot transmutationis metallicae ...pro defensione alchymiae contra hostium rabiem* (Cologne, 1604); Siegmund Heinrich Güldenfalk, *Sammlung von mehr als 100 Transmutationsgeschichten* (Frankfurt, 1784)。關於它，另見 Jürgen Strein, "Siegmund Heinrich Güldenfalks *Sammlung von mehr als 100 Transmutationsgeschichten* (1784)," in *Iliaster: Literatur und Naturkunde in der frühen Neuzeit*, ed. Wilhelm Kühlmann and Wolf-Dieter Müller-Jahncke (Heidelberg: Manutius Verlag, 1999), pp. 275-283; Bernard Husson, *Transmutations alchimiques* (Paris: Editions J'ai Lu, 1974)。

和哲學家戈特弗里德・威廉・萊布尼茨（Gottfried Wilhelm Leibniz，一六四六—一七一六）吸引到了現場，而且也導致薩克森公爵奧古斯特二世的士兵把伯特格爾抓了起來。伯特格爾在獄中度過了餘生，雖然他在獄中沒有滿足公爵製造黃金的要求，但他的確幫助發現了製造瓷器的祕密，這一商業產品被證明幾乎同樣有利可圖。②這些報告——伯特格爾並不是唯一一個因為據說的知識而入獄的轉變者——表明了煉金術為什麼要保密和匿名的一個非常實際的理由。

一些演示或多或少是在宮廷或學者聚會上公開進行的，有時會用轉變的金屬本身鑄造硬幣或獎章作為紀念。③事實上，到了十七世紀末，許多這類硬幣被鑄造出來，以至於有人寫了一整部專論來討論它們，其中許多煉金術製品流傳至今（插圖7）。④

---

② Klaus Hoffmann, *Johann Friedrich Böttger: Vom Alchemistengold zum weissen Porzellan* (Berlin: Verlag Neues Leben, 1985) 詳細講述了這個故事，更不嚴密的敘述見 Janet Gleeson, *The Arcanum: The Extraordinary True Story* (New York: Warner, 1998)；當時的敘述參見 Gottfried Wilhelm Leibniz, "Oedipus chymicus," *Miscellanea Berolinensia* 1 (1710): 16-21。

③ 一個（臭名昭著的）例子是 Wenzel Seyler；參見 Pamela Smith, "Alchemy as a Language of Mediation in the Habsburg Court," *Isis* 85 (1994): 1-25。關於 Seyler 的更多內容，參見 Johann Joachim Becher, *Magnalia naturae* (London, 1680)，其中從道德角度描述了 Seyler 對賢者之石的發現、盜竊和濫用以及他隨後在宮廷的冒險經歷。當時對他的其他記載發表於 Principe, *Aspiring Adept*, pp. 261-263 and 296-300。

④ Samuel Reyher, *Dissertatio de nummis quibusdam ex chymico metallo factis* (Kiel, Germany, 1690)；對這些硬幣的現代研究參見 Vladimir Karpenko, "Coins and Medals Made of Alchemical Metal," *Ambix* 35 (1988): 65-76; "Alchemistische Münzen und Medaillen," in *Anzeiger der Germanischen Nationalmuseums 2001* (Nuremberg: Germanisches Nationalmuseum, 2001), pp. 49-72；以及 *Alchemical Coins and Medals* (Glasgow: Adam Maclean, 1998)。

奧蘭治親王的醫師約翰・弗里德里希・赫爾維修（Johann Friedrich Helvetius，一六二五—一七〇九）一六六七年發表的報告極為臭名昭著。①一六六六年十二月二十七日，一位陌生人出現在赫爾維修在海牙的家中。由於赫爾維修曾經撰文對製金表示懷疑，來訪者與他就這個話題進行了交談。經過一番討論，陌生人拿出一個小象牙盒子，裡面裝有三塊沉甸甸的玻璃狀物質，並聲稱這塊賢者之石足以產生二十噸黃金。第二次訪問期間，他給了赫爾維修一塊「比油菜籽還小」的這種石頭。此人走後，赫爾維修融化了一些鉛，按照其指導將這粒石頭投於其上，發現鉛變成了金。

該城的鑄幣廠廠長分析了這塊金屬，發現它是純金。此外他還用銀熔化了一塊樣品來測定它的質量，發現煉金術的金使加入的一些銀發生了轉變，使金的總量增加了33％。正如赫爾維修所說，這一結果是由「過量的染色劑」引起的。②一些著名學者試圖驗證這些報告，比如哲學家斯賓諾莎就曾前往拜訪和詢問赫爾維修和那位試金者。③

---

① Johann Friedrich Helvetius, *Vitulus aureus* (Amsterdam, 1667)。次年它以德文（*Guldenes Kalb*）在紐倫堡出版，一六七〇年以英文（*The Golden Calf*）在倫敦出版，一六七八年重印於 *Musaeum hermeticum*, pp. 815-863。

② *Musaeum hermeticum*, p. 894。

③ Benedict Spinoza, *Spinoza Opera im Auftrag der Heidelberger Akademie der Wissenschaften*, ed. Carl Gebhardt (Heidelberg, [1925]), vol. 4, Epistolae, pp. 196-197。

最近人們從羅伯特·波以耳未發表的文稿中發現了另一個引人注目的例子，這些文稿今天保存在他幫助建立的科學機構倫敦皇家學會中。一六八〇年前後，波以耳撰寫了《關於金屬的轉變和改進的對話》（*Dialogue on the Transmutation and Melioration of Metals*），支持賢者之石及其能力，還包括私下向他轉述的幾份轉變報告。但這篇未發表的文稿也包含著用第一人稱生動描寫的波以耳本人所目睹的轉變。④波以耳說他被介紹給一個人，此人願意向他展示一個實驗，能將鉛轉化成一種類似於汞的金屬液。波以耳派他的僕人取來了實驗所用的鉛和坩堝。當實驗失敗時（坩堝意外落入了火中），此人願意演示另一個實驗，而波以耳誤以為他想重複那個失敗的實驗。波以耳繼續報告說：

> 鉛被劇烈熔化，旅行者打開一張摺疊的小紙片，似乎包著少量粉末，它們看起來有些透明，很像極小的紅寶石，呈一種非常美麗的紅色。他沒有稱重就把些許粉末塗在了刀尖上，我猜大約有1格令，或者最多在1格令⑤與2格令之間，然後把刀柄遞給我，說如果我願意，我可以親手投入這種粉末。⑥

④波以耳的《關於金屬的轉變和改進的對話》直到二十世紀九〇年代才出版，此前它一直混雜在其卷帙浩繁的文稿中。現在它發表在Principe, *Aspiring Adept*, pp. 223-295。

⑤格令：重量單位，等於0.065克。——譯者

⑥Robert Boyle, *Dialogue on Transmutation*, in Principe, *Aspiring Adept*, p. 265。

但波以耳眼睛對光很敏感，他擔心在凝視熾熱的火焰時會無意中把粉末灑落，「遂把刀還給了這位旅行者，希望他在我旁觀時親自投入粉末」。①在蓋上坩堝猛火加熱十五分鐘之後，這兩個人將它從火中取出來，讓它冷卻。波以耳繼續說：

> 把坩堝冷卻到可以安全地操作，將它移到窗口。我驚訝地發現，坩堝中沒有流出汞，而是有一個堅實的東西。更讓我驚奇的是，當坩堝被倒過來時，出來的東西（仍然保持著容器底部的形狀）雖然有點熱，但顏色很黃。我把它握在手裡，感覺明顯比同樣多的鉛更重。這時我有些驚訝地打量著旅行者，他微笑著告訴我，他認為我已經完全理解了這個新設計的實驗屬於什麼類型。②

波以耳帶走了那塊黃色的金屬，所有檢驗都表明它是金。此後不久，他的一位朋友，可能是牛津的醫學教授和國王的第一任御醫埃德蒙·狄金森（Edmund Dickinson，一六二四—一七〇七），告訴波以耳，幾天後他在牛津見到了這位旅行者。在那裡，狄金森親眼目睹了兩次轉

---

① Robert Boyle, *Dialogue on Transmutation*, in Principe, *Aspiring Adept*, p. 265。

② Ibid., p. 266。

變，分別以鉛和銅為初始材料。波以耳寫道：「最後，為了滿足更大的好奇心，醫生（狄金森）希望能對他口袋裡的一些英格蘭銅幣也採取同樣的操作，這些銅幣雖然比鉛難熔得多，但同樣被轉變成金。」③

這樣的經歷對波以耳已經足夠。他後來對告解神父吉爾伯特·伯內特（Gilbert Burnet）主教說，這件事使他「心滿意足地確信」賢者之石的真實性及其轉變金屬的能力。③事實上，一六八九年，波以耳和伯內特當著議會的面為轉變的真實性作證，以廢除國王亨利四世一四〇四年的轉變禁令；由於他們的有力證詞，舊的法令被撤銷了。⑤

就這樣，現代早期的人經常聽到整個歐洲實現的成功轉變的報告。這些報告不斷為他們提供證據，表明賢者之石是真實存在的。這些報告即使未能說服每一個持懷疑態度的人，也會為從業的和書齋裡的製金者提供新的支持和激勵。在他們看來，各種證據來源是彼此加強的。由當時備受尊重的權威作者所作出的證言，與當時最出色的科學理論是一致的，哲學樹等引人

---

③ Robert Boyle, *Dialogue on Transmutation*, in Principe, *Aspiring Adept*, p. 268。

④ "Burnet Memorandum," printed in Michael Hunter, *Robert Boyle by Himself and His Friends* (London: Pickering, 1994), p. 30。事實上，這件事僅僅是波以耳幾次目睹金屬轉變中最具戲劇性和最確鑿的。

⑤ 參見 Hunter, "Alchemy, Magic, and Moralism," esp. p. 405。

注目的驚人的實驗室現象凝聚成為一個有說服力的案例，表明賢者之石既是真實的，又是值得追求的目標。儘管關於轉變的爭論已經持續了幾個世紀，但許多著名的學者和自然哲學家（或我們所說的科學家）仍然相信賢者之石的真實性及其能力。許多努力揭示製金祕密的化學（煉金術）實踐者都是嚴肅的思想家和有天分的實驗家，其中也包括波以耳和牛頓等著名的科學革命人物。

本章主要側重於揭示隱藏在煉金術極為混亂的祕密語言和意象背後的實際作法和化學。之所以有必要說明和強調這種實驗室活動，是因為存在著一種普遍傾向，要極力貶低煉金術在理論和實踐上的化學內容。化學（煉金術）雖然著眼於實際的物質轉變，但比現代化學的範圍廣得多。它是一種豐富的染色劑，點染著現代早期文化的各個方面。它也為現代讀者理解現代早期的人如何思考和經驗世界提供了一條途徑，這些思考和經驗的方式明顯不同於現代，具有自己驚人的美與力量。下一章將從其他方向來探討煉金術的主題，以考察其更廣泛的背景和設想。

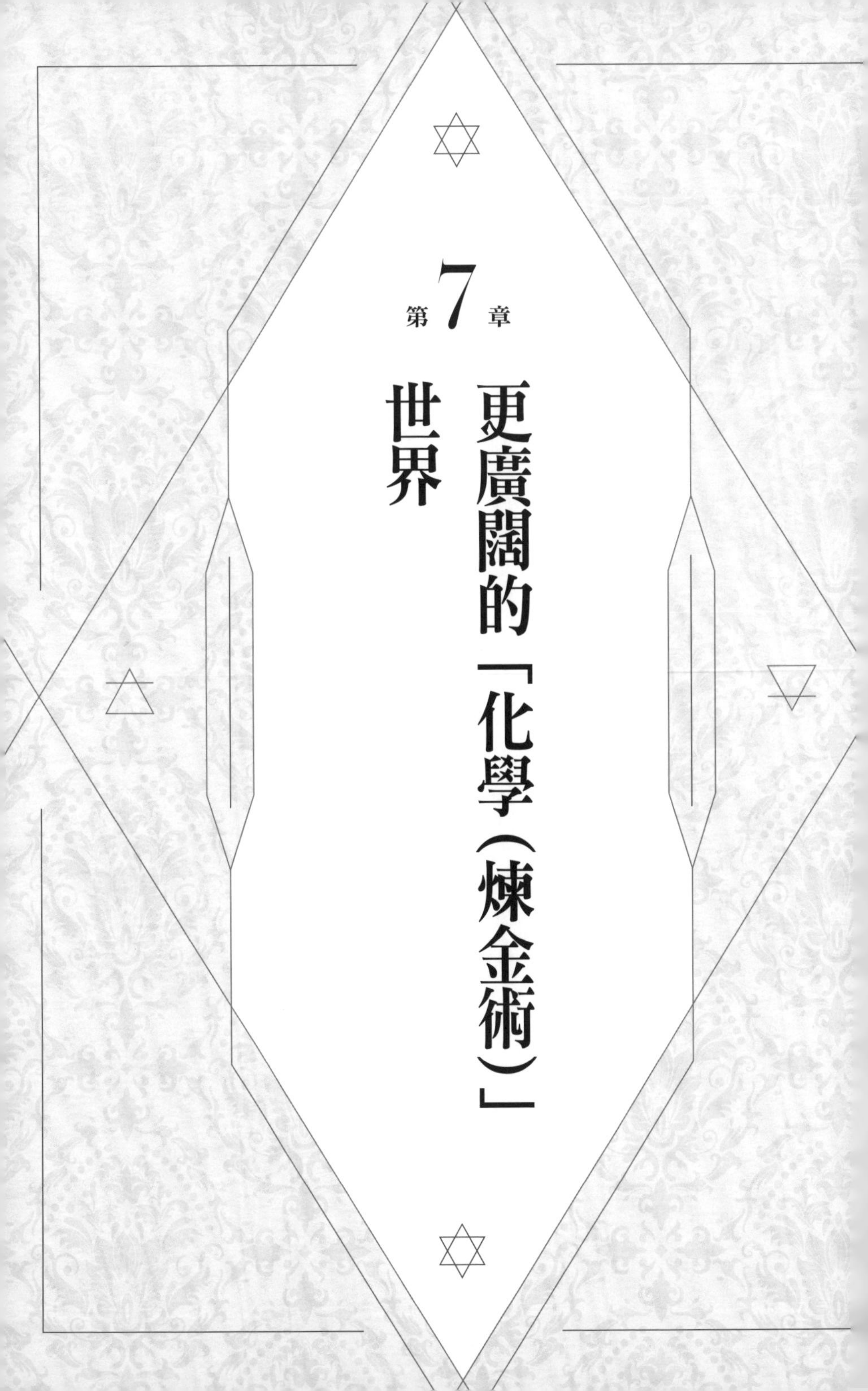

第7章

更廣闊的「化學（煉金術）」世界

在十六、十七世紀，化學（煉金術）既不是一個鮮有人關注的主題，也並非孤立於其思想文化背景而存在。相反，它頗受關注，而且激起了很多從未操作過坩堝或蒸餾器的人的想像。本章考察煉金術是如何更廣泛地滲透到現代早期的文化中並與之互動的，其範圍遠遠超出了煙熏火燎的實驗室和作坊。同樣重要的是，許多化學家（煉金術士）思考其工作和世界的方式往往不同於現代觀點，體現了這一時期的普遍觀念。事實上，研究煉金術有助於闡明現代早期世界觀的一些更廣泛的方面。理解煉金術需要至少能在一段時間內經由現代早期的眼光來審視它。

煉金術在思想文化中的爭議地位

寓意圖像是一個很好的出發點。並非每一本化學（煉金術）寓意圖集都是某種加密的實驗室筆記本。化學（煉金術）的寓意圖集有多種形式和多重目的。其中一位著名作者是米沙埃爾・邁爾（一五六八－一六二二）。①他豪華的《逃離的阿塔蘭忒》（*Atalanta fugiens*）包含著著名瑞士版畫家老馬特烏斯・梅里安（Matthaeus Merian the Elder，一五九三－一六五〇）所作的五十幅美麗的版畫，這是今天最常複製的許多煉金術圖像的來源。不同於巴西爾・瓦倫丁用一連串井然有序的「鑰匙」來闡明單個文本和加密單個過程，邁爾的《逃離的阿塔蘭忒》是一部圖集。它蒐集了赫密士、莫里埃努斯、瓦倫丁等一批早期作者的圖像和表述，並把它們集合成化學（煉金術）中一個至為複雜豐富的意義層次。②即使邁爾可能做過一些實驗室工作，他的《逃離的阿塔蘭忒》也比瓦倫丁或喬治．斯塔基的書更加遠離實驗室操作的世界（不過有些讀者，包括艾薩克．牛頓爵士，仍然試圖從中搜尋關於製造賢者之石的實用訊息）。

該書的五十章分別由五部分組成：格言、寓意圖像、六行警句詩（拉丁文和德文）、兩頁敘事散文，以及最具創新意義的是一段三聲部的音樂（圖7.1）。音樂提供了編排的主題：阿塔蘭忒（Atalanta）和希波墨涅斯（Hippomenes）的故事。在古典神話中，善跑的少女阿塔蘭忒只答應嫁給能在賽跑中跑贏她的人——有趣的是，她會殺死失敗者。希波墨涅斯接受了阿塔蘭忒的挑戰，但知道沒有人比她跑得快。在愛神阿芙蘿黛蒂（Aphrodite）的幫助下，他用三顆金

---

①關於邁爾，參見Erik Leibenguth, *Hermetische Poesie des Frühbarock: Die "Cantilenae intellectuales" Michael Maiers* (Tübingen: Max Niemeyer Verlag, 2002); Karin Figala and Ulrich Neumann, "'Author, Cui Nomen Hermes Malavici': New Light on the Biobibliography of Michael Maier (1569-1622)," in Rattansi and Clericuzio, *Alchemy and Chemistry in the Sixteenth and Seventeenth Centuries*, pp. 121-148, and "À propos de Michel Maier: Quelques découvertes bio-bibliographiques," in Kahn and Matton, *Alchimie*, pp. 651-661; and Ulrich Neumann, "Michel Maier (1569-1622): Philosophe et médecin," in Margolin and Matton, *Alchimie et philosophie à la Renaissance*, pp. 307-326。一項用英文寫成的現已更新的較早研究是J. B. Craven, *Count Michael Maier, Doctor of Philosophy and Medicine, Alchemist, Rosicrucian, Mystic*, 1568-1622 (Kirkwall, UK: Peace and Sons, 1910)。

②H. M. E. de Jong, *Michael Maier's Atalanta Fugiens: Sources of an Alchemical Book of Emblems* (Leiden: Brill, 1969) 對邁爾的來源做了確認。還有其他許多寓意圖集，比如Daniel Stoltzius von Stolzenberg 的 *Viridarium chymicum* (Frankfurt, 1624)，也以德文版出版：Chymisches Lustgärtlein (Frankfurt, 1624; reprint, Darmstadt: Wissenschaftliche Buchgesellschaft, 1964)。

16 FUGA II. in Quinta, infrà.

Sein Säugmutter ist die Erden.

Atalanta fugiens.

Romu lus hir ta lu pæ pressisse sed ubera capræ

Jupiter & di ctis fer tur adesse fides.

Hippomenes sequens.

Romu lus hir ta lu pæ pressisse sed ubera capræ

Jupiter & di ctis fer tur adesse fides.

Pomum morans.

Romulus hirta lupæ pressisse sed ubera capræ

Jupiter & dictis fertur adesse fides.

II. Epigrammatis Latini versio Germanica.

ROmulus von einer Wölffin ist/ aber Jupiter gesäuget
Von einer Geiß/ wie solchs das Gerüchte bezeuget.
Was Wunder ist/ so wir sagen/ daß der Weisen Kind ernehret
Sey von der Erd/ so ihm ihre Milch hat gewehret?
So dann die Thier gespeiset han solche grosse Helden gewiß/
Wie groß mag dann der seyn/ dessn die Erd Säugmutter ist?

EMBLE-

EMBLEMA II. *De secretis Naturæ.* 17

Nutrix ejus terra est.

EPIGRAMMA II.

ROmulus hirta lupæ pressisse, sed ubera capræ
Jupiter, & factis, fertur, adesse fides:
Quid mirum, tenera SAPIENTUM *viscera* PROLIS
Si ferimus TERRAM *lacte nutrisse suo?*
Parvula si tantas Heroas bestia pavit,
QUANTUS, *cui* NUTRIX TERREUS ORBIS, *erit?*

C Apud

圖 7.1　地球是其乳母（「The Earth is its nurse」）；emblem 2 from Michael Maier, *Atalanta fugiens* (Atalanta Fleeing) (Oppenheim, 1618), pp. 16-17。這句格言引自《翠玉錄》。

蘋果確保了自己的勝利。比賽開始時，阿塔蘭忒向前飛奔，希波墨涅斯將一顆蘋果滾過她身邊。她停下來撿蘋果時，希波墨涅斯趕到了她前面。透過機智地使用蘋果，希波墨涅斯贏得了比賽，如願以償地娶了阿塔蘭忒。① 在邁爾的音樂作品中，女高音代表「阿塔蘭忒的逃離」；男高音代表「希波墨涅斯的追趕」，男低音代表「引發耽擱的蘋果」。

雖然這些圖像最初來自早期文本，但邁爾為其補充了進一步的連繫、暗示和意義。警句詩異常複雜，似乎任何一位讀者都不可能完全領會各種所指、暗示、連繫和雙關。我們也不太清楚音樂是如何與這些圖像相連繫的，但在這方面已經有幾種理論。②

《逃離的阿塔蘭忒》代表著邁爾將製金與更廣的思想領域和人文領域連繫起來的努力，它應被視為十六世紀更廣的人文主義寓意傳統的一部分。該體裁最著名的例子是安德里亞·阿爾恰蒂（Andrea Alciati）極為流行的作品（圖7.2），他的寓意圖集在現代早期曾經多次重印。③這兩本書的基本內容都是「格言—圖像—警句詩」的組合，它在《哲學家的玫瑰花園》已經可以看到。如果拋開圖7.2中版畫的文本語境，我們很可能以為它是一部製金文本的寓意畫（注意那條銜尾蛇）。但阿爾恰蒂的文本肯定不是化學（煉金術）的，它展示的是道德和美德的格言。儘管如此，阿爾恰蒂和邁爾以及其他許多寓意畫作者所使用的圖像和格式都有密切關聯。同樣，兩

①這個故事的一個版本見 Ovid, *Metamorphoses*, 10: 560-707。

②參見 Jacques Rebotier, "La musique cachée de l'*Atalanta fugiens*," *Chrysopoeia* 1 (1987): 56-76；關於煉金術中的音樂，參見 Christoph Meinel, "Alchemie und Musik," in Meinel, *Die Alchemie in der europäischer Kultur-und Wissenschaftsgeschichte*, pp. 201-228；以及 Jacques Rebotier, "La *Musique de Flamel*," in Kahn and Matton, *Alchimie*, pp. 507-546。

③關於寓意畫的位置和內容，參見 John Manning, *The Emblem* (London: Reaktion Books, 2002) 這項出色的研究以及其中的參考文獻。值得注意的是，阿爾恰蒂起初只寫了晦澀難懂的詩，寓意畫可能是後來加上的。參見 John Manning, *The Emblem* (London: Reaktion Books, 2002), pp. 38-43。不幸的是，當代的人文主義研究和文學象徵研究往往只是順便提及煉金術寓意畫。另見 Alison Adams and Stanton J. Linden, eds., *Emblems and Alchemy* (Glasgow: Glasgow Emblem Studies, 1998)，儘管其中相關章節的質量不盡相同。

Ex literarum ſtudiis immortalitatem acquiri.

EMBLEMA CXXXII.

NEPTVNI *tubicen (cuius pars vltima cetum*
Aequoreum facies indicat eſſe deum)
Serpentis medio Triton comprenditur orbe,
Qui caudam inſerto mordicus ore tenet.
Fama viros animo inſignes, præclaraq; geſta
Proſequitur; toto mandat & orbe legi.

圖7.2　研究文獻以得永生（「Acquire immortality from the study of literature」）；emblem 132 from *Andreae Alciati emblemata* (Antwerp，1577), p. 449。

位作者心目中的讀者主要也都受過人文主義教育。因此必須認為，十七世紀化學（煉金術）寓意畫的激增不僅是化學（煉金術）內部的一種發展，而且也是當時對各種寓意之物的更大狂熱的一部分。

寓意之物的流行部分依賴於現代早期對「學術遊戲」（learned play）的熱衷，即拼湊和猜測出巧妙地隱藏在暗示和隱喻背後的含義。即使是十七世紀的流行期刊，比如巴黎的月刊《文雅信使》（*Mercure galant*），也都含有寓言詩和寓意畫形式的「謎題」。該雜誌的編輯鼓勵讀者發來自己的詮釋，並在下一期發表最佳闡釋。與我們最接近的現代等價物也許是填字遊戲、字謎遊戲、數獨和其他智力遊戲。但重要的是，這些現代形式中都沒有運用圖像的多重力量，也沒有將智慧、道德、學問方面的要義進行加密，而正是因為有了所有這一切，現代早期的體裁才能獲得勃勃生機。不過在最簡單的層面上，邁爾的作品仍然是十七世紀初給有學問的人看的一本智力遊戲著作。其扉頁宣稱，《逃離的阿塔蘭忒》「部分適合於眼睛和理智……部分適合於耳朵和心靈的娛樂」，因此把它看作一本關於智力謎題和思維樂趣的書。

然而，邁爾寫作《逃離的阿塔蘭忒》的主要目標要更高。作為一位頗有成就的人文主義者和詩人，他用書中的詩歌、音樂、學術遊戲和美妙圖像將化學（煉金術）與自由技藝和美術連繫起來。因此，他的目的並非只是娛樂讀者，而是想讓同時代的人文主義者對它感興趣，從而使一種通常被認為骯髒費力的活動變得高貴。邁爾告訴讀者：

> 在這一生當中，一個人愈是接近神性，就愈喜歡用理智來研究事物，那些微妙、奇妙、罕見的事物。……為了培養我們的理智，神在自然中隱藏了無窮多個祕密……化學（煉金術）祕密並不屬於其中，而是在研究完神聖事物之後第一位的也是最寶貴的祕密。①

換句話說，學者們應當關注化學（煉金術）。要想閱讀、觀看、聆聽——也許最罕見的是——享受《逃離的阿塔蘭忒》，深刻了解古典文學和歷史、神話、數學、詩歌、天文、音樂、神學當然還有化學（煉金術），都是必不可少的先決條件。讀者的知識面愈寬，理解就愈深入；理解愈深入，喜悅就愈大。此外，追尋《逃離的阿塔蘭忒》中隱藏的連繫和意義，類似於追尋神在自然界中隱藏的祕密——邁爾認為使用化學（煉金術）尤其適合做這種追尋。

《逃離的阿塔蘭忒》是持續不斷地嘗試解決化學（煉金術）不穩定的文化思想地位的一個例子——這個問題困擾著從中世紀到十八世紀的化學家（煉金術士）。化學（煉金術）「混合」了頭與手，高尚的思想與費力的工作，承諾與失敗，從事者來自各個社會階層和思想階層，其地位的確難以確定（在某種程度上現在也是如此）。因此，也許現代早期化學（煉金術）最恆常的特徵就是其接受者的兩極分化和它模糊不清的聲譽。幾乎在所有情況下，它都既被譴責為欺騙或無用，又被讚譽為強大甚至神聖。

① Michael Maier, *Atalanta fugiens* (Oppenheim, 1618), p.6。

如前所述，煉金術未能在中世紀大學中找到立足之地。其命運並不比文藝復興時期努力在大學文化之外建立新知識圈子的人文主義者更好。人文主義的早期倡導者傾向於譴責煉金術。②十四世紀初，詩人但丁（一二六五—一三二一）將煉金術士與假冒者和偽造者一起深埋於地獄的第八圈。在《神曲》的地獄之旅中，他遇見了一個曾於一二九三年被處死的熟人的靈魂。這個受折磨的靈魂告訴他：「我是用煉金術造假金屬的卡波喬（Capocchio）的亡魂。你應該還記得……我是多麼善於模仿自然。」③這裡但丁所強調的是，使事物看起來不合實際是不道德的，因此他將煉金術與假冒和偽造連繫在一起，這同樣可見於但丁生前頒布的教皇約翰二十二世的教令。《神曲》中被罰入地獄的靈魂只是笨拙、粗陋甚至可笑地模仿自然，而不是手藝高超地追隨和模仿自然，甚至像羅傑·培根聲稱煉金術所能做到的那樣，超越自然的產物。沒過多久，彼得拉克（Petrarch，一三〇四—一三七四）在其《兩種命運的補救方法》（*Remedies for Fortunes Fair and Foul*）中同樣一面倒地譴責製金是一種空洞和無價值的活動，其唯一成功的產物就是「煙塵、灰燼、汗水、嘆息、言語、詭計和墮落」。④

② 關於這些議題，參見 Jean-Marc Mandosio, "La place de l'Alchimie dans les classifications des sciences et des arts à la Renaissance," *Chrysopoeia* 4 (1990-1991): 199-282，以及 Sylvain Matton, "L'influence de l'humanisme sur la tradition alchimique," in "Le crisi dell'alchemia," *Micrologus* 3 (1995): 279-345。

③ Dante, *La divina commedia*, canto 29。

④ Petrarch, *Remedies for Fortune Fair and Foul*, trans. Conrad H. Rawski (Bloomington: Indiana University Press, 1991), 1: 299-301。

後來的人文主義者一般都是跟著做，他們主要關注優雅的語言和古典文本（兩者皆非化學〔煉金術〕吹噓的對象）。然而到了十六世紀，其中一些學者力圖將以前被忽視或擯棄的知識和實踐領域「人文化」。阿格里科拉（Georgius Agricola，一四九四—一五五五）的作品提供了一個相關的例子。阿格里科拉是一個受過拉丁語和希臘語訓練的人文主義者，後來在礦區行醫，他試圖將採礦和冶金引入學界。其百科全書式的巨著《論礦冶》（*De re metallica*）描述了礦山的發現、挖掘和運作，以及礦產品的熔煉和精煉。阿格里科拉並不試圖寫出一本礦工手冊（事實上，他的描述在技術上往往不夠準確），而是想把礦業包裝成一個人文學科，從而使其系統化和變得高貴。因此，他的書用博學的希臘—拉丁詞彙取代了野蠻的日耳曼礦業術語。藉由頻繁地引用希臘羅馬作家，它為礦業提供了一個古典譜系，其大幅的藝術插圖使這本書賞心悅目。①《論礦冶》豪華的形式（以及由此產生的昂貴價格）表明了其讀者的特殊地位。礦工、試金者或工程師不會擁有一本《論礦冶》來參考，就像正在操作的製金者不會在爐邊放一本《逃離的阿塔蘭忒》。

---

① Georgius Agricola, *De re metallica* (Basel, 1556)。關於阿格里科拉的傳記，參見 H. M. Wilsdorf, *Georg Agricola und seine Zeit* (Berlin: Deutsche Verlag der Wissenschaften, 1956)，以及 Hans Prescher, *Georgius Agricola: Persönlichkeit und Wirken für den Bergbau und das Hüttenwesen des 16. Jahrhunderts* (Weinheim: VCH, 1985)。關於他的人文主義訓練和計畫，參見 Owen Hannaway, "Georgius Agricola as Humanist," *Journal of the History of Ideas* 53 (1992): 553-560。

在喬萬尼・奧雷利奧・奧古雷羅（Giovanni Aurelio Augurello，一四四一—一五二四）手中，煉金術得到了類似的對待。作為一位人文主義詩人和彼得拉克的崇拜者，奧古雷羅於一五一五年出版了一篇名為《製金》（*Chrysopoeia*）的長詩。② 這首詩模仿了羅馬詩人維吉爾（Virgil）《農事詩》（*Georgics*）的風格，維吉爾用優雅的拉丁語詩句裝點了耕作，奧古雷羅也用古典語言、文學風格和學術典故裝點了煉金術。奧古雷羅將自己的作品獻給了教皇利奧十世，教皇本人是一位著名的人文主義者，據說（沒有什麼證據）曾送給詩人一個空的錢袋作為酬勞，暗示奧古雷羅（鑒於對製金的了解）可以親自裝滿它。奧古雷羅對製金概念的精通表明，他必定浸淫過相關的文獻，儘管他不大可能親自手握坩堝。《製金》廣為流行，最終成為化學家（煉金術士）的一個來源，他們尋求賢者之石時曾經認真研究過這首詩並作了釋義，以期找到關於實際製金方法的蛛絲馬跡。

奧古雷羅賦予製金以古典譜系的技巧之一，是把希臘羅馬神話解釋為對化學（煉金術）過程的隱祕描述。這樣一來，伊阿宋（Jason）和阿爾戈英雄（Argonauts）尋找「金羊毛」就成了一

②參見 Zweder van Martels, "Augurello's Chrysopoeia (1515): A Turning Point in the Literary Tradition of Alchemical Texts," *Early Science and Medicine* 5 (2000): 178-195。

個尋找轉變的寓言。海克力斯（Hercules）的偉績和維納斯（Venus）的愛也被解釋為包藏著化學（煉金術）訊息。將古典神話解讀為化學（煉金術）寓言，發展成為化學（煉金術）文獻的一個標準部分。例如，它出現在《逃離的阿塔蘭忒》中，更出現在邁爾的《最祕密的祕密》（*Arcana arcanissima*）中。① 一些製金者甚至認為，鑒於對神話進行字面解讀會給出一種對眾神極為不恭的看法，只有對神話做出化學（煉金術）詮釋，才能使古人免受瀆神的指控。

這種建立譜系和寓意解讀的激增，最終產生了事與願違的結果。現代早期的製金者漸漸開始把幾乎任何東西都看成化學（煉金術）的寓言，並把許多古人選為行家裡手。這種肆意不僅延伸到荷馬、奧維德和其他古典作家，而且也延伸到中世紀敘事詩和《聖經》。當然，正是後者激起了擔心對《聖經》做非正統解讀的天主教作者和致力於對《聖經》做更多字面解讀的新教作者最強烈的反應。② 托馬斯・斯普拉特（Thomas Sprat）在一六六七年出版的《皇家學會史》

① Michael Maier, *Arcana arcanissima* (London, 1613)。從十六世紀到十八世紀的其他許多化學（煉金術）著作都發展了這個主題；例如參見 Vincenzo Percolla, *Auriloquio*, ed. Carlo Alberto Anzuini, Textes et Travaux de Chrysopoeia 2 (Paris: SÉHA; Milan: Arché, 1996); Pierre-Jean Fabre, *Hercules piochymicus* (Toulouse, 1634); and Antoine-Joseph Pernety, *Les fables égyptiennes et grecques dévoilées* (Paris, 1758; reprint, with a useful introduction by Sylvain Matton, Paris: La Table d'émeraude, 1982)，以及 *Dictionnaire mytho-hermétique* (Paris, 1758)。對希臘神話最早的煉金術解釋之一簡要地出現在十四世紀初 Petrus Bonus 的著作 *Margarita preciosa novella*, in *Bibliotheca chemica curiosa*, 2: 1-80, on 42-43。對該論題的現代分析參見 Sylvain Matton, "L'interprétation alchimique de la mythologie," *Dix-huitième siècle* 27 (1995): 73-87。

中抨擊了這一做法：「他們輕率魯莽地研究這個祕密（賢者之石），自信在摩西、所羅門、維吉爾等任何一條線索中都能看到一些足跡。」③在一七一八年萊頓大學的就職演說中，赫爾曼·布爾哈夫（Herman Boerhaave，一六六八－一七三八）為「不虔敬」的化學家（煉金術士）感到羞愧：「我多麼希望……這些瘋狂的人能夠約束住自己，不再透過化學（煉金術）的原理和元素來解釋《聖經》！」④倘若能把《聖經》經文解釋成為實驗室工作提供指導，那麼《聖經》中的人物就必定是製金的從業者。當摩西熔掉金牛犢並讓以色列人喝它時，他難道不是在用從埃及獲得的知識來製備金液嗎？所羅門的偉大智慧必定已經延伸到了轉變；因此，據說來自遙遠的俄斐（Ophir）的金實際上必定是用賢者之石製造出來的。⑤

② Sylvain Matton, "Une lecture alchimique de la Bible: Les 'Paradoxes chimiques' de François Thybourel," *Chrysopoeia* 2 (1988): 401-422; Didier Kahn, "L'interprétation alchimique de la Genèse chez Joseph Du Chesne dans le contexte de ses doctrines alchimiques et cosmologiques," pp. 641-692 in *Scientiae et artes: Die Vermittlung alten und neuen Wissens in Literatur, Kunst und Musik*, ed. Barbara Mahlmann-Bauer (Wiesbaden: Harrassowitz, 2004), pp. 641-692; Peter J.Forshaw, "Vitriolic Reactions: Orthodox Responses to the Alchemical Exegesis of Genesis," in *The Word and the World: Biblical Exegesis and Early Modern Science*, ed. Kevin Killeen and Peter J. Forshaw (Basingstoke: Palgrave, 2007), pp. 111-136。

③ Thomas Sprat, *A History of the Royal Society of London* (London, 1667), p. 37。

④ Herman Boerhaave, *Sermo academicus de chemia suos errores expurgante* (Leiden, 1718), reprinted in his *Elementa chemiae* 2: 64-77, quoting from p. 66；英譯本參見E. Kegel-Brinkgreve and Antonie M. Luyendijk-Elshout, eds., *Boerhaave's Orations* (Leiden: Brill, 1983), pp. 193-213, quoting from p. 195。關於布爾哈夫，參見John C. Powers, *Inventing Chemistry: Herman Boerhaave and the Reform of the Chemical Arts* (Chicago: University of Chicago Press, 2012)。

⑤ Exodus 32: 20; 1 Kings 9: 28; 2 Chronicles 8: 18。

將《聖經》祖先和古代異教徒加入化學（煉金術）的譜系，為這門學科（及其從業者）賦予了一種莫須有的古代譜系和地位。①雖然選擇諾亞、摩西、使徒約翰等古代宗教人物作為化學（煉金術）的行家裡手最早出現於拉丁中世紀，將三重偉大的赫密士命名為煉金術的創始人最早出現在伊斯蘭時期，但現代早期走得更遠。②在整個十七世紀，各種化學（煉金術）史都把自己的起源不斷向前追溯，並把愈來愈多的古代人——包括《聖經》的和異教的——選為行家裡手。化學（煉金術）本身成為一種更廣的「赫密士知識」的一部分，這種知識不僅可以追溯到赫密士，而且可以追溯到最遙遠和最受敬仰的過去，追溯到神向古代祖先——在某些版本中是亞當本人——透露並世代相傳的一種「古代智慧」(*prisca sapientia*)。③不幸的是，這種知識正日漸

---

①不幸的是，佐西莫斯不夠古老，他生活在一個退化的羅馬帝國行將結束之時。大多數人文主義者都對希臘語不夠優雅的《希臘煉金術文獻》表現冷淡，儘管製金的支持者們強調它是其早期世系的一部分。參見 Matton, "L'influence," pp. 309-341。

②參見 Robert Halleux, "La Controverse sur les origines de la chimie de Paracelse à Borrichius," in *Acta conventus neo-latini Turonensis* (Paris: Vrin, 1980), 2: 807-817, esp. p. 809。

③關於就化學（煉金術）的古代性所展開的爭論，例如參見 Olaus Borrichius, *De ortu et progressu chemiae* (Copenhagen, 1668), reprinted in *Biblioteca chemical curiosa*, 1: 1-37, and *Hermetis, Aegyptiorum et chemicorum sapientia ab Hermanni Conringii animadversionibus vindicata* (Copenhagen, 1674); and Hermann Conring, *De Hermetica Aegyptorum* (Helmstadt, 1648) and *De Hermetica medicina* (Helmstadt, 1669 [enlarged edition of the 1648 publication])。關於「古代智慧」的爭論，參見 Martin Muslow, "Ambiguities of the Prisca Sapientia in Late Renaissance Humanism," *Journal of the History of Ideas* 65 (2004): 1-13。關於牛頓的興趣，參見 McGuire and Rattansi, "Newton and the Pipes of Pan"。

喪失，被接連的傳承所破壞。異教神話實際上是這種原初知識的一個墮落的、被誤解的版本，因此可以而且需要對它進行解釋。雖然這種延長的譜系和擴展的範圍主要旨在提高化學（煉金術）的地位，但它也促進了對愈來愈遙遠的資料做出化學（煉金術）詮釋，而這又會招致批評家的嘲笑。

文學、藝術中的化學（煉金術）

詩人、畫家和劇作家也發現了化學（煉金術），既利用了它分裂的聲譽，也利用了它的思想和形象。在此過程中，他們記錄了這門高貴的技藝如何被其同時代人所認識（和調整），以及化學（煉金術）的基本操作和觀念如何變得為人們所熟知。他們的創作有助於在更廣的文化範圍上對化學（煉金術）做出更詳細的描繪。

傑弗里・喬叟（Geoffrey Chaucer，約一三四三—一四〇〇）在《坎特伯里故事集》（*Canterbury Tales*）中採取了一種比但丁或彼得拉克更加微妙的立場。〈自耕農的故事〉講述了導致破產與疾病的多個失敗實驗，以及一個教士如何利用加入假的點金石粉，耍手腕欺騙了一位神父。但喬叟並未由此斷言轉變煉金術是假的；相反，它是只有少數人才敢介入的一種特權知識。

如果不能理解煉金術士的目標和行話，
就不要讓他去探索這門技藝，
如果他能理解，
他就是一個十足的傻瓜，
因為他說，
這門藝術和科學的確是奧祕中的奧祕。
因此我的結論是：
既然天上的神不會允許煉金術士
解釋如何能發現這塊石頭，
我最好的建議是——別去管它。①

喬叟的這個故事是警告而不是譴責。除非對煉金術特殊的「目標和行話」有深刻的理解，否則大多數胸懷大志的人都製備不出賢者之石。這個故事也表明，喬叟本人很熟悉中世紀的煉

①引自現代版：Geoffrey Chaucer, *Canterbury Tales*, trans. David Wright (Oxford: Oxford University Press, 1985), pp. 449-450；關於原版，參見 Chaucer, *The Canon's Yeoman's Tale*, ed. Maurice Hussey (Cambridge: Cambridge University Press, 1965), pp. 53-54 (lines 889-894 and 919-923)。

金術作者和文本；他引用過阿納爾德等權威人物的話，也對拉齊做過釋義。後來的一些製金者甚至認為喬叟是行家裡手。②

化學（煉金術）作者自己也經常提供類似於喬叟的建議，勸說不符要求的讀者不要從事這項工作。例如，十五世紀的製金者托馬斯·諾頓（Thomas Norton）就列舉了因閒暇、學識、資金或智慧不足而注定要失敗的人，並且得出結論說：

> 不是真有學問的人，
> 還瞎鼓搗這玩意，
> 純屬無知缺心眼。
> ……因為它是一種非常深刻的哲學，
> 精妙而神聖的煉金術科學。③

② Edgar H.Duncan, "The Literature of Alchemy and Chaucer's Canon's Yeoman's Tale: Framework, Theme, and Characters," *Speculum* 43 (1968): 633-656; "The Yeoman's Canon's 'Silver Citrinacioun,'" *Modern Philology* 37 (1940): 241-262。Elias Ashmole 把〈自耕農的故事〉印在他的煉金術詩集 *Theatrum chemicum britannicum*, pp. 227-256 中，並說他把它包括進來的原因之一就是「顯示喬叟本人就是一位煉金術大師」(p. 467)。

③ Thomas Norton, *Ordinall of Alchimy*, in Ashmole, *Theatrum chemicum britannicum*, p. 7。

視覺藝術重複著這樣的警告。事實上，化學家（煉金術士）成了十六、十七世紀荷蘭藝術中的常見角色。荷蘭和弗萊芒的藝術家們描繪化學家（煉金術士）的畫作有數千幅之多。雖然許多這樣的繪畫精確描繪了用玻璃、金屬、陶瓷和石頭製成的設備，但它們並不旨在逼真地呈現。①其主要目的是提供——往往是不太直接的——道德教訓，觀者必須費一番心思才能領會，這與同時代的寓意畫不無類似。

彼得·勃魯蓋爾（Pieter Brueghel）在十六世紀中葉的畫作《煉金術士》（*Alghemist*）是這些圖像中最早的之一。一五五八年菲利普·加勒（Philips Galle）製作的版畫（圖7.3）使勃魯蓋爾的這幅作品廣為傳播，且被證明極有影響力。該場景顯示了一個被毀的家庭。畫作中心是一個手拿空錢袋的心煩意亂的女人在其煉金術丈夫背後用手勢示意，她的丈夫正把他們最後一枚硬幣丟入坩堝。一個傻瓜蹲在地板上，透過模仿煉金術士而抱以沉默。與此同時，孩子們在空櫥櫃裡玩耍，強調了因父親有前途的計畫而導致的貧困。在背景中，父親的勞動使整個家庭——最大的孩子仍然頭頂一口空鍋——嘗到了苦果，進入了救濟院。坐在右邊的學者的含義略顯模糊。他可能正在向從業者宣讀指導，但除別人以外，他似乎是唯一的評論者，做手勢讓觀眾看這誤

①例如，插圖2所示的繪畫準確地描繪了當時的化學（煉金術）實驗室中經常發生的爆炸；然而，這幅畫的真實要義在於背景，在於一個正在給孩子擦屁股的女人無言地表達的評論。

入歧途的生活。在勃魯蓋爾的原作中，這位學者指向的是他的書中用大號字體印刷的「煉金術士」（al-ghemist）一詞——這在荷蘭文中是一個雙關語，意思是「一切都喪失了」。②在加勒的版畫中，一則補充的格言將這幅畫的意思引向了警告而不是譴責。它的詩句在一定程度上模仿了《翠玉錄》和其他化學（煉金術）格言的風格，說：「無知者應當忍受事物，然後勤勉地工作。」因此它似乎在說——就像喬叟的〈自耕農的故事〉一樣——煉金術並非人人都能學。它不是改善人生命運的手段，肯定也不是捷徑。天賦不夠的人應當避開它，致力於他們更適合並且更可能成功的某種事物。

勃魯蓋爾關於家庭為化學（煉金術）所毀的這幅圖催生了該主題的一系列變種。後來有數十幅版畫和繪畫都借鑑了他的《煉金術士》。阿德里安・凡・德・范尼（Adriaen van de Venne）一六三六年的《富裕的貧困》（*Rijcke-armoede*，插圖 8）顯示，父親在熔爐旁忙碌，完全忘記了其

②關於對這幅作品的解釋以及更一般地關於藝術中的煉金術，參見 Lawrence M. Principe and Lloyd Dewitt, *Transmutations: Alchemy in Art* (Philadelphia: Chemical Heritage Foundation, 2002), pp. 11-12，以及 A. A. A. M. Brinkman, *De Alchemist in de Prentkunst* (Amsterdam: Rodopi, 1982), pp. 41-53。另見 Jane Russell Corbett, "Conventions and Change in Seventeenth-Century Depictions of Alchemists," in *Alchemy and Art*, ed. Jacob Wamberg (Copenhagen: Museum Tusculanum Press, 2006), pp. 249-271，以及 A. A. A. M. Brinkman, *Chemie in de Kunst* (Amsterdam: Rodopi, 1975)。關於這一主題的「經典」之作是 Jacques van Lennep, *Art et alchimie* (Brussels: Meddens, 1966)。然而，雖然這本書包含著有用的清單，但其解釋卻是基於現已過時的煉金術觀念，因此應當很小心地對待。

圖7.3 Philips Galle, *Alghemis*, 1558。據彼得．勃魯蓋爾的一幅畫所作的版畫。

家庭困境。他的妻子抬頭望著天，孩子們要食物時，她伸手出示家裡的最後一枚硬幣。理查德．布拉肯比赫（Richard Brakenburgh）在關於該主題的更大畫作中重複了其中許多特徵（插圖9）。畫中躊躇滿志的化學家（煉金術士）指著他那包粉末，彷彿對他的妻子說：「這一次真的要奏效了！」而她卻對著他們的小兒子做手勢，後者正朝著倒放的坩堝徒勞地打氣，不僅浪費時間和木炭（兩者都價格不菲），而且還取代了勃魯蓋爾繪畫中的傻瓜——這顯然在暗示任何熟悉這兩件作品的人。除了未能履行維持家庭的責任，父親還以惡劣的榜樣敗壞了他的後代。事實上，站在父親後面的一個哥哥正握住風箱的手柄，快樂地上下搖晃，從而參與了父親的浪費活動。它們共同傳遞的訊息是，透過製金來追求財富導致了家庭毀滅。這些繪畫中的教益似乎類似於古諺——「鞋匠不應離開鞋楦」（Shoemaker, stick to your last）。①

煉金術士風格的繪畫，小大衛・特尼爾斯（David Teniers the Younger，一六一〇—一六九〇）的創作最為豐富。有趣的是，他從一個非常不同的角度來描繪煉金術士。在一些畫中，特尼爾斯讓化學家（煉金術士）的腰帶上懸吊著一個鼓鼓的錢袋，也許是為了直接反駁勃魯蓋爾和他的追隨者們（插圖10）。沒有被毀的家庭，沒有飢餓的孩子，沒有愚蠢的行為或即將發生的災難。儘管作坊混亂不堪，但化學家（煉金術士）表現出了勤勉和生產能力。後來，特尼爾斯甚至畫了一幅自畫像，將自己描繪成一個化學家（煉金術士），也許是為了強調畫家和化學家（煉金術士）在創造和製作方面有一個共同主題——畫家將簡單的材料結合起來以產生珍貴的藝術作品，化學家（煉金術士）則將簡單的物質結合起來以產生更有價值的物質。

和特尼爾斯一樣，在年紀略輕的托馬斯・韋克（Thomas Wijck，一六一六—一六七七）創作的畫中，化學家（煉金術士）也表現得道德高尚而非道德敗壞。在一幅類似於肖像的個人場景中（插圖11），韋克筆下的化學家（煉金術士）擁有學者的所有特性。他衣著考究地坐在那裡閱讀書籍和文稿，同時還注意著他的蒸餾。窗邊懸掛著一些書信。場面安詳而寧靜，而不是混

①意思是：「你只管自己的事吧！我的工作該怎麼做，用不著你來指點。」——譯者

亂和破敗。在另一幅畫中，韋克描繪的家庭和諧畫面非常有趣（插圖12），它同樣可能有意要與勃魯蓋爾式的圖像形成對立。母親和孩子們在準備晚餐，父親在書房中工作，他的一個蒸餾器與家人的飯食共用爐灶。

關於化學（煉金術）在現代早期社會中的模糊地位，這些藝術品共同做了重申和評論。在它們的描繪中，化學（煉金術）既是一種令人著迷的追求，可能毀掉不小心或不明智的追隨者，招致貧窮和不道德，也是一種創造性的勞動，需要不懈的努力、學習和技能。

戲劇中的化學（煉金術）

然而，十七世紀的戲劇幾乎總是用喜劇手法來描繪化學家（煉金術士）。有時候，他只是一個笨蛋，另一些時候則是徹頭徹尾的騙子。本・瓊森（Ben Jonson）的《煉金術士》（*The Alchemist*，一六一〇）是最著名的例子。①它的主人公薩托爾（Subtle）是一個語速很快的騙子，其目標是利用愚蠢主顧的貪婪本性，而不是透過賤金屬來獲得黃金。他保證（但一直拖延著）會製造出一塊賢者之石，並從上當者那裡騙取了禮物和錢。瓊森還寫過假面劇——這些宮廷表演或可稱為「寓意演出」。其中幾部使用了煉金術的意象和概念，其問世時間大約與《煉金術士》相同。他的《宮廷煉金術士所證實的汞》（*Mercury Vindicated from the Alchemists at Court*）大量借鑑了波蘭化學家（煉金術士）米沙埃爾・森蒂弗吉烏斯在當時的一部著作，《煉金術士》表明瓊森對相關的術語和表達極為熟悉，即使在它們被嘲弄時。②

在威廉・康格里夫（William Congreve，一六三七—一七〇八）的《老光棍》（*The Old Batchelor*）中，一個人被慫恿向另一個人勒索錢財，得到的建議是「湯姆，用一點兒化學（煉金術）就可以從泥土中提取黃金」。「請相信我，」他的同伴回應道，「我和化學家（煉金術士）一樣窮，也一樣勤勞」，從而將當時的風俗畫中貧窮與勤勞的對比主題再次結合起來。類似的巧妙失調（artful dissonance）同樣可見於康格里夫的《如此世道》（*Way of the World*），這部作品描寫了一個害相思病的女人「就像任何化學家（煉金術士）在『點金之日』（the Day of Projection）一樣，心中充滿希望，頭腦中充滿關愛」。③ 對化學家（煉金術士）和化學（煉金術）的諸如此類的提及表明，讀者們必定已經非常熟悉化學家（煉金術士）的特徵及其手藝的要點。

---

① 關於煉金術與伊麗莎白時代和斯圖亞特時代的戲劇和文學體裁的連繫，參見 Stanton J. Linden, *Darke Hieroglyphicks: Alchemy in English Literature from Chaucer to the Restoration* (Lexington: University Press of Kentucky, 1996)。

② Edgar Hall Duncan, "Jonson's Alchemist and the Literature of Alchemy," *Proceedings of the Modern Language Association* 61 (1946): 699-710; "The Alchemy in Jonson's Mercury Vindicated," *Studies in Philology* 39 (1942): 625-637; Stanton J. Linden, "Jonson and Sendivogius: Some New Light on 'Mercury Vindicated,'" *Ambix* 24 (1977): 39-54。

③「點金之日」是指化學家（煉金術士）第一次檢驗其賢者之石轉變能力的重要日子。William Congreve, *Way of the World*, in *The Complete Plays of William Congreve*, ed. Herbert Davis (Chicago: University of Chicago Press, 1967), pp. 46 and 431。

受化學（煉金術）影響的諷刺和幽默也出現在一六九四年為巴黎義大利劇院（Théâtre Italien）所寫的喜劇《吹氣者》（*Les Souffleurs*）中。此標題的英譯是「The Puffers」，它貶義地指過分樂觀的化學家（煉金術士）朝著坩堝下面的煤不斷吹氣（*souffler*）。（我建議用《吹噓者》〔*The Blowhards*〕作為另一種可能的翻譯。）《吹氣者》講述了一對鄰居試圖製造賢者之石，竟一直未覺察到發生在他們眼皮底下的偷情。這篇對話裡充滿了化學（煉金術）的諷刺和暗示。賢者之石即將完成的時候，形形色色有著相似意圖的人聚集在一起見證點金，並合唱讚頌這門技藝的效力（圖7.4）。

化學（煉金術）是多麼美妙！
透過煉金藥和金液，
它的驚人效力使我們堪比眾神。
最可鄙的貧窮，
無法控制的衰老，
最不可治癒的疾病，
甚至不可阻擋的命運，
都感受到了我們無與倫比的石頭
那奇蹟般的效果。
化學（煉金術）是多麼美妙！
它的力量是多麼驚人！①

圖 7.4 《吹氣者》第三幕中的場景。注意各種冒煙的爐子和儀器，特別是後面的大爐，頂部有一個哲學蛋（含有正在成熟的賢者之石）。化學（煉金術）儀器和風箱被用作後牆上的戰利品裝飾。出自 Les Souffleurs; *ou, La pierre philosophale d'Arlequin* (Amsterdam, 1695)。

① "Que la chimie est admirable," from [Michel Chilliat?], *Les Souffleurs; ou, La pierre philosophale d'Arlequin* (Paris, 1694), pp. 114-115 and 121。第一版包含九首為劇本撰寫的音樂，雖然大多數副本都缺少所有曲譜或大多數曲譜。關於法國和義大利戲劇中的煉金術，參見"Théâtre et Alchimie," *Chrysopoeia* 2 (1988), fascicle 1 中的論文。

詩歌中的化學（煉金術）

劇作家嘲弄化學家（煉金術士），詩人則同時從正面和反面使用化學（煉金術）的主題和概念。威廉・莎士比亞（一五六四—一六一六）在他的第三十三首十四行詩中優雅地利用了化學（煉金術）核心的轉化力量：

多少次我曾看見燦爛的朝陽，
用它那至尊的眼媚悅著山頂，
金色的臉龐吻著青碧的草場，
把黯淡的溪水鍍成一片金黃。

大約在同一時期，約翰・多恩（John Donne，一五七二—一六三一）用製金者同樣恆常的希望和失敗來例證一個新郎過分的樂觀和最終未竟的希望。

啊，這全是人們賣的假藥；
還沒有一個煉金術士能煉出仙丹，

卻在大肆吹噓他的藥罐，
其實他只不過偶然碰巧
炮製出了某種氣味刺鼻的藥；
情人們也是如此，夢想極樂世界，
得到的卻只是一個凜冽的夏夜。①

「假煉金術士」的形象

藝術、文學和戲劇對化學家（煉金術士）的不同描繪肯定為第四章詳細闡述的「煉金術」與「化學」在十八世紀的分裂奠定了基礎。失敗與騙子的形象和故事有助於造就一個刻板而持久的類別，所有滿懷希望的製金者最終都被納入其中。因此，煉金術騙子這個陳腐的類別值得直接關注。

---

① John Donne, "Loves Alchymie," in *The Complete English Poems of John Donne*, ed. C. A. Patrides (London: J.M.Dent, 1985), p. 86。關於多恩與化學（煉金術），參見 Jocelyn Emerson, "John Donne and the Noble Art," in *Textual Healing: Essays in Medieval and Early Modern Medicine*, ed. Elizabeth Lane Furdell (Leiden: Brill, 2005), pp. 195-221，以及 Edgar Hill Duncan, "Donne's Alchemical Figures," *English Literary History* 9 (1942): 257-285。

對假製金者所作欺騙的描述形成了至遲從伊斯蘭中世紀開始的連續傳統，最終導致製金在十八世紀遭到道德攻擊。然而，這樣的描述不僅出自批評家和諷刺作家，而且也出自製金者本人。製金者既是為了警告那些缺乏警惕性的人注意可能的花招，也是為了把自己與那些在文學和公眾心目中已經變得聲名狼藉的不光彩刻板印象明確區分開來。①還有許多故事講述的是，化學家（煉金術士）做出了美好的承諾卻無法兌現，因為欺騙了強大的主顧而遭到處決。這些敘述中有許多是真實的，但若認為所有這些不幸都是現代意義上的真實欺騙則是錯誤的。在許多情況下，這些從業者都是學到或發明了某種改良金屬的工藝——並不總是涉及像賢者之石一樣偉大的東西——或是提高了採礦或精煉的效率。他們對未來的成功感到自信，也許在小規模的希望跡象出現之後，他們與王室主顧簽訂了法律合同。持有合同的這些煉金術士最近被（恰當地）稱為「承包化學家（煉金術士）」（entrepreneurial chymists）。②他們的合同規定了主顧應當為住宿、工作區和材料提供多少費用，並為可交付項和交付日期建立具體條款。倘若工藝失敗，從業者便未能履行合同。按照對合同義務的通常理解——至少是在這種合同簽訂最多的德國各地——這種失敗被視為「欺騙」（*Betrügerei*）。但這些從業者並不一定是不誠實的。這類犯罪一般涉及許諾某種無法完成的事情，簡而言之就是欺騙統治者，對於這種罪行可判處死刑。處決失敗的化學家（煉金術士）主要發生在德國；在法國或英國，這種處決記錄很少。這種區別也許更多是因為不同的法律制度，而不是因為不同的做法或從業者。

承包化學家（煉金術士）通常不會寫學術論著。事實上，知情的作者往往會批評他們是冒牌貨、不務正業的人和假化學家（煉金術士）——或者更多情況下被稱為騙子。這些作者最多會把承包化學家（煉金術士）稱為「工藝騙子」（process-mongers），他們缺乏可靠的哲學基礎或理論基礎來獲得想要的東西。這種分類在一定程度上是準確的，即使隨之而來的道德評價仍然可疑。區分像斯塔基或瓦倫丁那樣的人的成熟理論和實驗綱領與那些同統治者簽訂合同的人的更具經驗性的努力當然是正確的。但這兩群人都代表著現代早期化學（煉金術）的重要方面。③一群人汗流浹背地守著煙熏火燎的爐子，不斷換著配方，但並沒有出版書，另一群人不僅出版書，在當時可能也更引人注目，因此即使沒有同樣直接地參與這門學科的思想發展，也更要為人們對化學家（煉金術士）的一般印象負責。前者的人數肯定要比後者多得多。

---

①兩個例子是Michael Maier, *Examen fucorum pseudo-chymicorum detectorum et in gratiam veritatis amantium succincte refutatorum* (Frankfurt, 1617) 和 Heinrich Khunrath, *Trewhertzige Warnungs-Vermahnung* (Magdeburg, 1597)。關於前者，參見 Wolfgang Beck, "Michael Maiers Examen Fucorum Pseudo-chymicorum: eine Schrift wider die falschen Alchemisten," PhD diss., Technische Universität München, 1992，以及 Robert Halleux, "L'alchimiste et l'essayeur," in Meinel, *Die Alchemie in der europäischen Kultur-und Wissenschaftsgeschichte*, pp. 277-291。

②Tara Nummedal, *Alchemy and Authority in the Holy Roman Empire* (Chicago: University of Chicago Press, 2007) 闡述了這個術語，並對「合同煉金術」（contractual alchemy）以及「假煉金術士」這一範疇的構建做了豐富的檔案研究。

③例如參見 William Eamon, "Alchemy in Popular Culture: Leonardo Fioravanti and the Search for the Philosopher's Stone," *Early Science and Medicine* 5 (2000): 196-213，以及 Tara Nummedal, "Words and Works in the History of Alchemy," *Isis* 102 (2011): 330-337。

宮廷王室不僅是贊助煉金術士承包人的中心，更是贊助更廣泛的化學家（煉金術士）的中心。在法國，亨利四世（一五八九—一六一〇在位）的宮廷興奮地談論著新帕拉塞爾蘇斯主義醫學的倡導者，後者認為他們的新療法和他們的君主乃是新時代的標誌。從西班牙埃斯科里亞爾（El Escorial）的宏偉宮殿，到弗朗切斯科·德·麥地奇（Francesco de'Medici）和科西莫·德·麥地奇（Cosimo de'Medici）的佛羅倫薩，再到德國各地的眾多小貴族宮廷，用化學（煉金術）方法生產藥水的蒸餾室持續運轉。用來改進礦物和金屬的作坊也是常見的設備。黑森－卡塞爾的「學者」莫里茨（Moritz "the Learned" of Hessen-Kassel，一五七二—一六三二）不僅創立了化學（煉金術）醫學的第一個大學教授職位，而且領導著一群積極從事製金和醫療化學的相互競爭的宮廷化學家（煉金術士）。整個十七世紀，幾位神聖羅馬皇帝在布拉格和維也納的宮廷一直在吸引化學家（煉金術士），據說那裡就轉變舉行過無數「公開演示」。簡而言之，化學（煉金術）——在其各個方面——並不局限於孤立的實驗室或私人書房，而是也（往往引人注目地）介入了現代早期的宮廷文化。①

① Bruce Moran, *The Alchemical World of the German Court*, Sudhoffs Archiv 29 (Stuttgart: Steiner Verlag, 1991); Pamela H. Smith, *The Business of Alchemy: Science and Culture in the Holy Roman Empire* (Princeton, NJ: Princeton University Press, 1994); Jost Weyer, *Graf Wolfgang von Hohenlohe und die Alchemie: Alchemistische Studien in Schloss Weikersheim 1587-1610* (Sigmaringen, Germany: Thorbecke, 1992); Mar Rey Bueno, *Los señores del fuego: Destiladores y espagíricos en la corte de los Austrias* (Madrid: Corona Borealis, 2002), and "La alquimia en la corte de Carlos II (1661-1700)," *Azogue* 3 (2000), online at http: //www.revistaazogue.com; Alfredo Perifano, "Theorica et practica dans un manuscrit alchimique de Sisto de Boni Sexti da Norcia, alchimiste à la cour de Côme Ier de Médicis," *Chrysopoeia* 4 (19901991): 81-146; Didier Kahn, "King Henry IV, Alchemy, and Paracelsianism in France (1589-1610)," in Principe, *Chymists and Chymistry*, pp. 1-11。

煉金術與宗教文學

和世俗文學的作者一樣，宗教作家和演說家也會利用化學（煉金術）思想。② 化學（煉金術）中無處不在的淨化和改進主題，與宗教道德觀念之間肯定存在著天然的親和性。《聖經》中多次把檢驗和淨化人心比作用火來精煉貴金屬。③ 馬丁．路德（一四八三—一五四六）讚揚化學（煉金術）以寓意方式例證了基督教原則，儘管他對製金始終保持懷疑。④ 對於化學（煉金術）至關重要的蒸餾操作——使純粹的揮發性（即「精神的」）物質與混合物中較為粗糙和卑賤的成分分離開來——常常像是宗教文學中的一種比喻。例如，主教讓-皮埃爾．加繆（Jean-Pierre Camus，一五八四—一六五二）為實現一種「精神煉金術」提供了一個「實驗室配方」：

> 讓我們把所有好的和壞的想法、情感、激情、惡習和美德混合在一起，放入我們的理智這個蒸餾器。然後把它放在對永恆之火的記憶和回憶中，就好像放在熔爐上，我們將會看到一

---

② 關於這個主題，參見 Sylvain Matton, "Thématique alchimique et littérature religieuse dans la France du XVIIe siècle," *Chrysopoeia* 2 (1998): 129-208; Matton, *Scolastique et alchimie*, pp. 661-737; and Sylvia Fabrizio-Costa, "De quelques emplois des thèmes alchimiques dans l'art oratoire italien du XVIIe siècle," *Chrysopoeia* 3 (1989): 135-162。

③ 例如 1 Peter 1: 7, Proverbs 17: 3 and 27: 21, Wisdom 3: 6, and Job 23: 10。

④ 參見 Sylvain Matton, "Remarques sur l'Alchimie transmutatoire chez les théologiens réformés de la Renaissance," *Chrysopoeia* 7 (20002003): 171-187, esp. pp. 172-175。

> 些奇妙的結果。這種火熱的思考將把混亂的元素分開，比如喧鬧的野心，貪欲之土，虛榮之風，貪婪之水，傲慢之氣。它將驅散所有這些愚蠢，摧毀成千上萬塵世慾望的渣滓，以便從中吸取完全天真的美妙觀念。……它將驅散我們所有的惡習和罪惡，從我們的靈魂中汲取虔誠之精華。……這難道不是一種美妙的化學（煉金術）嗎？①

化學（煉金術）的幾乎每一個方面——分離和結合、帕拉塞爾蘇斯主義醫學、製金以及一系列製造性的化學（煉金術）操作——都出現在天主教和新教的無數布道和小冊子中。宗教作家從轉變煉金術和醫學煉金術中自由地借用觀念和圖像作為隱喻，轉變作家也從宗教和神學中自由地借用觀念和圖像，以服務於他們自己的隱喻目的。②例如，薩勒的聖弗朗索瓦（St. Francis de Sales，一五六七—一六二二）在寫愛的轉化力量時驚呼：「噢，神聖的煉金術！噢，神聖的點石成金的力量！我們激情、情感和行動的所有金屬都被它轉化為神聖之愛的最為純淨的黃金。」同一時期的另一位演說家也將神的恩典稱為「將一切事物變成黃金的真正的賢者之石」。③

---

① Jean-Pierre Camus, cited in Matton, "Thématique alchimique," p. 149。

② Matton, "Remarques sur l'Alchimie transmutatoire"; John Slater, "Rereading Cabriada's *Carta: Alchemy and Rhetoric in Baroque Spain*," *Colorado Review of Hispanic Studies* 7 (2009): 67-80, esp. 73-75。

③引自 Matton, *Scolastique et alchimie*, p. 726。

把化學（煉金術）觀念用作宗教中的修辭點綴或隱喻（反之亦然），這很容易理解。但化學（煉金術）與宗教的關係要遠為深刻和複雜。本書的每一章都在某種程度上觸及了煉金術—宗教的內在力量。這些相互關係不僅對於更全面地了解化學（煉金術）至關重要，而且對於更一般地闡明關於現代早期世界觀的更大觀點也同樣至關重要。要想釐清這個極為複雜的難題，我們不妨先來考察化學家（煉金術士）一再聲稱的其神祕知識的神聖起源和地位。

煉金術作為「神的恩賜」

化學家（煉金術士）經常把關於如何製備賢者之石或其他偉大化學（煉金術）祕密的知識稱為「神的恩賜」（*donum dei*）例如，托馬斯・諾頓在其《煉金術的順序》（*Ordinall of Alchimy*）開篇便宣稱：

> 神聖的煉金術超凡而奇妙，
> 這是一門奇妙的科學，祕密的哲學，
> 是神的獨特恩典和恩賜。④

④ Norton, *Ordinall*, p. 13；關於諾頓，參見J. Reidy, "Thomas Norton and the Ordinall of Alchimy," *Ambix* 6 (1957): 59-85。

這部作品倖存下來的最早手稿和它的印刷版包含著一幅插圖，描繪了一個學生雙膝跪地從老師那裡領受煉金術的祕密（圖7.5）。①坐著的老師對學生說：「在神聖的封印之下領受神的恩賜。」學生則回答說：「我會祕密地保守神聖煉金術的祕密。」畫面上方翱翔著一隻代表聖靈的鴿子，側面的天使攜帶的條幅上鐫刻著《詩篇》中的詩句（《詩篇》45：7和27：14），讓人強烈地感受到神的啟示。現代人往往不會把任何自然知識稱為神聖的或神的恩賜，所以這些表達和圖像似乎表明製金是某種特殊的東西，與其他知識有顯著不同，更類似於宗教知識而非自然知識。誠然，這些關於其神聖起源和神聖性的主張曾被用來支持十九、二十世紀的觀念，即煉金術從根本上說是一種精神的、超自然的或宗教的活動，但必須把這些表達置於其歷史語境中，才能按照其作者的意圖得到理解。

首先，關於化學（煉金術）祕密之特殊地位的重複主張都是「慣用語」（*topoi*）——幾乎所有現代煉金術作者都會理所當然地把它們用作文學慣例。第二章講述了這些慣用語在公元九、十世紀隨著賈比爾派著作的指引風格而出現，此後模仿阿拉伯風格以使其作品具有更高權威性的中世紀拉丁作者將它們延續了下去。這種模仿不僅包括源於伊斯瑪儀派著作的指引風格，還包括加入了無處不在的阿拉伯語「*insha-allah*」（如果神願意）的拉丁文對應語。因此奇怪的是，

①該手稿現藏於大英圖書館，Additional MS 10302。它的圖案明顯不同於後來的印刷版。

一些基督教文本的宗教語氣實際在一定程度上是由穆斯林對虔敬的表達所決定的。後來的歐洲作者（往往是宗教修會的成員，或至少是虔誠的平信徒）進一步發展和擴展了這些到那時已經變得幾乎無意識的慣用語。

其次，「神的恩賜」實際上是一個專業用語，被用在中世紀和文藝復興時期討論知識地位的神學和法律文獻中。聖多瑪斯・阿奎那（以及其他人）斷言，所有知識實際上都是一種神的恩賜。此話是在暗指一條既定的法律準則，即「知識是神的恩賜，所以不能售賣」（*scientia*

圖 7.5　學生從老師那裡領受煉金術的祕密，並承諾保密。出自 Thomas Norton, *Ordinall of Alchimy*; engraving in *Theatrum chemicum britannicum* (London, 1652)。

donum dei est, unde vendi non potest）。① 這條準則源於一場道德爭論，即教師要求學生付費是否合法（未達成共識）。背後的想法是，既然知識是一種神的恩賜，那麼獲得知識的人就沒有權利出售它，部分是因為他並不實際擁有它，部分是因為這樣做是買賣聖物，犯下了售賣精神物品之罪。中世紀晚期和現代早期的化學（煉金術）作者們肯定知道這個術語的背景。他們對這個術語的使用既強調了所有知識的最終來源（當然特別是提升他們自己知識的地位），又強調必須明智而恰當地使用知識這一恩賜。②

第三，最重要的是，現代人往往會在現代早期的人不會切斷連繫的地方切斷連繫，這裡是指切斷科學與宗教的連繫。現代人喜歡把這兩者隔離開來，讓彼此保持安全的距離。今天的許多讀者確信這些現代慣例本質上是正常的，因此往往認為製金作者們把自己的主題說成神的恩賜是不正常的，也就是說，需要做特別的解釋。但需要做特別解釋的也許恰恰是現代人：目

---

① St.Thomas Aquinas, *Summa theologica*, 1ae 2a, quaestio 112, articulus 5 and 2ae 2a, quaestio 9；更多的出處以及在法律和倫理語境下對這個問題的討論，參見 Gaines Post, Kimon Giocarinis, and Richard Kay, "The Medieval Heritage of a Humanistic Ideal: 'Scientia donum dei est, unde vendi non potest,'" *Traditio* 11 (1955): 195-234，以及 Gaines Post, "Master's Salaries and Student-Fees in Mediaeval Universities," *Speculum* 7 (1932): 181-198。

② 請注意，禁止給知識貼上價格標籤，並不意味著要將它免費給予所有人，儘管有神的誡命：「你們白白地得來，也應當白白地給人」（Matthew 10: 8）。關於這個問題，參見 Carla Hesse, "The Rise of Intellectual Property, 700 BC-AD 2000: An Idea in the Balance," *Daedalus* 131 (2002): 26-45。

前業已接受的學科身分界限是在何處、為何以及被何人建立的？現代早期的人認為神是萬物的創造者，一切事物都是祂的恩賜。所有作者，無論是化學（煉金術）的還是其他的，都知道並會引用《聖經》的話，即「各樣美善的恩賜和各樣全備的賞賜都是從上頭來的，從眾光之父那裡降下來的」（《雅各書》1：17）。而現代人則往往將神的行動或存在想像成例外事件，與日常生活相隔十萬八千里。但對於現代早期的人來說，神的行動和存在是恆定的、日常的甚至熟悉的。

因此，查閱喬治・斯塔基的一本實驗室筆記，可以瓦解那些令人舒適的現代範疇，在關於實驗的確切日期、所使用材料的重量以及加熱時間長度的詳細記錄中，我們發現了這樣一條：

> 一六五六年三月二十日，在布里斯托爾，神向我透露了萬能溶劑的全部祕密；讓永恆的祝福和榮耀歸於祂。③

---

③ Starkey, *Alchemical Laboratory Notebooks and Correspondence*, p. 175。

這裡斯塔基非常實事求是地記錄了他對「神的恩賜」的領受，就好像他在描述某個重要但並不很令人驚訝的實驗結果似的。雖然這條簡潔的記錄並未明確指出這種恩賜是如何傳遞給他的，但在另一本筆記中，他描述了一系列有邏輯連繫的實驗，他稱之為「神的意願」（*divino nutu*）的結果。而在另一本筆記中，他說：「我做了許多不成熟的試驗，但神最終惠允把我引人這門真正的技藝中。」①斯塔基很清楚，他以實驗室操作獲得的知識是一種神的恩賜，但是因為神永遠存在，以微妙的方式及時暗示我發現事物的日常表現背後的東西。這裡既沒有在雲端戲劇性地高聲說話的神，也沒有陷入狂喜狀態的化學家（煉金術士）。斯塔基的筆記描述了因頓悟的神祕瞬間而感恩神的化學家（煉金術士），我們有時稱之為「尤里卡時刻」（eureka moment）。這位化學家（煉金術士）工作勤勉，總能意識到神的無處不在和神意，承認其造物主是知識的最終來源。我們可以認為這個觀點使神成為常規的和平淡無奇的，將神貶低為日常世界的一部分；但也有一種觀點看起來同樣合理，而且更符合現代早期的觀念，那就是：透過與超越者建立恆常無聲的連繫，它使世界和人的奮鬥成為神聖的。

①關於斯塔基屢屢承認神的幫助，參見 Starkey, *Alchemical Laboratory Notebooks and Correspondence*, pp. 43, 67-69, 113, 190, and 302；對這個問題的更多討論，參見 Newman and Principe, *Alchemy Tried in the Fire*, pp. 197-205。

這種連繫是旨在從多個層次將人類、自然界和神連繫在一起的一張關聯之網中的一環。②這種現代早期的相互連繫的宇宙觀在羅伯特・弗拉德（Robert Fludd，一五七四—一六三七）設計的複雜圖像中得到了描繪。弗拉德是英格蘭的醫生、學者和哲學家，他與當時一些最著名的思想家展開了爭論。在賢者之石等化學（煉金術）主題方面，他也有過著述。③圖7.6a所示的優雅版畫是在一六一七年製作的，其製作者可能是米沙埃爾・邁爾雇用的那位藝術家——馬特烏斯・梅里安。

地球位於圖像的中心，其上坐著一隻猿（圖7.6b）。這隻猿代表人的技藝，往往被稱為「自然之猿」（ape of nature），因為它模仿（「apes」）自然的運作。猿的高度界定了代表各種人類知識的四個同心圓。從地球向外移動的第一個圓描述了「技藝在礦物界糾正自然」，對蒸餾的微型描繪代表化學（煉金術）——這種技藝藉由把賤金屬轉變成黃金，將有毒物質轉化為藥物，或

② 對現代早期「關聯世界」的基礎和含義的簡要論述，參見Principe, *The Scientific Revolution*, pp. 21-38。

③ 關於弗拉德的文獻，參見Allen G. Debus, ed., *Robert Fludd and His Philosophical Key* (New York: Science History Publications, 1979), pp. 51-52；一項更新的研究是Johannes Rösche, *Robert Fludd: Der Versuch einer hermetischen Alternative zur neuzeitlichen Naturwissenschaft* (Göttingen: V&R, 2008)；在煉金術方面的更多內容，另見François Fabre, "Robert Fludd et l'Alchimie: Le Tractatus Apologeticus integritatem societatis de Rosea Cruce defendens," *Chrysopoeia* 7 (2000-2003): 251-291。關於弗拉德與哈維的連繫，參見Allen G. Debus, "Robert Fludd and the Circulation of the Blood," *Journal of the History of Medicine and Related Sciences* 16 (1961): 374-393。

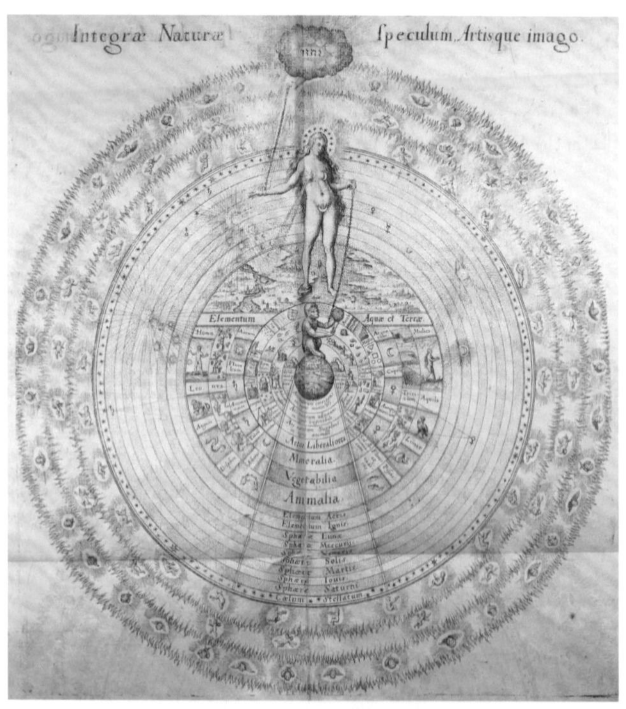

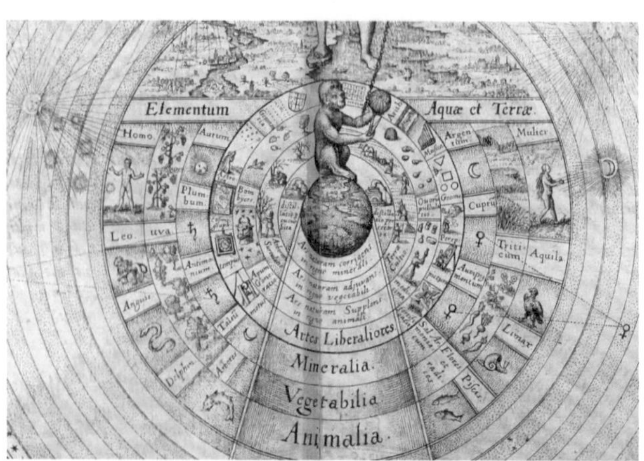

圖 7.6 a、b
整個自然和技藝形象之鏡（「The Mirror of the Whole of Nature and the Image of Art」），引自 Robert Fludd, *Utriusque cosmi historia* (Oppenheim, 1617)。

者將普通之物轉化為有用的不尋常之物來糾正物質的缺陷。下一個圓顯示了「技藝在植物界輔助自然」，並以農業和果樹嫁接為例。之後是「技藝在動物界補充自然」，並以醫學、養蠶、人工孵蛋、（根據古老的信念）從牛的屍體中自發產生蜜蜂等等為例。這三種實用技藝都有一個共同主題，那就是在煉金術中非常明顯的對自然的改進。第四個圓中是「更加自由」的技藝，即那些更加不受功利生產奴役的技藝。在弗拉德的特殊列表中，它們都以數學為基礎：天文學、音樂、幾何學、計時、繪畫、防禦工事等。

由猿和四個圓所代表的人類活動領域，與宇宙的其餘部分不可避免地連繫在一起。猿的手腕連在一個站在牠上方代表大自然的女性身上，大自然控制著人的技藝能做的事情。她所界定的同心圓領域包含著（向外依次是）礦物和金屬、植物，以及包含人在內的動物。再往上便超出了地界，七顆行星的同心圓在地心宇宙中圍繞著地球旋轉。這裡弗拉德畫了幾條對應的線作為例子。左邊有兩條線把土星與礦物界的鉛和銻相連。同樣，右邊金星也與銅和雌黃相連。左邊太陽與男人相連，他張開雙臂迎著連線（太陽和男人都有熱和乾的性質）。與之對稱，右邊女人受到冷和溼的月亮的影響，她在自己身上模仿月亮的每月週期。

同樣值得注意的是，自然本身並不比人的技藝更獨立，因為她自己的手腕也連在一根鏈條上，執鏈之手從位於物理宇宙之外的各級天使上方的一團神聖的雲中伸下來，物理宇宙則被一個恆星圈所包圍。該雲團帶有「四字母聖名」（Tetragrammaton），即表達不可言說的神之名號的四個希伯來字母。因此，這幅寓意圖顯示了人類的每一項生產活動都被自然用鍊子拴住，而自然又被拴在神的手中。整個宇宙體系被連接成一個相互連繫、相互作用的複雜整體。以這種觀點看來，化學家（煉金術士）在實驗室裡的工作——在最低的圓中做了描繪——總是與神的意志相連繫，也就是說仍然依賴於神的恩賜和指導，就像農夫、醫生和天文學家的工作一樣。

這種緊密相連的宇宙觀擁有深植於西方文化中的多個來源。新柏拉圖主義思想強調「自然的階梯」的觀念，從無生命的物質到超越的「太一」，每一個存在物都被連接在一個等級分明的鏈條上。亞里斯多德在其自然哲學中努力做到無所不包；他關於運動、因果關係、性質等方面的觀點始終如一地適用於自然的各個領域。天界對地球的影響——占星術所依據的《翠玉錄》中表述的大宇宙和小宇宙的相互作用（「上者來自下界，下者來自上界」）——被認為每天都可見於潮汐、季節以及羅盤朝著北極星的轉向；這種相互作用將天界事物與地界事物連繫在一起。也許最有說服力的是，基督徒信仰一個單一的、全能的、天意的、無所不知的神，這意味著世界是一個統一、和諧、相互作用的整體——一個真正意義上的宇宙（*cosmos*），即一個高度有序的整體——因為它是同一個完全首尾一致的心靈的產物。天地萬物反映了造物主的統一性。

有了這個更大的背景，我們就可以更好地理解卓越的海因里希・昆拉特（約一五六〇——一六〇五）了。①昆拉特廣泛的興趣和活動進一步表明了現代早期思想內部的連繫，特別是在化學（煉金術）和宗教領域。他的確參與過實際的製金，也肯定過法術活動——亦即用儀式方法祈求在夢境和異象中得到神的啟示——對於獲得製金等主題的知識的價值。因此毫不奇怪，他明確指出，關於賢者之石的知識是神的恩賜。但這個術語對他來說究竟是什麼意思呢？昆拉特斷言，這種恩賜包含兩大祕密，也就是第五章所描述的那兩個祕密：知道正確的初始材料，知道如何實際處理它以產生賢者之石。在重申關於這些祕密的知識乃是神的恩賜（*Gabe und Geschenck Gottes*）之後，昆拉特繼續說：

> 親愛的古代哲學家們獲得了關於這件事物（賢者之石和它的質料）的知識和實踐，我們可以從他們的書中清楚地看到這一點。他們要麼是透過一種特殊的神聖靈感、祕密異象或神靈啟示從神那裡獲得的，要麼是從另一位哲學家和人類導師那裡獲得的，要麼是透過勤奮的閱讀和正確的書籍，沉思、冥想和明智地觀察更大世界中自然的美妙運作，從自然之光那裡獲得的。②

---

① 關於昆拉特有許多不可靠的資料；可靠的學術成果請參見 Peter Forshaw 目前正在進行的工作，比如 "Alchemy in the Amphitheatre: Some Considerations of the Alchemical Content of the Engravings in Heinrich Khunrath's *Amphitheatre of Eternal Wisdom* (1609)," in Wamberg, *Alchemy and Art*, pp. 195-220。

② Heinrich Khunrath, *Lux in tenebris* (n. p., 1614), pp. 3-4。

請再慢慢讀一遍這張清單。昆拉特將現代人會截然分開的東西並列在一起。神的啟示和異象與普通的人類教育、研究書籍和認真觀察整個世界排在一起。它們之間的連繫是，神最終是知識的來源。所有知識要麼直接來自於神；要麼經由一種天使般的異象，間接但超自然地來自於神；要麼經由一位人類導師的聲音、一本書的話或者對天地萬物的觀察研究，間接而自然地來自於神。我們現代人會把神的活動列為一個特殊類別，而對於昆拉特（或斯塔基、弗拉德或許多同時代人）來說，這不過是另一種獲取知識的方法罷了——或者毋寧說，神的活動最終被視為獲取知識的所有方法的基礎。「每一項有價值的恩賜，每一項真正的饋贈都來自上界，從光明之父降臨而來。」簡而言之，這種觀點緣於現代早期的人感覺和意識到神在其日常生活和世界中恆常存在。這是我們所失去世界的一部分。在重新獲得它之前，我們不可能真正理解現代早期的人是如何思考和生活的。

現代口語用法中仍然留有這種世界觀的蹤跡。當我們頭腦中突然出現一種想法或某個問題的答案時，我們往往稱之為「靈機一動」（*moment of inspiration*），即使我們並沒有意識到這個詞所蘊含的神學。創造性的想法究竟從何而來呢？現代早期的人會說，它們最終來自於天地萬物的偉大源頭。因此，獲得稀有的知識——無論以何種方式獲得——其實是神的恩賜。但這種恩賜並不一定包裹在雷電或狂喜的異象中（儘管有這種可能）；它可以在閱讀一本書時，側耳傾聽老師的教誨時，沉思自然的行為時，或者俯身擺弄坩堝時悄無聲息地降臨。

自然、神和人這一複合體中存在的各種連繫，可以發揮進一步的也許更令人驚奇的功能。和通常一樣，昆拉特對賢者之石的處理也是從它實際存在的證據開始的。他先是訴諸證詞，這是過去擁有賢者之石的人所提供的他所謂的「重複經驗」。然後他引用了化學（煉金術）理論的支持，他稱之為「正確做哲學的化學家（煉金術士）的共識」。但是接著，他又補充了據稱最有說服力的第三條證據，即：

> 賢者之石與耶穌基督的美妙和諧，這是神並非徒然地擺在我們眼前的。如果基督徒能正確地思考哪怕就這一個證據，或者接受其指導，那麼它就必然會預示和證明天然賢者之石的可能性，這種神聖的、天上的石頭從世界之始就存在於自然中。①

昆拉特在這裡聲稱，基督保證了賢者之石的現實性。他究竟在談論什麼？他如何來證明這一飛躍？在部分程度上，昆拉特是在利用一個人們熟知的將基督與賢者之石連繫起來的隱喻——這種連繫是中世紀晚期在偽維拉諾瓦的阿納爾德、魯庇西薩的約翰的著作以及《哲學家的玫瑰花園》中發展出來的。製造賢者之石時，製備的成分在哲學蛋中被加熱，直到在「死

① Heinrich Khunrath, *Lux in tenebris* (n.p., 1614), pp. 9-10。

亡」中變黑；進一步加熱，在一個類似於「復活」的過程中使其「恢復」成一種新的、美化的和精細化的物質。然後，這個製作完成的石頭可以「治癒」賤金屬的缺陷和瑕疵，就像復活的基督透過治癒不完美的墮落人性和萬物來救贖世界一樣。

然而，對昆拉特來說，基督與賢者之石之間的這種比較——或如他所說的「類比和諧」（*harmonia analogica*）遠不只是一種隱喻、寓言或詼諧，而是有提供證明和證據的能力。救世主基督及其屬性的存在保證了一種帶有類似物質屬性的物質石頭的存在。這種起連接作用的類比（基督—賢者之石）充當著一個證明，將一個事物的確定存在傳遞給另一個事物的確定存在。這是如何可能的呢？一方面，它是對「上者來自下界，下者來自上界」這則格言的終極表達。另一方面，它又表達了現代與現代早期對隱喻和類比的理解之間的一種深刻差異。現代世界認為這些隱喻和類比是人類心靈的創造。而對於昆拉特和他的許多同時代人來說，它們既不是任意的，也不是人類想像的產物，而是作為真實的連繫獨立存在於世界本身的結構當中。它們隱藏在那裡，等待被發現。

近三個世紀前，彼得．伯努斯幾乎說了同樣的事情，儘管他是沿著另一個方向來談論賢者之石與基督的連繫的。伯努斯聲稱，基督教產生之前的內行們用其觀察報告來製造賢者之石，以預言彌賽亞因聖靈感孕而生。距離昆拉特時代更近的羅伯特．波以耳也透過其實驗室觀察恢復了一系列化學（煉金術）操作結尾處的初始資料，以此作為關於身體復活的基督教教義的證據。①其他作者則基於再生（palingenesis）做了同樣的事情。醫生托馬斯・布朗（Thomas Browne，一六〇五—一六八二）爵士寫道，他對賢者之石的了解「教給了我許多神性，指導了我的信仰：那個不朽的精神和我靈魂中不可毀滅的實質如何可能隱藏起來，在這個肉體中小憩」。②

醫師、化學家（煉金術士）皮埃爾—讓・法布爾（Pierre-Jean Fabre，一五八八—一六五八）就包括製金在內的化學（煉金術）的各個方面多有著述，他於一六三二年出版了非凡的《基督教煉金術士》（*Alchymista christianus*），該書也許最廣泛地運用了化學（煉金術）觀察來指向神學真理。其目的是「透過化學類比和比喻來解釋基督教信仰盡可能多的奧祕」，並且顯示「使用化學（煉金術）技藝的基督徒的正統教義、生活和美德」。③法布爾的目標與伊森・艾倫・希區考克（Ethan Allen Hitchcock）在十九世紀提出的煉金術解釋雖然表面上相似，實則有著深刻的

---

① Robert Boyle, *Some Physico-Theological Considerations about the Possibility of the Resurrection*, in *Works of Robert Boyle*, 8: 295-327。類似的用法實際上可以追溯到公元五世紀的 Aeneas of Gaza, *Theophrastus*, in *Patrologia graeca*, ed. J. P. Migne (Paris, 1868), 85: 871-1003, esp. 983-984 and 992。另見 Matton, "Thématique alchimique," pp. 180-190。

② Thomas Browne, *Religio medici*, in Works of Sir Thomas Browne, ed. Geoffroy Keynes (Chicago: University of Chicago Press, 1964) 1: 50。

③ Pierre-Jean Fabre, *Alchymista christianus* (Tolouse, 1632); available as a reprint with accompanying French translation as *L'alchimiste chrétien*, ed. and trans. Frank Greiner, Textes et Travaux de Chrysopoeia 7 (Paris: SÉHA; Milan: Archè, 2001)。法布爾的 *Manuscriptum ad Fredericum* 是一部井然有序的解釋性文本，對於更完整地理解十七世紀的製金理論和原理極為有用，關於這一文本，參見 Bernard Joly, *La rationalité de l'Alchimie au XVIIe siècle* (Paris: Vrin, 1992)。

分歧。法布爾並沒有將煉金術完全歸於神學寓言；相反，他認為實際的實驗工作和現象是與神學真理共存和同延的，而且與之有著天然連繫。化學（煉金術）表達和確證了神學真理。造物主在其整個創世過程中，難道不是已經將祂自己的類比形象或寓意形象植入了嗎？人在天地萬物中可以發現這些形象。這種對世界的看法部分基於「兩本書」的教義，該教義在聖奧古斯丁（公元三五四—四三〇）那裡得到了最充分的闡述，在現代早期則被神學家和自然哲學家廣泛接受。它指出，神以兩種不同的方式向人類展示自己：透過《聖經》中的話語，以及透過「自然之書」即受造物。因此，研究自然世界，比如透過化學（煉金術），當然會揭示「許多神性」。

關鍵是，這些觀念和看法並非煉金術所獨有。類似的觀點和論證存在於整個現代早期的思想中。例如：

> 球體（這是神和創造主的形象）中……有三個區域，象徵著三位一體的三個位格：球心象徵著聖父，球面象徵著聖子，中間的空間象徵著聖靈。宇宙的許多主要部分也是這樣安排的：太陽在中心，恆星天球在球面，行星系統在中間區域。①

① Johannes Kepler, *Epitome of Copernican Astronomy*, bk. 4 in *Ptolemy, Copernicus, Kepler; Britannica Great Books*, vol. 16 (Chicago: Encyclopedia Britannica, 1952), pp. 853-854。

這段話的作者並非「煉金術士」，而是以其行星運動定律而聞名的著名天文學家約翰尼斯・克卜勒（一五七一—一六三〇），直到今天，這些定律仍然是物理學和天文學課程的標準內容。這裡引用的話是他用來支持哥白尼日心說的論證的一部分，認為太陽位於宇宙的中心，地球圍繞太陽運動，而不是相反。克卜勒的論證並非從觀察證據出發，而是使用了（借用昆拉特的話說）「類比和諧」，即物理宇宙和它不可見的創造者之間的一種類比關聯。神的屬性保證了一個日心宇宙。聖父是永恆不變的源泉，因此祂的物理象徵，祂在宇宙中的類似物或隱喻，即太陽，必須靜止於中心，照亮、溫暖並且無形地引導包括地球在內的所有行星。「類比和諧」正是對事物如其所是的證明。事實上，克卜勒在他的所有作品中都是「使用類比這條線索穿越了自然祕密的迷宮」。②

所有知識的關聯，自然、神和人的相互連繫，以及類比作為證據的力量亦見於學識淵博的耶穌會士阿塔那修斯・基歇爾（一六〇一／二—一六八〇）的作品中。他於一六四一年出版的《磁體》（*The Magnet*）一書的卷首插圖（圖7.7）顯示了這些關聯，並以「萬物皆由隱祕之結所連接」（*Omnia nodis arcanis connexa quiescunt*）做了總結。帶有各種知識（天文學、哲學、透視光

② Johannes Kepler, *Harmonices mundi*, in *Gesammelte Werke*, ed. Max Caspar (Munich: Beck Verlag, 1940) 6: 366; in English in *Ptolemy, Copernicus, Kepler*, 16: 1083。

圖 7.7　Athanasius Kircher, SJ, *Magnes sive de magnetica arte* (Rome, 1641) 卷首插圖，顯示了所有知識、自然世界、人和神的相互連繫。

學、音樂、神學、醫學等）名稱的標誌排成了一個圓，均由鏈條連接。而這些標誌又被連接到其內部的三個更大的圓上：星界（一切比月球更遠的東西）、月下世界（地球）和小宇宙（即人）。宇宙的這三重劃分本身又被連接在一起，其中心（與這三者平等地相接觸）是原型世界（*mundus archetypus*），即神的心靈，它包含著宇宙中一切可能事物的模型。

在基歐爾看來，磁體對鐵的看不見的力量恰恰例證了這些看不見的連繫或「隱祕之結」。①於是，他在其著作的開篇便詳細描述了磁體及其效果，然後向外擴展到顯示類似「磁」效應的其他物體：比如靜態的吸引、向日葵轉向太陽、共感振動、某些植物和動物之間的共感和反感、行星的軌道運動，等等。就這樣，基歐爾以一種在我們和他同時代的一些讀者看來往往怪異的方式，慢慢地從一個例子上升到另一個例子，直到最終超越物理世界的界限，將所有這些現象與神那不可見但卻無法逃脫的愛連繫在一起，這是約束所有事物的唯一真正原始的力量，它將天地萬物以磁的方式吸引到它的來源。於是根據基歐爾的教導，我們每天都能從磁鐵的作用中見證神的愛。

這些類比——如果你願意，也可稱它們為隱喻、和諧——對於現代早期思想家的意義遠遠超過了對於現代人的意義。對於現代早期的人來說，類比是世界上實際存在的東西，是一種被有意嵌入世界結構的實際連繫。隱喻和類比構成了他們多層次、多價值、高度關聯的世界的一個核心方面。這種「類比和諧」的力量來自於他們的世界觀，認為世界是由一個前後一致、無所不能、無所不知的神創造的，它的每一個角落都被賦予了意義、寓意和目的，在這個世界

① Mark A.Waddell, "Theatres of the Unseen: The Society of Jesus and the Problem of the Invisible in the Seventeenth Century" (PhD diss., Johns Hopkins University, 2006), pp. 80-114。

中，天與地、神與人（神的形象）被以可見和不可見的方式連繫在一起，這些方式可以透過多種手段進行發現和探索。因此，類比的相似性並非詩意的人類心靈的產物，而是創世計畫中的一條線索。

考慮到這種世界觀，昆拉特對賢者之石存在性的證明就變得更加清晰了，而且更一般地指向對現代早期世界的更深理解。世界中的複雜連繫和對稱為其中每一個事物都提供了一層意義。同時代的藝術作品──繪畫、文學作品和音樂──都是基於對多層次的意義和寓意的愛，這些意義並非浮於表面，而是需要觀眾費心解讀出來。有教養的現代早期的人期待從他們的藝術、文學和戲劇中解讀出多層次的意義，並樂於尋找和發現它們。至關重要的是，這一時期的自然哲學家們通常認為，同樣的多層次意義不僅存在於人的創造中，在更大程度上也存在於神的創造即自然世界本身之中。神作為最終的作者和藝術家，在每一個層次都把世界創造成富含寓意、價值和象徵意義的巴洛克式傑作。因此，對自然世界的觀察所攜帶的意義遠遠超出了直接觀察的孤立對象。

就煉金術而言，我想指出的是，它與神的關係的確非常密切，但這種關係在現代早期並非完全獨特。當時對自然世界的其他研究中也有類似的密切關係（比如在克卜勒和基歇爾那裡）。這些關係不僅是虔敬的表現，更是當時眾多思想家所秉持的統一宇宙觀的表現。煉金術與宗教之間的顯著關聯有時似乎使煉金術顯得與「科學」截然不同，但只是與我們今天的科學進行比較時才是如此。如果把克卜勒、波以耳或牛頓這樣的公認人物置於正確的背景，他們也不再符合現代科學觀念。然而，他們（和煉金術）的確符合他們那個時代的「自然哲學」，亦即對包括人、自然和神在內的相互關聯的整個世界所作的全面研究。①許多現代早期思想的目標都涉及尋找、構建和使用世界中的連繫，而不是像在現代科學中常見的那樣，只對所研究的事物本身進行解剖和隔離。從現代早期的統一宇宙觀來看，現代物理學家所追求的大統一理論（化學家〔煉金術士〕尋求賢者之石的方式）想法固然不錯，但最終只是一件眼界偏狹的瑣事，因為它包含的太少，忽視的太多。我認為，煉金術之所以在我們看來顯得奇怪，部分原因在於它反映了自然哲學淪為科學以前現代早期思想的更大背景，它所使用的思維方式和看世界的方式，並沒有在現代科學的方法論和形而上學中傳承給我們。

領略了化學（煉金術）的活力和多樣性，以及它與其他許多知識和創造性領域的連繫之後，化學（煉金術）在現代早期文化中流傳如此之廣也就不足為奇了。在人類努力的各個分支

①關於自然哲學的兩種定義，參見 Walter Pagel, "The Vindication of Rubbish," originally published in the 1945 *Middlesex Hospital Journal*, reprinted in *Religion and Neoplatonism in Renaissance Medicine* (London: Variorum, 1985), 1-14, on p. 11，以及 Dennis Des Chene, *Physiologia: Natural Philosophy in Late Aristotelian and Cartesian Thought* (Ithaca, NY: Cornell University Press, 1996), p. 3：「在這個主題中，物理學、形而上學和神學可以聚在一起商討它們的主張」。

中，它激起了藝術家、作家、神學家和自然哲學家的想像力，因為它與他們擁有許多共同的看法和目標。現代早期的化學（煉金術）以其引人注目的圖像和觀念（一旦我們正確地、語境化地理解了它們的內容）可以極大地幫助我們理解前現代世界的許多一般看法，關於這個世界，我們還有更多的東西要了解。

結語

將普通金屬轉化為貴金屬的想法激發了想像力，製金和其他煉金術努力體現了這種吸引力。但煉金術不只是煉金，甚至不只是將一種物質轉化為另一種物質。從近兩千年前出現於希臘—羅馬時代的埃及一直到現在，它在各種思想文化背景中沿著多條線索發展起來。無數實踐者出於各種理由、沿著多條途徑、朝著各種目標追求它。前面各章所概述的種種思想和實踐使煉金術究竟是什麼這個基本問題變得更難回答了。任何簡單的回答都是不夠的。但認識到這種多樣性和動態性（無論是歷時的還是共時的），卻能以更有趣和更具歷史準確性的方式揭示煉金術的身分。不過，在這形形色色的作法、目標、觀念和實踐者當中，這門高貴的技藝也的確出現了一些相對穩定的特徵。

首先，煉金術是一種頭手並用的努力。它既是理論的又是實踐的，既是文字的又是實驗的，而且這兩個方面還不斷進行互動。關於物質及其構成的理論——佐西莫斯的「靈魂和身體」、賈比爾的「汞和硫」、蓋伯的「最小部分」、帕拉塞爾蘇斯的「三要素」、經院學者的原初質料和實體形式、范．海爾蒙特的「種子」，以及所有其他理論——都支持著煉金術的目標，指導著實際的實驗室工作。實驗室和更大世界中的觀察形成了一個經驗核心，使這些理論能夠從中產生並且繼續發展。這些理論的存在及其在實際工作中的作用，使人們不再相信那種舊的觀念，即煉金術僅僅是不斷試錯的烹調術罷了。

反過來，煉金術的實驗室活動和結果——一部部文本對它們做了或清晰或模糊的描述，在寓言和寓意畫中得到隱藏和揭示，並為倖存下來的人工製品所見證——也使人們不再相信煉金術士居住在一個純思辨的世界，或者他們的直接目標並不是物質性的。煉金術士們仔細閱讀前人的著作，以期將它們付諸實踐，並且根據自己的經驗不斷做出重新詮釋和補充。煉金術士的範圍跨度極大，既有書齋中的理論家，也有狹隘的配方追隨者，但煉金術的核心取決於理論與實踐的互動。它跨越了工匠與思想的不同領域，成為一種探索世界及其可能性的研究性事業，其目標既包括認知也包括行動。

由於強調實際工作，煉金術也是一種生產性的事業。生產新材料，以及轉變或改進普通材料，是煉金術傳統中的一個核心主題。煉金術士試圖製備的產品既有像賢者之石、萬能溶劑和金液這樣的宏大祕密，也有級別較低的轉化劑、草藥以及其他藥物製劑，還有從礦石中產出更多金屬、更好的合金、顏料、玻璃、染料、化妝品以及其他許多商品。一些實踐者致力於製備其中一兩種產品，而另一些人則將注意力和專業技能轉向了更多甚至全部產品。這種對生產材料的強調，往往會使煉金術遭到更具書卷氣的觀察者的嘲笑，但卻獲得了手工業以外任何其他學科都無法相比的一種特殊程度的物質性（physicality）。它還使用來操縱、鑒定和分析物質的方法發展和積累起來，形成了一個豐富的「實踐」（how-to）知識庫。

煉金術的生產力並不僅限於物質產品，它還旨在產生關於自然世界的知識。加工和轉化物質需要了解物質究竟是什麼，理解其隱祕的本性、性質和構成。煉金術士的經驗使他們提出了（例如）關於看不見的半永恆物質微粒的假說，這些假說處於物質轉化的核心，可以解釋他們的觀察結果。他們注意到實驗中使用的材料重量是守恆的，並據此來更好地監測結果。他們為物質及其性質編目，記錄了自然世界的豐富性和多樣性。簡而言之，他們試圖理解自然世界，揭示、觀察和利用其過程，提出並完善對其運作的解釋，尋求其神祕的祕密。

關鍵是，對於現代人來說，「自然」世界並不像對於現代早期的人一樣被如此整齊地界定。在一個充滿意義的世界中，人、神和自然在多個層次上深深交織在一起，煉金術士的實驗室研究和發現要比今天化學家的類似活動具有更廣的範圍和影響。在這個更廣的範圍內，神學真理與自然真理可以彼此反映和闡明，研究自然距離研究神只有一步之遙。因此，煉金術擁有跨越多個知識文化分支的多重價值。難怪它不僅啟發了其他自然研究者，還啟發了許多藝術家和作家（直到今天也是如此），他們可以在煉金術的聲明、承諾和語言中找到自己的意義。因此，煉金術不僅是科學史、醫學史和技術史的一部分，也是藝術史、文學史、神學史、哲學史、宗教史等歷史的一部分。這些不同的文化連繫和它多元化的角色使煉金術——以及同時期的天文學、自然志和其他自然哲學追求——迥異於關注點更為狹隘的現代科學。

不過，作為自然哲學不可或缺的一部分，煉金術首先仍然是漫長科學史的一部分，是人類力圖認識、理解、控制和利用世界的努力的一部分。它那晦澀難懂的文本遺產、長期存在的錯誤觀念，以及對其目標和實踐者的錯誤論述往往掩蓋了這種連繫，但目前的學術成果恢復了煉金術與現代科學之間的連續性（並未忽視重要區別）。煉金術士堅持實際工作與理論思辨相結合，這促進了一種實驗主義文化，發展出了對於現代科學事業至關重要的研究方法（例如分析與綜合）。煉金術士渴望生產出金銀、寶石、更好的藥物等產品，這為人類改進自然的技術力量做了辯護。因此，煉金術與化學並無分明的界線。誠然，無論是目標、理論和世界觀，還是社會專業結構和文化地位，都在漸漸發生改變，但著眼於理解物質，透過轉化物質來服務於實際目標，這在「煉金術」與「化學」之間建立了一種共同性和連續性。我們也許很難說清楚，今天的化學家距離喬治・斯塔基，是否比斯塔基距離賈比爾，或者賈比爾距離佐西莫斯更遠。儘管這些人無疑會對彼此的具體想法和理論（更不要說文化假設）感到困惑，但我認為，他們在這些差異中也許會認識到某種親緣關係，將他們連接成一個希望追問和操縱物質世界的漫長的「化學（煉金術）」傳統。當然，chemeia、al-kīmiyā、al-chemia、chymistry 和 chemistry 的實踐者們所發展和秉持的許多觀念隨後被證明在事實上並不正確，但科學並不是一個由現成事實組成的集合，而是由特定時間地點的人類觀察者所講述的一個關於世界的不斷發展的故事。化學家（煉金術士）曾經是（而且繼續是）這個故事的重要作者。

當煉金術史先驅弗蘭克・捨伍德・泰勒（Frank Sherwood Taylor）撰寫一九五二年出版的那

部流行的概論《煉金術士》（*The Alchemists*）時，基於他所看到的關於這一主題的仍然非常不完整的知識狀況，他謙虛地僅把它稱為一份「臨時報告」。現在六十多年過去了，我們對煉金術已經有了遠為廣泛和深刻的理解。日益增多的煉金術學者大大擴展了我們的知識，煉金術已經回到了嚴肅的學術研究和話語之中。不過，當我寫下這最後幾行字時，我不禁回想起我在數不清的圖書館和檔案館中看到的成千上萬頁煉金術著作和手稿，其中許多從未得到仔細閱讀。甚至只是一瞥我自己的書架，也會看到一本本令人生畏的大部頭著作，其中排印得密密麻麻的大量鉛字，仍然等待著知識淵博的人使其重見天日，進入我們的敘事。「生命短暫而藝無窮。」無論哪本書都不可能揭示煉金術的所有祕密。我們還有許多東西要學，這門高貴的技藝還有許多東西可教。

參考文獻

Abrahams, Harold J. "Al-Jawbari on False Alchemists." *Ambix* 31 (1984): 84-87.

Adelung, Johann Christoph. *Geschichte der menschlichen Narrheit; oder, Lebensbeschreibungen berühmter Schwarzkünstler, Goldmacher, Teufelsbanner, Zeichenund Liniendeuter, Schwärmer, Wahrsager, und anderer philosophischer Unholden*. 7 vols. Leipzig, 1785-1789.

Agricola, Georgius. *De re metallica*. Basel, 1556.

Albert the Great. *Alberti Magni opera omnia*. Edited by August Borgnet. 37 vols. Paris, 1890-1899.

——. *"Libellus de alchimia" Ascribed to Albertus Magnus*. Translated by Virginia Heines, SCN. Berkeley: University of California Press, 1958.

Al-Jawbari. *La voile arraché*. Translated by René R. Khawan. 2 vols. Paris: Phèbus, 1979.

Anawati, Georges C. "L'alchimie arabe." In Rashed and Morelon, *Histoire des sciences arabes*, 3: 111-142.

——. "Avicenna et l'Alchimie." In *Convegno internazionale, 9-15 aprile 1969: Oriente e occidente nel medioevo; filosofia e scienze*, pp. 285345. Rome: Accademia Nazionale dei Lincei, 1971.

Anthony, Francis. *The apologie, or defence of ...aurum potabile*. London, 1616.

Arnald of Villanova, pseudo-. *De secretis naturae*. Edited and translated by Antoine

Calvet. In "Cinq traités alchimique médiévaux," *Chrysopoeia* 6 (19971999): 154-206.

——. Thesaurus thesaurorum et rosarium philosophorum. In *Bibliotheca chemica curiosa*, 1: 662676.

——— . *Tractatus parabolicus*. Edited and translated by Antoine Calvet. *Chrysopoeia* 5 (19921996): 145171.

Ashmole, Elias, ed. *Theatrum chemicum britannicum*. London, 1652.

Atwood, Mary Anne. *A Suggestive Inquiry into the Hermetic Mystery*. London: T. Saunders, 1850. Reprint, Belfast: William Tait, 1918.

Aurnhammer, Achim. "Zum Hermaphroditen in der Sinnbildkunst der Alchemisten." In Meinel, *Die Alchemie in der europäischen Kultur-und Wissenschaftsgeschichte*, pp. 179-200.

Avicenna. See Ibn-Sīnā.

Bagliani, Agostino Paravicini. "Ruggero Bacone e l'alchimia di lunga vita: Riflessioni sui testi." In "*Alchimia e medicina nel Medioevo*," *Micrologus* 9 (2003): 33-54.

Baldwin, Martha. "Alchemy and the Society of Jesus in the Seventeenth Century: Strange Bedfellows?" *Ambix* 40 (1993): 41-64.

Balīnūs. "Le *De secretis naturae* du pseudo-Apollonius de Tyane: Traduction latine par Hugues de Santalla du Kitāb sirr al-ḫalīqa de Balīnūs." Edited by Françoise Hudry. In "Cinq traités alchimique médiévaux," *Chrysopoeia* 6 (1997-1999): 1-153.

——— . *Sirr al-khalīqah wa ṣan'āt al-ṭabī'ah*. Edited by Ursula Weisser. Aleppo: Aleppo Institute for the History of Arabic Science, 1979.

Baud, Jean-Pierre. *Le procés d'alchimie*. Strasbourg: CERDIC, 1983.

Baudrimont, Alexandre. *Traité de chimie générale et expérimentale*. Paris, 1844.

Becher, Johann Joachim. *Magnalia naturae*. London, 1680.

Beck, Wolfgang. "Michael Maiers Examen Fucorum Pseudo-chymicorum: Eine Schrift wider die falschen Alchemisten." PhD diss., Technische Universität München, 1992.

Beguin, Jean. *Tyrocinium chymicum*. Paris, 1612.

Benson, Robert L., and Giles Constable, eds. *Renaissance and Renewal in the Twelfth Century*. With Carol D. Lanham. Cambridge, MA: Harvard University Press, 1982. Reprint, Toronto: Medieval Academy of America, 1991.

Benzenhöfer, Udo. *Johannes'de Rupescissa Liber de consideratione quintae essentiae omnium rerum deutsch*. Stuttgart: Franz Steiner Verlag, 1989.

——. *Paracelsus*. Reinbek: Rowohlt, 1997.

Beretta, Marco. *The Alchemy of Glass: Counterfeit, Imitation, and Transmutation in Ancient Glassmaking*. Sagamore Beach, MA: Science History Publications, 2009.

Berthelot, Marcellin. *La chimie au moyen âge*. 3 vols. Paris, 1893.

Berthelot. Marcellin, and C. E. Ruelle, eds. *Collections des alchimistes grecs*. 3 vols. Paris, 1888.

Bibliotheca chemica curiosa. Edited by J. J. Manget. 2 vols. Geneva, 1702. Reprint, Sala Bolognese: Arnoldo Forni, 1976.

Bidez, Joseph et al., eds. *Catalogue des manuscrits alchimiques grecs*. 8 vols. Brussels: Lamertin, 1924-1932.

Bignami-Odier, Jeanne. "Jean de Roquetaillade." In *Histoire littéraire de la France*, 41: 75-240.

Boerhaave, Herman. *Elementa chemiae*. 2 vols. Paris, 1733.

Bolton, H. Carrington. "Hysterical Chemistry." *Chemical News* 77 (1898): 3-5, 16-18.

——. "The Revival of Alchemy." *Science* 6 (1897): 853-863.

Bonus, Petrus. *Margarita preciosa novella*. In *Bibliotheca chemica curiosa*, 2: 1-80.

Borrichius, Olaus. Conspectus *scriptorum chemicorum celebriorum*. In Bibliotheca chemical curiosa, 1: 38-53.

——. De ortu et progressu chemiae. Copenhagen, 1668. Reprinted in *Bibliotheca chemica curiosa*, 1: 1-37.

——. *Hermetis, Aegyptiorum et chemicorum sapientia ab Hermanni Conringii animadversionibus vindicata*. Copenhagen, 1674.

Bouyer, Louis. "Mysticism: An Essay on the History of a Word." In *Understanding Mysticism*, pp. 42-55. Garden City, NY: Image Books, 1980.

Boyle, Robert. *The Correspondence of Robert Boyle*. Edited by Michael Hunter, Lawrence M. Principe, and Antonio Clericuzio. 6 vols. London: Pickering and Chatto, 2001.

——. *Dialogue on Transmutation*. Edited in Principe, The Aspiring Adept, pp. 233-295.

——. *The Works of Robert Boyle*. Edited by Michael Hunter and Edward B. Davis. 14 vols. London: Pickering and Chatto, 1999-2000.

Brinkman, A. A. A. M. *De Alchemist in de Prentkunst*. Amsterdam: Rodopi, 1982.

——. *Chemie in de Kunst*. Amsterdam: Rodopi, 1975.

Brunschwig, Jacques, and Geoffrey E. R. Lloyd, eds. *Greek Thought: A Guide to Classical Knowledge*. Cambridge, MA: Belknap Press of Harvard University Press, 2000.

Buddeus, Johann Franz. *Quaestionem Politicam an alchimistae sint in republica tolerandi?* Magdeburg, 1702. Translated in German under the title *Untersuchung von der Alchemie; in Deutsches Theatrum Chemicum*, 1: 1-146.

Buntz, Herwig. "Das *Buch der heiligen Dreifaltigkeit*, sein Autor und seine Überlieferung." *Zeitschrift für deutsches Altertums und deutsche Literatur* 101 (1972): 150-160.

Burkhalter, Fabienne. "La production des objets en métal (or, argent, bronze) en Égypte Héllénistique et Romaine à travers les sources papyrologiques." In *Commerce et artisanat dans l'Alexandrie héllénistique et romaine*, edited by Jean-Yves Empereur, pp. 125-133. Athens: EFA, 1998.

Burr, David. *The Spiritual Franciscans: From Protest to Persecution in the Century after St. Francis*. University Park: Penn State University Press, 2001.

Caley, Earle Radcliffe. "The Leiden Papyrus X: An English Translation with Brief Notes." *Journal of Chemical Education* 3 (1926): 1149-1166.

——— . "The Stockholm Papyrus: An English Translation with Brief Notes." *Journal of Chemical Education* 4 (1927): 979-1002.

Calvet, Antoine. "Alchimie et Joachimisme dans les *alchimica* pseudo-Arnaldiens." In Margolin and Matton, *Alchimie et philosophie à la Renaissance*, pp. 93-107.

——— . "Un commentaire alchimique du XIVe siècle: Le *Tractatus parabolicus* du ps. -Arnaud de Villaneuve." In *Le Commentaire: Entre tradition et innovation*, edited by Marie-Odile Goulet-Cazé, pp. 465-474. Paris: Vrin, 2000.

——— . "Étude d'un texte alchimique latin du XIVe siècle: Le *Rosarius philosophorum* attribué au medecin Arnaud de Villeneuve." *Early Science and Medicine* 11 (2006): 162-206.

——— . "La théorie *per minima* dans les textes alchimiques des XIVe et XVe siècles." In López-Pérez, Kahn, and Rey Bueno, *Chymia*, pp. 41-69.

Cambriel, L. P. François. *Cours de philosophie hermétique ou d'alchimie*. Paris, 1843.

Cameron, H. Charles. "The Last of the Alchemists." *Notes and Records of the Royal Society* 9 (1951): 109-114.

Caron, Richard. "Notes sur l'histoire de l'Alchimie en France à la fin du XIXe et au début du XXe siècle." In *Ésotérisme, gnoses & imaginaire symbolique*, edited by Richard Caron, Joscelyn Godwin, Wouter J. Hanegraaff, and Jean-Louis Vieillard-Baron, pp. 17-26. Leuven: Peeters, 2001.

Casaubon, Meric. *A True and Faithfull Relation*. London, 1659.

Chang, Ku-Ming (Kevin). "The Great Philosophical Work: Georg Ernst Stahl's Early Alchemical Teaching." In López-Pérez, Kahn, and Rey Bueno, *Chymia*, pp. 386-396.

——. "Toleration of Alchemists as Political Question: Transmutation, Disputation, and Early Modern Scholarship on Alchemy." *Ambix* 54 (2007): 245-273.

Chaucer, Geoffrey. *Canterbury Tales*. Translated by David Wright. Oxford: Oxford University Press, 1985.

[Chilliat, Michel?]. *Les Souffleurs; ou, La pierre philosophale d'Arlequin*. Paris, 1694.

Cockren, Archibald. *Alchemy Rediscovered and Restored*. London: Rider, 1940.

Coelum philosophorum. Frankfurt and Leipzig, 1739.

Cohen, I. Bernard. "Ethan Allen Hitchcock: Soldier-Humanitarian-Scholar, Discoverer of the 'True Subject'of the Hermetic Art." *Proceedings of the American Antiquarian Society* 61 (1951): 29-136.

Collectanea chymica. London, 1893.

Collesson, Jean. *Idea perfecta philosophiae hermeticae*. In *Theatrum chemicum*, 6: 143-162.

Congreve, William. *The Complete Plays*. Edited by Herbert Davis. Chicago: University of Chicago Press, 1967.

Conring, Hermann. *De Hermetica Aegyptorum*. Helmstadt, 1648.

——. *De Hermetica medicina*. Helmstadt, 1669.

Constantine of Pisa. *The Book of the Secrets of Alchemy*. Edited and translated by Barbara Obrist. Leiden: Brill, 1990.

Copenhaver, Brian. *Hermetica: The Greek Corpus Hermeticum and the Latin Asclepius*. Cambridge: Cambridge University Press, 1992.

Corbett, Jane Russell. "Conventions and Change in Seventeenth-Century Depictions of Alchemists." In Wamberg, *Alchemy and Art*, pp. 249-271.

Craven, J. B. *Count Michael Maier, Doctor of Philosophy and Medicine, Alchemist, Rosicrucian, Mystic, 1568-1622*. Kirkwall, UK: Peace and Sons, 1910.

Cremer, Abbot. *Testamentum Cremeri*. In *Musaeum hermeticum*, pp. 531-544.

Crisciani, Chiara. "Exemplum Christi e sapere: Sull'epistemologia di Arnoldo da Villanova." *Archives internationales d'histoire des sciences* 28 (1978): 245-287.

——— . *Il Papa e l'alchimia: Felice V, Guglielmo Fabri e l'elixir*. Rome: Viella, 2002.

Crisciani, Chiara, and Agostino Paravicini Bagliani, eds. *Alchimia e medicina nel Medioevo*. Micrologus Library 9. Florence: Sismel, 2003.

Cunningham, Andrew. "Paracelsus Fat and Thin: Thoughts on Reputations and Realities," In Grell, *Paracelsus*, pp. 53-77.

Cyliani. *Hermés dévoilé*. Paris, 1832. Reprint, Paris: Éditions Traditionnelles, 1975.

Darmstaedter, Ernst. "Zur Geschichte des Aurum potabile." *Chemiker-Zeitung* 48 (1924): 653-655, 678-680.

——— . "Liber Misericordiae Geber: Eine lateinische Übersetzung des grösseren Kitāb alrahma." *Archiv für Geschichte der Medizin* 17 (1925): 187-197.

De auro potabili. In *Theatrum chemicum*, 6: 382-393.

Debus, Allen G. *The Chemical Philosophy: Paracelsian Science and Medicine in the Sixteenth and Seventeenth Centuries*. 2 vols. New York: Science History Publications, 1977.

——— . *The French Paracelsians*. Cambridge: Cambridge University Press, 1991.

——— . "Robert Fludd and the Circulation of the Blood." *Journal of the History of Medicine and Related* Sciences16 (1961): 374-393.

——. *Robert Fludd and His Philosophical Key*. New York: Science History Publications, 1979.

Del Rio, Martin. *Disquisitionum magicarum libri sex*. Ursel, 1606.

——. *Investigations into Magic*. Translated and edited by P. G. Maxwell-Stuart. Manchester: Manchester University Press, 2000.

Demaitre, Luke M. *Doctor Bernard de Gordon: Professor and Practitioner*. Toronto: Pontifical Institute of Medieval Studies, 1980.

Deutsches Theatrum Chemicum. Edited by Friedrich Roth-Scholtz. 3 vols. Nuremberg, 1728.

DeVun, Leah. "The Jesus Hermaphrodite: Science and Sex Difference in Premodern Europe." *Journal for the History of Ideas* 69 (2008): 193-218.

——. *Prophecy, Alchemy, and the End of Time: John of Rupescissa in the Late Middle Ages*. New York: Columbia University Press, 2009.

Digby, Kenelm. *A Choice Collection of Rare Chymical Secrets*. London, 1682.

——. *A Discourse on the Vegetation of Plants*. London, 1661.

Dobbs, Betty Jo Teeter. *The Foundations of Newton's Alchemy; or, Hunting of the Greene Lyon*. Cambridge: Cambridge University Press, 1975.

——. *The Janus Faces of Genius*. Cambridge: Cambridge University Press, 1991.

——. "Newton's Commentary on *The Emerald Tablet* of Hermes Trismegestus: Its Scientific and Theological Significance." In *Hermeticism and the Renaissance*, edited by Ingrid Merkel and Allen G. Debus, pp. 182-191. Washington, DC: Folger Shakespeare Library, 1988.

——. "Studies in the Natural Philosophy of Sir Kenelm Digby: Part I." *Ambix* 18 (1971): 125.

——. "Studies in the Natural Philosophy of Sir Kenelm Digby: Part II." *Ambix* 20 (1973): 143-163.

——. "Studies in the Natural Philosophy of Sir Kenelm Digby: Part III." *Ambix* 21 (1974): 128.

Dorn, Gerhard. Physica Trismegesti. In *Theatrum chemicum*, 1: 362-387.

Duchesne, Joseph. Ad *veritatem Hermeticae medicinae*. Paris, 1604.

Duclo, Gaston. *De triplici praeparatione argenti et auri*. In *Theatrum chemicum*, 4: 371-388.

Duncan, Edgar H. "The Alchemy in *Jonson's Mercury Vindicated*." *Studies in Philology* 39 (1942): 625-637.

——. "Donne's Alchemical Figures." *English Literary History* 9 (1942): 257285.

——. "Jonson's Alchemist and the Literature of Alchemy." *Proceedings of the Modern Language Association* 61 (1946): 699-710.

——. "The Literature of Alchemy and Chaucer's Canon's Yeoman's Tale: Framework, Theme, and Characters." *Speculum* 43 (1968): 633-656.

——. "The Yeoman's Canon's 'Silver Citrinacioun.'" *Modern Philology* 37 (1940): 241262.

Durocher, Alain, and Antoine Faivre, eds. *Die templerische und okkultistische Freimaurerei im 18. und 19. Jahrhundert*. 4 vols. Leimen, Germany: Kristkeitz, 1987-1992.

Duveen, Denis. "James Price (1752-1783) Chemist and Alchemist." *Isis* 41 (1950): 281-283.

Eamon, William. "Alchemy in Popular Culture: Leonardo Fioravanti and the Search for the Philosopher's Stone." *Early Science and Medicine* 5 (2000): 196-213.

Eliade, Mircea. The Forge and the Crucible. Chicago: University of Chicago Press, 1978. Originally published as *Forgerons et alchimistes*. Paris: Flammarion, 1956.

——. "Metallurgy, Magic and Alchemy." Cahiers de Zalmoxis, 1. Paris: Librairie Orientaliste Paul Geuthner, 1938.

Emerson, Jocelyn. "John Donne and the Noble Art." In *Textual Healing: Essays in Medieval and Early Modern Medicine*, edited by Elizabeth Lane Furdell, pp. 195-221. Leiden: Brill, 2005.

Eymerich, Nicolas. *Contra alchemistas*. Edited by Sylvain Matton. *Chryso-poeia* 1 (1987): 93-136.

Fabre, François. "Robert Fludd et l'Alchimie: Le *Tractatus Apologeticus integritatem societatis de Rosea Cruce defendens*." *Chrysopoeia* 7 (2000-2003): 251-291.

Fabre, Pierre-Jean. *Alchymista christianus*. Toulouse, 1632. Reprinted, with accompanying French translation, as *L'alchimiste chrétien*, edited and translated by Frank Grenier. Textes et Travaux de *Chrysopoeia*, 7. Paris: SÉHA; Milan: Archè, 2001.

——— . *Hercules piochymicus*. Toulouse, 1634.

Fabrizio-Costa, Sylvia. "De quelques emplois des thèmes alchimiques dans l'art oratoire italien du XVIIe siècle." *Chrysopoeia* 3 (1989): 135-162.

Faivre, Antoine, ed. *René Le Forestier: La Franc-Maçonnerie templière et occultiste aux XVIIIe et XIXe siècles*. Paris: Aubier-Montaigne, 1970.

Fanianus, Johannes Chrysippus. *De jure artis alchimiae*. In *Theatrum chemicum*, 1: 4863.

Festugière, A. J. La *révélation d'Hermés Trismégeste*. Paris: Librarie Lecoffre, 1950.

Figala, Karin, and Ulrich Neumann. "'Author, Cui Nomen Hermes Malavici': New Light on the Biobibliography of Michael Maier (1569-1622)." In Rattansi and Clericuzio, *Alchemy and Chemistry in the Sixteenth and Seventeenth Centuries*, pp. 121-148.

——— . "À propos de Michel Maier: Quelques découvertes bio-bi-bliographiques." In Kahn and Matton, *Alchimie: Art, histoire*, et mythes, pp. 651-664.

Figuier, Louis. *L'Alchimie et les alchimistes*. 2nd ed. Paris, 1856.

Fischer, Hermann. *Metaphysische, experimentelle und utilitaristische Traditionen in der Antimonliteratur zur Zeit der "wissenschaftlichen Revolution" : Eine kommentierte Auswahl-Bibliographie*. Braunschweiger Veröffenlichungen zu Geschichte der Pharmazie und der Naturwissenschaften. Brunswick, 1988.

Flamel, Nicolas, pseudo-. *Exposition of the Hieroglyphicall Figures*. London, 1624. Reprint, New York: Garland, 1994.

Forshaw, Peter J. "Alchemy in the Amphitheatre: Some Considerations of the Alchemical Content of the Engravings in Heinrich Khunrath's *Amphitheatre of Eternal Wisdom* (1609)." In Wamberg, *Alchemy and Art*, pp. 195-220.

——— . "Vitriolic Reactions: Orthodox Responses to the Alchemical Exegesis of Genesis." In *The Word and the World: Biblical Exegesis and Early Modern Science*, edited by Kevin Killeen and Peter J. Forshaw, pp. 111-136. Basingstoke: Palgrave, 2007.

Franck de Franckenau, Georg, and Johann Christian Nehring. *De Palingenesia*. Halle, 1717.

Fück, J. W. "The Arabic Literature on Alchemy according to An-Nadīm." *Ambix* 4 (1951): 81-144.

Ganzenmüller, Wilhelm. "Das Buch der heiligen Dreifaltigkeit." *Archiv der Kulturgeschichte* 29 (1939): 93-141.

Garber, Margaret. "Transitioning from Transubstantiation to Transmutation: Catholic Anxieties over Chymical Matter Theory at the University of Prague." In Principe, *Chymists and Chymistry*, pp. 63-76.

Garbers, Karl, and Jost Weyer, eds. *Quellengeschichtliches Lesebuch zur Chemie und Alchemie der Araber im Mittelalter*. Hamburg: Helmut Buske Verlag, 1980.

Ge, Hong. *Alchemy, Medicine, Religion in the China of AD 320*. Cambridge, MA: MIT Press, 1967.

Geffarth, Renko. *Religion und arkane Hierarchie: Der Orden der Gold-und Rosenkreuzer als geheime Kirche im 18. Jahrhundert*. Leiden: Brill, 2007.

Das Geheimnis aller Geheimnisse ...oder der güldene Begriff der geheimsten Geheimnisse der Rosen-und Gülden-Kreutzer. Leipzig, 1788.

Geoffroy, Étienne-François. "Des supercheries concernant la pierre philosophale." *Mémoires de l'Académie Royale des Sciences* 24 (1722): 61-70.

Geoghegan, D. "A Licence of Henry VI to Practise Alchemy." *Ambix* 6 (1957): 10-17.

Gilbert, R. A. *A. E. Waite: Magician of Many Parts*. Wellingborough, UK: Crucible, 1987.

——— . *The Golden Dawn: Twilight of the Magicians*. San Bernardino, CA: Borgo Press, 1988.

Gmelins Handbuch der anorganischen Chemie. Leipzig: Verlag Chemie, 1924.

Goltz, Dietlinde. "Alchemie und Aufklärung: Ein Beitrag zur Naturwissenschafts-geschichtsschreibung der Aufklärung." *Medizinhistorische Journal* 7 (1972): 31-48.

Grafton, Anthony. "Protestant versus Prophet: Isaac Casaubon on Hermes Trismegistus." *Journal of the Warburg and Courtauld Institutes* 46 (1983): 78-93.

Grant, Edward. *The Foundations of Modern Science in the Middle Ages*. Cambridge: Cambridge University Press, 1996.

Grell, Ole Peter, ed. *Paracelsus: The Man and His Reputation, His Ideas and Their Transformation*. Leiden: Brill, 1998.

Gruman, Gerald J. *A History of Ideas about the Prolongation of Life*. Philadelphia: American Philosophical Society, 1966. Reprint, New York: Arno Press, 1977.

Guerrero, José Rodríguez. "Some Forgotten Fez Alchemists and the Loss of the Peñon de Vélez de la Gomera in the Sixteenth Century." In *Chymia: Science and Nature in Medieval and Early Modern Europe*, edited by Miguel López-Pérez, Didier Kahn, and Mar Rey Bueno, pp. 291-309. Newcastle-upon-Tyne: Cambridge Scholars, 2010.

Güldenfalk, Siegmund Heinrich. *Sammlung von mehr als hundert wahrhaften Transmutationgeschichten*. Frankfurt, 1784.

Gutas, Dimitri. *Greek Thought, Arabic Culture: The Graeco-Arabic Translation Movement in Baghdad and Early 'Abbasid Society*. London: Routledge, 1998.

Halleux, Robert. "Albert le Grand et l'Alchimie." *Revue des sciences philosophiques et théologiques* 66 (1982): 57-80.

——. "L'alchimiste et l'essayeur." In Meinel, *Die Alchemie in der europäischen Kulturund Wissenschaftsgeschichte*, pp. 277-291.

——. *Les alchimistes grecs I: Papyrus de Leyde, Papyrus de Stockholm, Recettes*. Paris: Les Belles Lettres, 1981.

——. "La controverse sur les origines de la chimie de Paracelse à Borrichius." In *Acta conventus neo-latini Turonensis*, 2: 807817. Paris: Vrin, 1980.

——. "Le mythe de Nicolas Flamel, ou les méchanismes de la pseudépigraphie alchimique." *Archives internationales de l'histoire des sciences* 33 (1983): 234-255.

——. "Ouvrages alchimiques de Jean de Rupescissa." In *Histoire littéraire de la France*, 41: 241-277.

——. *Le problème des métaux dans la science antique*. Paris: Les Belles Lettres, 1974.

——. "La réception de l'Alchimie arabe en Occident." In Rashed and Morelon, *Histoire des sciences arabes*, 3: 143-154.

——. *Les textes alchimiques*. Turnhout, Belgium: Brepols, 1979.

——. "*Theory and Experiment* in the Early Writings of Johan Baptist Van Helmont." In *Theory and Experiment*, edited by Diderik Batens, pp. 93-101. Dordrecht: Rediel, 1988.

Hallum, Benjamin C. Essay review of the *Tome of Images*. *Ambix* 56 (2009): 76-88.

——. "Zosimus Arabus." PhD diss., Warburg Institute, 2008.

Hanegraaff, Wouter J. *Esotericism and the Academy: Rejected Knowledge in Western Culture*. Cambridge: Cambridge University Press, 2012.

Hanegraaff, Wouter J., Antoine Faivre, Roelof van den Broek, and Jean-Pierre Brach, eds. *The Dictionary of Gnosis and Western Esotericism*. 2 vols. Leiden: Brill, 2005.

Hannaway, Owen. "Georgius Agricola as Humanist." *Journal of the History of Ideas* 53 (1992): 553-560.

Harkness, Deborah. *John Dee's Conversations with Angels: Cabala, Alchemy, and the End of Nature*. Cambridge: Cambridge University Press, 1999.

Hartog, P. J., and E. L. Scott. "Price, James (1757/8-1783)." *Oxford Dictionary of National Biography*, s. v. Oxford: Oxford University Press, 2004.

Haskins, Charles Homer. *The Renaissance of the Twelfth Century*. Cambridge, MA: Harvard University Press, 1927.

Hassan, Ahmad Y. "The Arabic Original of the *Liber de compositione alchemiae*." *Arabic Sciences and Philosophy* 14 (2004): 213-231.

Helvetius, Johann Friedrich. *Vitulus aureus*. In Musaeum hermeticum, pp. 815-863.

Hirai, Hiro. *Le concept de semence dans les théories de la matière à la Renaissance de Marsile Ficin à Pierre Gassendi*. Turnhout, Belgium: Brepols, 2005. *Histoire littéraire de la France*. 41 vols. Paris: Academie des Insciptions et Belles-Lettres, 1981.

Hitchcock, Ethan Allen. *Remarks upon Alchemy and the Alchemists*. Boston, 1857. Reprint, New York: Arno Press, 1976.

——. *Remarks upon Alchymists*. Carlisle, PA, 1855.

Hoffmann, Klaus. *Johann Friedrich Böttger: Vom Alchemistengold zum weissen Porzellan*. Berlin: Verlag Neues Leben, 1985.

Hoghelande, Ewald van. *Historiae aliquot transmutationis metallicae ...pro defensione alchymiae contra hostium rabiem*. Cologne, 1604.

Holmyard, E. J. *Alchemy*. Harmondsworth: Penguin, 1957.

——, ed. and trans. *The Arabic Works of Jābir ibn Hayyān*. Paris: Geuthner, 1928.

——. "The Emerald Table." *Nature* 112 (1923): 525-526.

——. "Jābir ibn-Hayyān." *Proceedings of the Royal Society of Medicine, Section of the History of Medicine* 16 (1923): 46-57.

Howe, Ellic, ed. *The Alchemist of the Golden Dawn: The Letters of the Reverend W. A. Ayton to F. L. Gardner and Others 1886-1905*.

Wellingborough, UK: Aquarian Press, 1985.

——. *The Magicians of the Golden Dawn*. New York: Samuel Weiser, 1978.

Hudry, Françoise, ed. "Le *De secretis naturae* du pseudo-Apollonius de Tyane: Traduction latine par Hugues de Santalla du Kitāb sirr al-ḫalīqa de Balīnūs." In "Cinq traités alchimique médiévaux," *Chrysopoeia* 6 (1997-1999): 1153.

Hunter, Michael. "Alchemy, Magic, and Moralism in the Thought of Robert Boyle." *British Journal for the History of Science* 23 (1990): 387-410.

——. *Robert Boyle by Himself and His Friends*. London: Pickering, 1994.

Hunter, Michael, and Lawrence M. Principe. "The Lost Papers of Robert Boyle." *Annals of Science* 60 (2003): 269-311.

Husson, Bernard. *Transmutations alchimiques*. Paris: Editions J'ai Lu, 1974.

Ibn-Khaldūn. *The Muqaddimah: An Introduction to History*. 3 vols. New York: Pantheon, 1958.

Ibn-Sīnā. *Avicennae de congelatione et conglutinatione lapidum, Being Sections of the Kitāb al-Shifā'*. Edited by E. J. Holmyard and D. C. Mandeville. Paris: Paul Geuthner, 1927.

——. *Avicennae de congelatione et conglutinatione lapidum*. In *Bibliotheca chemica curiosa*, 1: 636-638.

Jābir ibn-Hayyān. *Das Buch der Gifte*. Edited by Alfred Siggel. Wiesbaden: Akademie der Wissenschaften und der Literatur, 1958.

——. *Dix traités d'alchimie*. Translated by Pierre Lory. Paris: Sinbad, 1983.

——. "Liber Misericordiae Geber: Eine lateinische Übersetzung des grösseren Kitāb alrahma." Edited by Ernst Darmstaedter. *Archiv für Geschichte der Medizin* 17 (1925): 187-197.

Jantz, Harold. "Goethe, Faust, Alchemy, and Jung." *German Quarterly* 35 (1962): 129-141.

Jennings, Hargrave. *The Rosicrucians*. London, 1870.

John of Antioch. *Iohannes Antiocheni fragmenta ex Historia chronica*. Edited and translated by Umberto Roberto. Berlin: De Gruyter, 2005.

John of Rupescissa. *The Book of the Quinte Essence*. Edited by F. J. Furnivall. London: Early English Text Society, 1866. Reprint, Oxford: Oxford University Press, 1965.

——. *De confectione veri lapidis philosophorum*. In Bibliotheca chemica curiosa, 2: 80-83.

——. *Liber lucis. In* Bibliotheca chemica curiosa, 2: 84-87.

Johnson, Rozelle Parker. *Compositiones variae: An Introductory Study*. Illinois Studies in Language and Literature 23. Urbana, 1939.

Jollivet-Castelot, François. *Comment on devient alchimiste*. Paris, 1897.

——. *La révolution chimique et la transmutation des métaux*. Paris: Chacornac, 1925.

——. *La synthèse de l'or*. Paris: Daragon, 1909.

——. *Synthèse des sciences occultes*. Paris, 1928.

Joly, Bernard. "L'alkahest, dissolvant universel, ou quand la théorie rend pensible une pratique impossible." *Revue d'histoire des sciences* 49 (1996): 308-330.

——. *La rationalité de l'Alchimie au XVIIe siècle*. Paris: Vrin, 1992.

——. "La rationalité de l'Hermétisme: La figure d'Hermès dans l'Alchimie à l'âge classique." *Methodos* 3 (2003): 61-82.

Jong, H. M. E. de. *Michael Maier's Atalanta Fugiens: Sources of an Alchemical Book of Emblems*. Leiden: Brill, 1969.

Jung, Carl Gustav. *Collected Works of Carl Gustav Jung* (20 vols.): vol. 9, pt. 2: *Aion*; vol. 12: *Psychology and Alchemy*; vol. 13: *Alchemical Studies*; vol. 14: *Mysterium Conjunctionis*. London: Routledge, 1953-1979.

——. "Die Erlösungsvorstellungen in der Alchemie." *Eranos-Jahrbuch 1936*. Zurich: Rhein-Verlag, 1937.

——. "The Idea of Redemption in Alchemy." In *The Integration of the Personality*, edited by Stanley Dell, pp. 205280. New York: Farrar and Rinehart, 1939. Kahn, Didier. "Alchemical Poetry in Medieval and Early Modern Europe: A Preliminary Survey and Synthesis; Part I: Preliminary Survey." *Ambix* 57 (2010): 249-274.

——. *Alchimie et Paracelsianisme en France* (1567-1625). Geneva: Droz, 2007.

——. "Les débuts de Gérard Dorn." In *Analecta Paracelsica: Studien zum Nachleben Theophrast von Hohenheims im deutschen Kulturgebiet der frühen Neuzeit*, edited by Joachim Telle, pp. 59-126. Stuttgart: Franz Steiner Verlag, 1994.

——. "L'interprétation alchimique de la Genèse chez Joseph Du Chesne dans le contexte de ses doctrines alchimiques et cosmologiques." In *Scientiae et artes: Die Vermittlung alten und neuen Wissens in Literatur, Kunst und Musik*, edited by Barbara Mahlmann-Bauer, pp. 641692. Wiesbaden, Harrassowitz, 2004.

——. "King Henry IV, Alchemy, and Paracelsianism in France (15891610)." In Principe, *Chymists and Chymistry*, pp. 1-11.

——, ed. *La table d'émeraude et sa tradition alchimique*. Paris: Belles Lettres, 1994. Kahn, Didier, and Sylvain Matton, eds. *Alchimie: Art, histoire, et mythes. Textes et Travaux de* Chrysopoeia 1. Paris: SÉHA; Milan: Archè, 1995.

Kane, Robert. *Elements of Chemistry*. New York, 1842.

Karpenko, Vladimir. *Alchemical Coins and Medals*. Glasgow: Adam Maclean, 1998.

——. "Alchemistische Münzen und Medaillen." *Anzeiger der Germanisches Nationalmuseums 2001*, pp. 49-72. Nuremberg: Germanisches Nationalmuseum, 2001.

——. "Coins and Medals Made of Alchemical Metal." *Ambix* 35 (1988): 65-76.

——. "Systems of Metals in Alchemy." *Ambix* 50 (2003): 208-230.

Kauffman, George B. "The Mystery of Stephen H. Emmens: Successful Alchemist or Ingenious Swindler?" *Ambix* 30 (1983): 65-88.

Keyser, Paul T. "Greco-Roman Alchemy and Coins of Imitation Silver." *American Journal of Numismatics* 78 (1995): 209-233.

Khunrath, Heinrich. *Lux in tenebris*. N. p., 1614.

——. *Trewhertzige Warnungs-Vermahnung*. Magdeburg, 1597.

Kibre, Pearl. "Albertus Magnus on Alchemy." In *Albertus Magnus and the Sciences: Commemorative Essays 1980*, edited by James A. Weisheipl, pp. 187-202. Toronto: Pontifical Institute of Mediaeval Studies, 1980.

——. "Alchemical Writings Attributed to Albertus Magnus." *Speculum* 17 (1942): 511-515.

Kircher, Athanasius. *Mundus subterraneus*. Amsterdam, 1678.

Klein-Francke, Felix. "Al-Kindi." *In The History of Islamic Philosophy*, edited by Seyyed Hossein Nasr and Oliver Leaman, pp. 165-177. New York: Routledge, 1996.

Kraus, Paul. *Jābir ibn Hayyān: Contribution à l'histoire des idées scientifiques dans l'Islam*. Vol. 1, *Le Corpus des écrits jābiriens. Mémoires de L'Institut d'Égypte* 44 (1943).

——. *Jābir ibn Hayyān: Contribution à l'histoire des idées scientifiques dans l'Islam*. Vol. 2, *Jābir et la science grecque. Mémoires de L'Institut d'Égypte* 45 (1942). Reprint, Paris: Les Belles Lettres, 1986.

——, ed. *Jābir ibn-Hayyān: Textes choisis*. Paris: Maisonneuve, 1935.

Lambsprinck. *De lapide philosophico*. In *Musaeum hermeticum*, pp. 337371.

Lapidus. *In Pursuit of Gold: Alchemy in Theory and Practice*. New York: Samuel Weiser, 1976.

Leibenguth, Erik. *Hermetische Poesie des Frühbarock: Die "Cantilenae intellectuales" Michael Maiers*. Tübingen: Max Niemeyer Verlag, 2002.

Leibniz, Gottfried Wilhelm. "Oedipus chymicus." *Miscellanea Berolinensia* 1 (1710): 1621.

Lemay, Richard. "L'authenticité de la Préface de Robert de Chester à sa traduction du Morienus." *Chrysopoeia* 4 (19901991): 3-32.

Lemery, Nicolas. *Cours de chymie*. Paris: 1683.

Lenglet du Fresnoy, Nicolas. *Histoire de la philosophie hermétique*. 3 vols. Paris, 1742-1744.

Lennep, Jacques van. Art *et alchimie*. Brussels: Meddens, 1966.

Lenz, Hans Gerhard, ed. *Triumphwagen des Antimons: Basilius Valentinus, Kerckring, Kirchweger; Text, Kommentare, Studien*. Elberfeld, Germany: Humberg, 2004.

Leo Africanus. *A Geographicall Historie of Africa*. London, 1600.

Le Pelletier, Jean. *L'Alkaest; ou, Le dissolvant universel de Van Helmont*. Rouen, 1706.

Levey, Martin. *Chemistry and Chemical Technologies in Ancient Mesopotamia*. Amsterdam: Elsevier, 1959.

Lindberg, David C. *The Beginnings of Western Science*. 2nd ed. Chicago: University of Chicago Press, 2007.

Linden, Stanton J. *Darke Hieroglyphicks: Alchemy in English Literature from Chaucer to the Restoration*. Lexington: University Press of Kentucky, 1996.

——. "Jonson and Sendivogius: Some New Light on 'Mercury Vindicated.'" *Ambix* 24 (1977): 39-54.

Lloyd, G. E. R. *Greek Science after Aristotle*. New York: Norton, 1973.

López-Pérez, Miguel, Didier Kahn, and Mar Rey Bueno, eds. *Chymia: Science and Nature in Medieval and Early Modern Europe*. Newcastle-upon-Tyne: Cambridge Scholars Publishing, 2010.

Lory, Pierre, ed. *L'Élaboration de l'Élixir Suprême*. Damascus: Institut Français de Damas, 1988.

Luca, Alfred, and John R. Harris. *Ancient Egyptian Materials and Industries*. London: Arnold, 1962.

Lüthy, Christoph. "The Fourfold Democritus on the Stage of Early Modern Europe." *Isis* 91 (2000): 442-479.

Magdalino, Paul, and Maria Mavroudi. *The Occult Sciences in Byzantium*. Geneva: La Pomme d'Or, 2006.

Maier, Michael. *Arcana arcanissima*. London, 1613.

——. *Atalanta fugiens*. Oppenheim, Germany, 1618.

——. *Examen fucorum pseudo-chymicorum detectorum et in gratiam veritatis amantium succincte refutatorum*. Frankfurt, 1617.

——. *Tripus aureus*. Frankfurt, 1618.

Malcolm, Noel. "Robert Boyle, Georges Pierre des Clozets, and the Asterism: New Sources." *Early Science and Medicine* 9 (2004): 293-306.

Mandosio, Jean-Marc. "La place de l'Alchimie dans les classifications des sciences et des arts à la Renaissance." *Chrysopoeia* 4 (19901991): 199-282.

Margolin, Jean-Claude, and Sylvain Matton, eds. *Alchimie et philosophie à la Renaissance*. Paris: Vrin, 1993.

Martelli, Matteo. "Chymica Graeco-Syriaca: Osservationi sugli scritti alchemici pseudo-Democritei nelle tradizioni greca e sirica." In *'Uyūn al-Akhbār: Studi sul mondo Islamico; Incontro con l'altro e incroci di culture*, edited by D. Cevenini and S. D'Onofrio, pp. 219-249. Bologna: Il Ponte, 2008.

——— . "'Divine Water' in the Alchemical Writings of Pseudo-Democritus." *Ambix* 56 (2009): 5-22.

——— . "Greek Alchemists at Work: 'Alchemical Laboratory' in the Greco-Roman Egypt." *Nuncius* 26 (2011): 271-311.

——— . "L'opera alchemica dello Pseudo-Democrito: Un riesame del testo." *Eikasmos* 14 (2003): 161-184.

——— , ed. *Pseudo-Democrito: Scritti alchemici, con il commentario di Sinesio; Edizione critica del testo greco, traduzione e commento*. Textes et Travaux de *Chrysopoeia* 12. Paris: SÈHA; Milan: Arché, 2011.

Martels, Zweder van. "Augurello's *Chrysopoeia* (1515): A Turning Point in the Literary Tradition of Alchemical Texts." *Early Science and Medicine* 5 (2000): 178-195.

Martin, Craig. "Alchemy and the Renaissance Commentary Tradition on *Meteorologica* IV." *Ambix* 51 (2004): 245-262.

Martin, Luther H. "A History of the Psychological Interpretation of Alchemy." *Ambix* 22 (1975): 10-20.

Martinez Oliva, Juan Carlos. "Monetary Integration in the Roman Empire." In *From the Athenian Tetradrachm to the Euro*, edited by P. L. Cottrell, Gérasimos Notaras, and Gabriel Tortella, pp. 723. Burlington, VT: Ashgate, 2007.

Martinón-Torres, Marcos. "Some Recent Developments in the Historiography of Alchemy." *Ambix* 58 (2011): 215-237.

Martinón-Torres, Marcos, and Thilo Rehren. "Alchemy, Chemistry and Metallurgy in Renaissance Europe: A Wider Context for Fire Assay Remains." *Historical Metallurgy* 39 (2005): 14-31.

——— . "Post-Medieval Crucible Production and Distribution: A Study of Materials and Materialities." *Archaeometry* 51 (2009): 49-74.

Martinón-Torres, Marcos, Thilo Rehren, and I. C. Freestone. "Mullite and the Mystery of Hessian Wares." *Nature* 444 (2006): 437-438.

Marx, Jacques. "Alchimie et Palingénésie." *Isis* 62 (1971): 274-289.

Matton, Sylvain. "L'influence de l'humanisme sur la tradition alchimique." In "Le crisi dell'alchemia," *Micrologus* 3 (1995): 279-345.

——. "L'interprétation alchimique de la mythologie." *Dix-huitième siècle* 27 (1995): 73-87.

——. "Une lecture alchimique de la Bible: Les 'Paradoxes chimiques'de Francois Thybourel." *Chrysopoeia* 2 (1988): 401-422.

——. "Remarques sur l'Alchimie transmutatoire chez les théologiens réformés de la Renaissance." *Chrysopoeia* 7 (2000-2003): 171-187.

——. *Scolastique et alchimie*. Textes et Travaux de Chrysopoeia 10. Paris: SÉHA; Milan: Archè, 2009.

——. "Thématique alchimique et littérature religieuse dans la France du XVIIe siècle." *Chrysopoeia* 2 (1998): 129-208.

McGuire, J. E., and P. M. Rattansi. "Newton and the Pipes of Pan." *Notes and Records of the Royal Society of London* 21 (1966): 108-143.

McIntosh, Christopher. *Eliphas Lévi and the French Occult Revival*. London: Rider, 1975.

——. *The Rose Cross and the Age of Reason: Eighteenth Century Rosicrucianism in Central Europe and Its Relationship to the Enlightenment*. Leiden: Brill, 1992.

Mehrens, A. F. "Vues d'Avicenne sur astrologie et sur le rapport de la responsabilité humaine avec le destin." *Muséon* 3 (1884): 383-403.

Meinel, Christoph. "Alchemie und Musik." In *Die Alchemie in der europä-ischer Kulturund Wissenschaftsgeschichte*, pp. 201-228.

——, ed. *Die Alchemie in der europäischer Kultur-und Wissenschaftsgeschichte*. Wölfenbütteler Forschungen 32. Wiesbaden: Harrassowitz, 1986.

Mellor, J. W. *A Comprehensive Treatise on Inorganic and Theoretical Chemistry*. 16 vols. London: Longmans, 1922-1937.

Mercier, Alain. "August Strindberg et les alchimistes français: Hemel, Vial, Tiffereau, Jollivet-Castelot." *Revue de littérature comparée* 43 (1969): 23-46.

Merkur, Dan. "Methodology and the Study of Western Spiritual Alchemy." *Theosophical History* 8 (2000): 53-70.

Mertens, Michèle. *Les alchimistes grecs IV, i: Zosime de Panopolis, Mémoires authentiques*. Paris: Les Belles Lettres, 2002.

——— . "Graeco-Egyptian Alchemy in Byzantium." In Magdalino and Mavroudi, *The Occult Sciences in Byzantium*, pp. 205-230.

Minnen, Peter van. "Urban Craftsmen in Roman Egypt." *Münstersche Beiträge zur antiken Handelsgeschichte* 6 (1987): 31-87.

Möller, H. "Die Gold-und Rosenkreuzer, Struktur, Zielsetzung und Wirkung einer anti-aufklärerischen Geheimgesellschaft." In *Geheime Gesellschaften*, edited by Peter Christian Ludz, pp. 153-202. Heidelberg: Schneider, 1979.

Moran, Bruce T. *The Alchemical World of the German Court. Sudhoffs Archiv* 29. Stuttgart: Franz Steiner Verlag, 1991.

——— . "Alchemy and the History of Science: Introduction." *Isis* 102 (2011): 300-304.

——— . *Andreas Libavius and the Transformation of Alchemy: Separating Chemical Cultures with Polemical Fire*. Sagamore Beach, MA: Science History Publications, 2007.

——— . *Distilling Knowledge: Alchemy, Chemistry, and the Scientific Revolution*. Cambridge, MA: Harvard University Press, 2005.

Morhof, Daniel Georg. *De metallorum transmutatione epistola*. In Manget, *Bibliotheca chemica curiosa*, 1: 168-192.

Morienus. *De compositione alchemiae*. In *Bibliotheca chemica curiosa*, 1: 509-519.

——— . *A Testament of Alchemy*. Edited and translated by Lee Stavenhagen. Hanover, NH: University Press of New England/Brandeis University Press, 1974.

Musaeum hermeticum. Frankfurt, 1678. Reprint, Graz: Akademische Druck, 1970.

Muslow, Martin. "Ambiguities of the Prisca Sapientia in Late Renaissance Humanism." *Journal of the History of Ideas* 65 (2004): 1-13.

Needham, Joseph. "The Elixir Concept and Chemical Medicine in East and West." *Organon* 11 (1975): 167-192.

——— . *Science and Civilisation in China*. Vol. 5, *Chemistry and Chemical Technology*. Cambridge: Cambridge University Press, 1974-1983.

Neumann, Ulrich. "Michel Maier (15691622): 'Philosophe et médecin.'" In Margolin and Matton, *Alchimie et philosophie à la Renaissance*, pp. 307-326.

Newman, William R. *Atoms and Alchemy*. Chicago: University of Chicago Press, 2006.

——— . *Gehennical Fire: The Lives of George Starkey, an American Alchemist in the Scientific Revolution*. Cambridge, MA: Harvard University Press, 1994.

——— . "Genesis of the *Summa perfectionis*." *Archives internationales d'histoire des sciences* 35 (1985): 240-302.

——— . "The Homunculus and His Forebears: Wonders of Art and Nature." In *Natural Particulars: Nature and the Disciplines in Renaissance Europe*, edited by Anthony Grafton and Nancy Siraisi, pp. 321-345. Cambridge, MA: MIT Press, 1999.

——— . "New Light on the Identity of Geber." *Sudhoffs Archiv* 69 (1985): 79-90.

——— . "Newton's Clavis as Starkey's Key." *Isis* 78 (1987): 564-574.

——— . "The Philosophers' Egg: Theory and Practice in the Alchemy of Roger Bacon." In "Le crisi dell'alchimia," *Micrologus* 3 (1995): 75-101.

——— . *Promethean Ambitions: Alchemy and the Quest to Perfect Nature*. Chicago: University of Chicago Press, 2004.

——— . *The Summa Perfectionis of the Pseudo-Geber: A Critical Edition, Translation, and Study*. Leiden: Brill, 1991.

——— . "Technology and Alchemical Debate in the Late Middle Ages." *Isis* 80 (1989): 423-445. Newman, William R., and Lawrence M. Principe. *Alchemy Tried in the Fire: Starkey, Boyle, and the Fate of Helmontian Chymistry*. Chicago: University of Chicago Press, 2002.

——— . "Alchemy vs. Chemistry: The Etymological Origins of a Historiographic Mistake." *Early Science and Medicine* 3 (1998): 32-65.

Nicholson, Paul T., and Ian Shaw, eds. *Ancient Egyptian Materials and Technology*. Cambridge: Cambridge University Press, 2000.

Noll, Richard. *The Aryan Christ*. New York: Random House, 1997.

——— . *The Jung Cult*. Princeton, NJ: Princeton University Press, 1994.

Norton, Thomas. *Ordinall of Alchimy*. In Ashmole, *Theatrum chemicum britannicum*.

Nummedal, Tara. *Alchemy and Authority in the Holy Roman Empire*. Chicago: University of Chicago Press, 2007.

——— . "Words and Works in the History of Alchemy." *Isis* 102 (2011): 330-337.

Obrist, Barbara. *Les débuts de l'imagerie alchimique*. Paris: Le Sycomore, 1982.

Opsomer, Carmélia, and Robert Halleux. "L'Alchimie de Théophile et l'abbaye de Stavelot." In *Comprendre et maîtriser la nature au Moyen Age*, edited by Guy Beaujouan, pp. 437-459. Geneva: Droz, 1994.

Osler, Margaret J. *Reconfiguring the World: Nature, God, and Human Understanding from the Middle Ages to Early Modern Europe*. Baltimore: Johns Hopkins University Press, 2010.

Pagel, Walter. *Joan Baptista Van Helmont*. Cambridge: Cambridge University Press, 1982.

——— . *Paracelsus: An Introduction to Philosophical Medicine in the Era of the Renaissance*. Basel: Karger, 1958.

Paneth, Fritz. "Ancient and Modern Alchemy." *Science* 64 (1926): 409-417.

Pantheus. Voarchadumia. In *Theatrum chemicum*, 2: 495-549.

Papathanassiou, Maria K. "L'Oeuvre alchimique de Stephanos d'Alexandrie." In Viano, *L'Alchimie et ses racines philosophiques*, pp. 113-133.

——— . "Stephanos of Alexandria: A Famous Byzantine Scholar, Alchemist and Astrologer." In Magdalino and Mavroudi, *The Occult Sciences in Byzantium*, pp. 163-203.

——— . "Stephanus of Alexandria: On the Structure and Date of His Alchemical Work." *Medicina nei secoli* 8 (1996): 247-266.

Paracelsus, [pseudo?]. *De rerum natura*. In Sämtliche Werke, edited by Karl Sudoff. *Abteilung 1: Medizinische, wissenschaftliche, und philosophische Schriften* (Munich: Oldenbourg, 1922-1933), 11: 316-317.

Percolla, Vincenzo. *Auriloquio*. Edited by Carlo Alberto Anzuini. Textes et Travaux de Chrysopoeia 2. Paris: SÉHA; Milan: Archè, 1996.

Pereira, Michela. *The Alchemical Corpus Attributed to Raymond Lull*. London: Warburg Institute, 1989.

——— . "La leggenda di Lullo alchimista." *Estudios lulianos* 27 (1987): 145-163.

——— . "*Medicina* in the Alchemical Writings Attributed to Raimond Lull." In Rattansi and Clericuzio, *Alchemy and Chemistry in the Sixteenth and Seventeenth Centuries*, pp. 1-15.

——— . "Sulla tradizione testuale del *Liber de secretis naturae seu de quinta essentia attribuito* a Raimondo Lullo." *Archives internationales d'histoire des sciences* 36 (1986): 1-16.

——— . "Teorie dell'elixir nell'alchimia latina medievale." In "Le crisi dell'alchimia," *Micrologus* 3 (1995): 103-148.

——— . "Un tesoro inestimabile: Elixir e *prolongatio vitae* nell'alchimiae del'300." *Micrologus* 1 (1992): 161-187.

Pereira, Michela, and Barbara Spaggiari. *Il Testamentum alchemico attribuito a Raimondo Lullo*. Florence: Sismel, 1999.

Perifano, Alfredo. "Theorica et practica dans un manuscrit alchimique de Sisto de Boni Sexti da Norcia, alchimiste à la cour de Côme Ier de Médicis." *Chrysopoeia* 4 (1990-1991): 81-146.

Pernety, Antoine-Joseph. *Dictionnaire mytho-hermétique*. Paris, 1758.

——— . *Les fables égyptiennes et grecques dévoilées*. 2 vols. Paris, 1758. Reprint, Paris: La Table d'émeraude, 1982.

Petrarch. *Remedies for Fortune Fair and Foul*. Translated by Conrad H. Rawski. 5 vols. Bloomington: Indiana University Press, 1991.

Petrus Bonus. *Margarita pretiosa novella*. In Bibliotheca chemica curiosa, 2: 180.

Philalethes, Eirenaeus [George Starkey]. *Introitus apertus ad occlusum regis palatium*. In *Museum hermeticum*, pp. 647-699.

——— . *Ripley Reviv'd*. London, 1678.

——— . *Secrets Reveal'd; or, An Open Entrance to the Shut-Palace of the King*. London, 1669.

Pike, Albert. *Morals and Dogma of the Ancient and Accepted Scottish Rite*. London, 1871.

Plessner, Martin. "Hermes Trismegistus and Arab Science." *Studia Islamica* 2 (1954): 45-59.

——— . "Neue Materialien zur Geschichte der Tabula Smaragdina." *Der Islam* 16 (1928): 77-113.

——— . "The Place of the Turba Philosophorum in the Development of Alchemy." *Isis* 45 (1954): 331-338.

——— . *Vorsokratische Philosophie und griechische Alchemie*. Wiesbaden: Steiner, 1975.

Pluche, Noël Antoine. *Histoire du ciel*. 2 vols. Paris, 1757.

Poisson, Albert. *Théories et symboles des alchimistes*. Paris, 1891.

Porto, Paulo Alves. "'Summus atque felicissimus salium': The Medical Relevance of the *Liquor Alkahest*." *Bulletin of the History of Medicine* 76 (2002): 1-29.

Post, Gaines. "Master's Salaries and Student-Fees in Mediaeval Universities." *Speculum* 7 (1932): 181-198.

Post, Gaines, Kimon Giocarinis, and Richard Kay. "The Medieval Heritage of a Humanistic Ideal: 'Scientia donum dei est, unde vendi non potest.'" *Traditio* 11 (1955): 195-234.

Powers, John C. "'Ars sine Arte': Nicholas Lemery and the End of Alchemy in Eighteenth-Century France." *Ambix* 45 (1998): 163-189.

——— . *Inventing Chemistry: Herman Boerhaave and the Reform of the Chemical Arts*. Chicago: University of Chicago Press, 2012.

Prescher, Hans. *Georgius Agricola: Persönlichkeit und Wirken für den Bergbau und das Hüttenwesen des 16*. Jahrhunderts. Weinheim: VCH, 1985.

Price, James. *An Account of some Experiments on Mercury, Silver and Gold, made in Guildford in May, 1782*. Oxford, 1782.

Priesner, Claus. "Johann Thoelde und die Schriften des Basilius Valentinus." In Meinel, *Die Alchemie in der europäischen Kultur-und Wissenschaftgeschichte*, pp. 107-118.

Principe, Lawrence M. "Alchemy Restored." *Isis* 102 (2011): 305-312.

——— . "Apparatus and Reproducibility in Alchemy," In *Instruments and Experimentation in the History of Chemistry*, edited by Frederic L. Holmes and Trevor Levere, pp. 55-74. Cambridge, MA: MIT Press, 2000.

——— . *The Aspiring Adept: Robert Boyle and His Alchemical Quest*. Princeton, NJ: Princeton University Press, 1998.

——— . "Chemical Translation and the Role of Impurities in Alchemy: Examples from Basil Valentine's *Triumph-Wagen*." *Ambix* 34 (1987): 21-30.

——— , ed. *Chymists and Chymistry*. Sagamore Beach, MA: Chemical Heritage Foundation and Science History Publications, 2007.

——— . "D. G. Morhof 's Analysis and Defence of Transmutational Alchemy." In *Mapping the World of Learning: The Polyhistor of Daniel Georg Morhof*, edited by Françoise Wacquet, pp. 138-153. Wolfenbüttler Forschungen 91. Harrassowitz: Wiesbaden, 2000.

——. "Diversity in Alchemy: The Case of Gaston 'Claveus' DuClo, a Scholastic Mercurialist Chrysopoeian." In *Reading the Book of Nature: The Other Side of the Scientific Revolution*, edited by Allen G. Debus and Michael Walton, pp. 181200. Kirksville, MO: Sixteenth Century Press, 1998.

——. "Georges Pierre des Clozets, Robert Boyle, the Alchemical Patriarch of Antioch, and the Reunion of Christendom: Further New Sources." *Early Science and Medicine* 9 (2004): 307-320.

——. "Reflections on Newton's Alchemy in Light of the New Historiography of Alchemy." In *Newton and Newtonianism: New Studies*, edited by James E. Force and Sarah Hutton, pp. 205-219. Dordrecht: Kluwer, 2004.

——. "Revealing Analogies: The Descriptive and Deceptive Roles of Sexuality and Gender in Latin Alchemy." In *Hidden Intercourse: Eros and Sexuality in the History of Western Esotericism*, edited by Wouter J. Hanegraaff and Jeffrey J. Kripal, pp. 208-229. Leiden: Brill, 2008.

——. "A Revolution Nobody Noticed? Changes in Early Eighteenth Century Chymistry." In *New Narratives in Eighteenth-Century Chemistry*, edited by Lawrence M. Principe, pp. 122. Dordrecht: Springer, 2007.

——. *The Scientific Revolution: A Very Short Introduction*. Oxford: Oxford University Press, 2011.

——. "Transmuting Chymistry into Chemistry: Eighteenth-Century Chrysopoeia and Its Repudiation." In *Neighbours and Territories: The Evolving Identity of Chemistry*, edited by José Ramón Bertomeu-Sánchez, Duncan Thorburn Burns, and Brigitte Van Tiggelen, pp. 21-34. Louvain-la-Neuve, Belgium: Mémosciences, 2008.

——. "Van Helmont." In *Dictionary of Medical Biography*, edited by W. F. Bynum and Helen Bynum, 3: 626-628. Westport, CT: Greenwood Press, 2006.

——. *Wilhelm Homberg and the Transmutations of Chymistry*. Forthcoming.

Principe, Lawrence M., and Lloyd Dewitt. *Transmutations: Alchemy in Art*. Philadelphia: Chemical Heritage Foundation, 2002.

Principe. Lawrence M., and William R. Newman. "Some Problems in the Historiography of Alchemy." In *Secrets of Nature: Astrology and Alchemy in Early Modern Europe*, edited by William Newman and Anthony Grafton, pp. 385-434. Cambridge, MA: MIT Press, 2001.

Prinke, Rafal T. "Beyond Patronage: Michael Sendivogius and the Meanings of Success in Alchemy." In López-Pérez, *Chymia*, pp. 175-231.

Pumphrey, Stephen. "The Spagyric Art; or, The Impossible Work of Separating Pure from Impure Paracelsianism: A Historiographical Analysis." In Grell, *Paracelsus*, pp. 21-51.

Putscher, Marielene. "Das *Buch der heiligen Dreifaltigkeit* und seine Bilder in Handschriften des 15. Jahrhunderts." In Meinel, *Die Alchemie in der europäischen Kultur-und Wissenschaftsgeschichte*, pp. 151-178.

Rampling, Jennifer. "The Alchemy of George Ripley, 1470-1700." PhD diss., Clare College, University of Cambridge, 2000.

——. "The Catalogue of the Ripley Corpus: Alchemical Writings Attributed to George Ripley." *Ambix* 57 (2010): 125-201.

——. "Establishing the Canon: George Ripley and His Alchemical Sources." *Ambix* 55 (2008): 189-208.

Ranking, G. S. A. "The Life and Works of Rhazes (Abu Bakr Muhammad bin Zakariya ar-Razi)." *XVII International Congress of Medicine, London 1913*, Proceedings, sec. 23, pp. 237-268.

Rashed, Roshdi, and Régis Morelon, eds. *Histoire des sciences arabes*. Vol. 3, *Technologie, alchimie et sciences de la vie*. Paris: Seuil, 1997.

Rattansi, Piyo, and Antonio Clericuzio, eds. *Alchemy and Chemistry in the Sixteenth and Seventeenth Centuries*. Dordrecht: Kluwer, 1994.

Ray, Praphulla Chandra. *A History of Hindu Chemistry*. 2 vols. London: Williams and Norgate, 1907-1909. Expanded ed., under the title *History of Chemistry in Ancient and Medieval India*, Calcutta: Indian Chemical Society, 1956.

Read, John. *Prelude to Chemistry: An Outline of Alchemy, Its Literature and Relationships*. London: Bell and Sons, 1936.

Rebotier, Jacques. "La musique cachée de l'*Atalanta fugiens*." *Chrysopoeia* 1 (1987): 56-76.

——. "La *Musique de Flamel*." In Kahn and Matton, *Alchimie: Art, histoire*, et mythes, pp. 507-546.

Regardie, Israel. *The Philosopher's Stone: A Modern Comparative Approach to Alchemy from the Psychological and Magical Points of View*. London: Rider, 1938.

Reidy, J. "Thomas Norton and the *Ordinall of Alchimy*." *Ambix* 6 (1957): 59-85.

Rey Bueno, Mar. "La alquimia en la corte de Carlos II (1661-1700)." *Azogue* 3 (2000). Online at http: //www.revistaazogue.com.

——. *Los señores del fuego: Destiladores y espagíricos en la corte de los Austrias*. Madrid: Corona Borealis, 2002.

Reyher, Samuel. *Dissertatio de nummis quibusdam ex chymico metallo factis*. Kiel, Germany, 1690.

Ricketts, Mac Linscott. *Mircea Eliade: The Romanian Roots*, 1907-1945. Boulder, CO: East European Monographs, 1988.

Ripley, George. *Compound of Alchymie*. In Ashmole, *Theatrum Chemicum Britannicum*, 107-193.

Roosen-Runge, Heinz. *Farbgebung und Technik frümittelalterlicher Buchmalerei: Studien zu den Traktaten "Mappae Clavicula" und "Heraclius"*. 2 vols. Munich: Deutscher Kunstverlag, 1967.

Rosarium philosophorum: Ein alchemisches Florilegium des Spätmittel-alters. Edited by Joachim Telle. 2 vols. Weinheim: VCH, 1992.

Rose, Thomas Kirke. "The Dissociation of Chloride of Gold." *Journal of the Chemical Society* 67 (1895): 881-904.

Ruff, Andreas. *Die neuen kürzeste und nützlichste Scheide-Kunst oder Chimie theoretisch und practisch erkläret*. Nuremberg, 1788.

Ruska, Julius. "Al-Biruni als Quelle für das Leben und die Schriften al-Rāzī's." *Isis* 5 (1923): 26-50.

——. "Die Alchemie ar-Razi's." *Der Islam* 22 (1935): 281-319.

——. "Die Alchemie des Avicenna." *Isis* 21 (1934): 14-51.

——. *Al-Rāzī's Buch der Geheimnis der Geheimnisse*. Berlin: Springer, 1937. Reprint, Graz: Verlag Edition Geheimes Wissen, 2007.

——. *Arabische Alchemisten I: Chālid ibn-Jazīd ibn-Mu'āwija. Heidelberger Akten von-Portheim-Stiftung* 6 (1924). Reprint, Vaduz, Liechtenstein: Sändig Reprint Verlag, 1977.

——. *Arabische Alchemisten II: Ğa'far al Ṣādiq, der Sechste Imām. Heidelberger Akten von-Portheim-Stiftung* 10 (1924). Reprint, Vaduz, Liechtenstein: Sändig Reprint Verlag, 1977.

——. *Tabula Smaragdina: Ein Beitrag zur Geschichte der hermetischen Literatur*. Heidelberg: Winter, 1926.

——. *Turba philosophorum: Ein Beitrag zur Geschichte der Alchemie*. Berlin: Springer, 1931.

Ruska, Julius, and E. Wiedemann. "Beiträge zur Geschichte der Naturwissenschaften LXVII: Alchemistische Decknamen." *Sitzungsberichte der Physikalisch-medizinalischen Societät zu Erlangen* 56 (1924): 17-36.

S. A. [Sapere Aude, pseudonym of William Wynn Westcott]. *The Science of Alchymy*. London: Theosophical Publishing Society, 1893.

Saffrey, Henri Dominique. "Historique et description du manuscrit alchimique de Venise *Marcianus graecus* 299." In Kahn and Matton, *Alchimie: Art, histoire*, et mythes, Textes et Travaux de *Chrysopoeia* 1, pp. 110. Paris: SÉHA; Milan: Archè, 1995.

Sala, Angelo. *Processus de auro potabili*. Strasbourg, 1630.

Schott, Heinz, and Ilana Zinguer, eds. *Paracelsus und seine internationale Rezeption in der frühen Neuzeit*. Leiden: Brill, 1998.

Segonds, Alain-Philippe. "Astronomie terrestre/Astronomie céleste chez Tycho Brahe." In *Nouveau ciel, nouvelle terre: La révolution copernicienne dans l'allemagne de la réforme (1530-1630)*, edited by Miguel Ángel Granada and Édouard Mehl, pp. 109-142. Paris: Les Belles Lettres, 2009.

——. "Tycho Brahe et l'Alchimie." In Margolin and Matton, *Alchimie et philosophie à la Renaissance*, pp. 365-378.

Shackelford, Jole. "Tycho Brahe, Laboratory Design, and the Aim of Science: Reading Plans in Context." *Isis* 84 (1993): 211-230.

Siggel, Alfred. *Decknamen in der arabischen alchemistischen Literatur*. Berlin: Akademie Verlag, 1951.

Silberer, Herbert. *Hidden Symbolism of Alchemy and the Occult Arts*. New York: Dover, 1971.

Sivin, Nathan. *Chinese Alchemy: Preliminary Studies*. Cambridge, MA: Harvard University Press, 1968.

——. "Research on the History of Chinese Alchemy." In *Alchemy Revisited*, edited by Z. R. W. M. von Martels, pp. 320. Leiden: Brill, 1990.

Slater, John. "Rereading Cabriada's Carta: Alchemy and Rhetoric in Baroque Spain." *Colorado Review of Hispanic Studies* 7 (2009): 67-80.

Smith, Cyril Stanley, and John G. Hawthorne. *Mappae Clavicula: A Little Key to the World of Medieval Techniques*. Transactions of the American Philosophical Society 64. Philadelphia: American Philosophical Society, 1974.

Smith, Pamela H. "Alchemy as a Language of Mediation in the Habsburg Court." *Isis* 85 (1994): 1-25.

——. *The Business of Alchemy: Science and Culture in the Holy Roman Empire*. Princeton, NJ: Princeton University Press, 1994.

Stahl, Georg Ernst. *Fundamenta chymiae dogmaticae*. Leipzig, 1723.

——. *Philosophical Principles of Universal Chemistry*. Translated by Peter Shaw. London, 1730.

Stapleton, H. E., R. F. Azo, and M. Hidayat Husain. "Chemistry in Iraq and Persia in the Tenth Century AD." *Memoirs of the Asiatic Society of Bengal* 8 (1927): 317-418.

Stapleton, H. E., R. F. Azo, Hidayat Husain, and G. L. Lewis. "Two Alchemical Treatises Attributed to Avicenna." *Ambix* 10 (1962): 41-82.

Starkey, George. *The Alchemical Laboratory Notebooks and Correspondence of George Starkey*. Edited by William R. Newman and Lawrence M. Principe. Chicago: University of Chicago Press, 2004.

——. *Liquor Alkahest*. London, 1675.

Steele, Robert B. "The Treatise of Democritus on Things Natural and Mystical." *Chemical News* 61 (1890): 88-125.

Stoltzius von Stoltzenberg, Daniel. *Chymisches Lustgärtlein*. Frankfurt, 1624. Reprint, Darmstadt: Wissenschaftliche Buchgesellschaft, 1964.

Stolzenberg, Daniel. "Unpropitious Tinctures: Alchemy, Astrology, and Gnosis according to Zosimos of Panopolis." *Archives internationales d'histoire des sciences* 49 (1999): 3-31.

Stone of the Philosophers. In *Collectanea chymica*, pp. 55-120.

Strohmaier, Gotthard. "Al-Mansūr und die frühe Rezeption der griechischen Alchemie." *Zeitschrift für Geschichte der Arabisch-Islamischen Wissenschaften* 5 (1989): 167-177.

——. "'Umāra ibn Hamza, Constantine V, and the Invention of the Elixir." *Graeco-Arabica* 4 (1991): 21-24.

Sutherland, C. H. V. "Diocletian's Reform of the Coinage: A Chronological Note." *Journal of Roman Studies* 45 (1955): 116-118.

Tachenius, Otto. *Epistola de famoso liquore alcahest*. Venice, 1652.

——. *Hippocrates chymicus*. London, 1677.

Tanckius, Joachim. *Promptuarium Alchemiae*. 2 vols. Leipzig, 1610 and 1614. Reprint, Graz: Akademische Druck, 1976.

Taylor, Frank Sherwood. "Alchemical Works of Stephanus of Alexandria, Part I." *Ambix* 1 (1937): 116-139.

——. "Alchemical Works of Stephanus of Alexandria, Part II." *Ambix* 2 (1938): 39-49.

——. *The Alchemists: Founders of Modern Chemistry*. New York: Schuman, 1949.

Telle, Joachim, ed. *Analecta Paracelsica: Studien zum Nachleben Theophrast von Hohenheims im deutschen Kulturgebiet der frühen Neuzeit*. Stuttgart: Franz Steiner Verlag, 1994.

——— . "Chymische Pflanzen in der deutschen Literatur." *Medizinhistorisches Journal* 8 (1973): 1-34.

——— . "Paracelsistische Sinnbildkunst: Bemerkungen zu einer Pseudo-*Tabula smaragdina* des 16. Jahrhunderts." In *Bausteine zur Medizingeschichte*, pp. 129-139. Wiesbaden: Franz Steiner Verlag, 1984. French translation: "L'art symbolique paracelsien: Remarques concernant une pseudo-*Tabula smaragdina* du XVIe siècle." In *Présence de Hèrmes Trismégeste*, edited by Antoine Faivre, pp. 184208. Paris: Albin Michel, 1988.

——— . "Remarques sur le Rosarium philosophorum (1550)." *Chrysopoeia* 5 (19921996): 265-320.

Theatrum chemicum. 6 vols. Strasbourg, 1659-1663. Reprint, Torino: Bottega d'Erasmo, 1981.

Theophilus. *On Divers Arts*. Translated by John G. Hawthorne and Cyril Stanley Smith. New York: Dover, 1979.

Tiffereau, Cyprien Théodore. *L'art de faire l'or*. Paris, 1892.

——— . *Les métaux sont des corps composés*. Vaugirard, 1855. Reprinted as *L'or et la transmutation des métaux* (Paris, 1889).

Travaglia, Pinella. "I *Meteorologica* nella tradizione eremetica araba: Il *Kitāb sirr al halīqa*." In Viano, *Aristoteles chemicus*, pp. 99-112.

——— . *Magic, Causality and Intentionality: The Doctrine of Rays in al-Kindī*. Micrologus Library 3. Florence: Sismel, 1999.

Ullmann, Manfred. "Hālid ibn-Yazīd und die Alchemie: Eine Legende." *Der Islam* 55 (1978): 181-218.

——— . *Die Natur-und Geheimwissenschaften im Islam*. Leiden: Brill, 1972.

Valentine, Basil. *Chymische Schrifften*. 2 vols. Hamburg, 1677. Reprint, Hildesheim: Gerstenberg Verlag, 1976.

——— . *Ein kurtz summarischer Tractat ...von dem grossen Stein der Urhalten*. Eisleben, 1599.

Van Bladel, Kevin T. *The Arabic Hermes: From Pagan Sage to Prophet of Science*. Oxford: Oxford University Press, 2009.

Van Helmont, Joan Baptista. *Opuscula medica inaudita*. Amsterdam, 1648. Reprint, Brussels: Culture et Civilization, 1966.

——— . *Ortus medicinae*. Amsterdam, 1648. Reprint, Brussels: Culture et Civilization, 1966.

Ventura, Lorenzo. De ratione conficiendi lapidis philosophici. In *Theatrum chemicum*, 2: 215-312.

Viano, Cristina, ed. *L'Alchimie et ses racines philosophiques*: La tradition grecque et la tradition arabe. Paris: Vrin, 2005.

——— . "Les alchimistes gréco-alexandrins et le Timée de Platon." In Viano, *L'Alchimie et ses racines philosophiques*, pp. 91-108.

——— . "Aristote et l'Alchimie grecque." *Revue d'histoire des sciences* 49 (1996): 189-213.

——— , ed. *Aristoteles chemicus: Il IV libro dei Meteorologica nella tradizione antica e medievale*. Sankt Augustin, Germany: Academia Verlag, 2002.

——— . "Gli alchimisti greci e l'acqua divina." *Rendiconti della Accademia Nazionale delle Scienze. Parte II: Memorie di scienze fisiche e naturali* 21 (1997): 61-70.

——— . *La matière des choses: Le livre IV des Météorologiques d'Aristote et son interprétation par Olympiodore*. Paris: Vrin, 2006.

——— . "Olympiodore l'alchimiste et les Présocratiques." In Kahn and Matton, *Alchimie: Art, histoire*, et mythes, pp. 95-150.

Vinciguerra, Antony. "The *Ars alchemie*: The First Latin Text on Practical Alchemy." *Ambix* 56 (2009): 57-67.

Waddell, Mark A. "Theatres of the Unseen: The Society of Jesus and the Problem of the Invisible in the Seventeenth Century." PhD diss., Johns Hopkins University, 2006.

Waite, Arthur Edward. *Azoth; or, The Star in the East, Embracing the First Matter of the Magnum Opus, the Evolution of the Aphrodite-Urania, the Supernatural Generation of the Son of the Sun, and the Alchemical Transfiguration of Humanity*. London, 1893. Reprint, Secaucus, NJ: University Books, 1973.

——. *Lives of the Alchemystical Philosophers. London, 1888. Reprinted under the title Alchemists through the Ages*, New York: Rudolf Steiner Publications, 1970.

——. *The Secret Tradition of Alchemy*. New York: Alfred Knopf, 1926.

Wamberg, Jacob, ed. *Alchemy and Art*. Copenhagen: Museum Tusculanum Press, 2006.

Warlick, M. E. *Max Ernst and Alchemy: A Magician in Search of a Myth*. Austin: University of Texas Press, 2001.

Wedel, Georg Wolfgang. "Programma vom Basilio Valentino." In *Deutsches Theatrum Chemicum*, 1: 669-680.

Weisser, Ursula. *Das "Buch über das Geheimnis der Schöpfung" von Pseudo-Apollonios von Tyana*. Berlin: Walter de Gruyter, 1980. Reprint de Gruyter, 2010.

Westcott, William Wynn. See S. A. [Sapiere, Aude].

Westfall, Richard S. "Alchemy in Newton's Library." *Ambix* 31 (1994): 97-101.

Weyer, Jost. *Graf Wolfgang von Hohenlohe und die Alchemie: Alchemistische Studien in Schloss Weikersheim 15871610. Sigmaringen*, Germany: Thorbecke, 1992.

Wiedemann, Eilhard. "Zur Alchemie bei der Arabern." *Journal für praktische Chemie* 184 (1907): 115-123.

Wiegleb, Johann Christian. *Historisch-kritische Untersuchung der Alchimie*. Weimar, 1777. Reprint, Leipzig: Zentral-Antiquariat der DDR, 1965.

Wieland, Christoph Martin. "Der Goldmacher zu London." *Teutsche Merkur*, February 1783, pp. 163-191.

Wilsdorf, H. M. *Georg Agricola und seine Zeit*. Berlin: Deutsche Verlag der Wissenschaften, 1956.

Winter, Alison. *Mesmerized: Powers of Mind in Victorian Britain*. Chicago: University of Chicago Press, 1998.

Wujastyk, Dominik. "An Alchemical Ghost: The Rasaratnakara by Nagarjuna." *Ambix* 31 (1984): 70-84.

Zanier, Giancarlo. "Procedimenti farmacologici e pratiche chemioterapeutiche nel *De consideratione quintae essentiae*." In *Alchimia e medicina nel Medioevo*, edited by Chiara Crisciani and Agostino Paravicini Bagliani, pp. 161176. Micrologus Library 9. Florence: Sismel, 2003.

Ziegler, Joseph. *Medicine and Religion c. 1300: The Case of Arnau de Vilanova*. Oxford: Clarendon Press, 1998.

Zosimos of Panopolis. *On the Letter Omega*. Edited and translated by Howard M. Jackson. Missoula, MT: Scholars Press, 1978.

Licensed by The University of Chicago Press, Chicago, Illinois, U.S.A.
© 2013 by The University of Chicago. All rights reserved.

本書譯文由商務印書館有限公司授權使用，版權所有，盜印必究。

煉金術的祕密

出　　版／楓樹林出版事業有限公司
地　　址／新北市板橋區信義路163巷3號10樓
郵政劃撥／19907596　楓書坊文化出版社
網　　址／www.maplebook.com.tw
電　　話／02-2957-6096
傳　　真／02-2957-6435
作　　者／勞倫斯・普林西比
譯　　者／張卜天
企劃編輯／陳依萱
校　　對／周季瑩
港澳經銷／泛華發行代理有限公司
定　　價／550元
初版日期／2023年5月

國家圖書館出版品預行編目資料

煉金術的祕密 / 勞倫斯・普林西比作；張卜天譯. -- 初版. -- 新北市：楓樹林出版事業有限公司, 2023.05　面；　公分

譯自：The secrets of alchemy

ISBN 978-626-7218-60-0（平裝）

1. 鍊金術

340　　112004057